海外中国研究丛书·精选版

思库·SCHOOL 出品

Series of Overseas China Studies

Discovering China from the Outside

EATING RICE FROM BAMBOO ROOTS

The Social History of a Community of Handicraft Papermakers in Rural Sichuan, 1920-2000.

Jacob Eyferth

以竹为生

一个四川手工造纸村的20世纪社会史

Eating Rice from Bamboo Roots

The Social History of a Community of Handicraft Papermakers in Rural Sichuan, 1920-2000

海外中国研究丛书

——

到中国之外发现中国

Jacob Eyferth

［德］艾约博 著 韩巍 译 吴秀杰 校

以竹为生

一个四川手工造纸村的20世纪社会史

Eating Rice from Bamboo Roots

The Social History of a Community of Handicraft
Papermakers in Rural Sichuan, 1920–2000

江苏人民出版社

图书在版编目(CIP)数据

以竹为生：一个四川手工造纸村的 20 世纪社会史/
(德)艾约博著；韩巍译.--南京:江苏人民出版社,
2024.5
(海外中国研究丛书/刘东主编)
书名原文:Eating Rice From Bamboo Roots. The
Social History of a Community of Handicraft
Papermakers in Rural Sichuan, 1920－2000
ISBN 978－7－214－29056－4

Ⅰ.①以… Ⅱ.①艾… ②韩… Ⅲ.①造纸工业－技
术史－史料－四川 Ⅳ.①TS7－092

中国版本图书馆 CIP 数据核字(2024)第 065942 号

Eating Rice from Bamboo Roots: The Social History of a Community of Handicraft Papermakers in Rural Sichuan, 1920－2000 by Jacob Eyferth, was first published by the Harvard University Asia Center, Cambridge, Massachusetts, USA, in 2009.
Copyright © 2009 by the President and Fellows of Harvard College.
Translated and distributed by permission of the Harvard University Asia Center.
Simplified Chinese edition copyright © 2017 by Jiangsu People's Publishing House.
All rights reserved.
江苏省版权局著作权合同登记:图字 10－2015－088

书　　　名	以竹为生:一个四川手工造纸村的 20 世纪社会史	
著　　　者	[德]艾约博	
译　　　者	韩　巍	
校　　　者	吴秀杰	
责 任 编 辑	史雪莲	
装 帧 设 计	周伟伟	
责 任 监 制	王　娟	
出 版 发 行	江苏人民出版社	
出版社地址	南京市湖南路 1 号 A 楼,邮编:210009	
照　　　排	江苏凤凰制版有限公司	
印　　　刷	苏州市越洋印刷有限公司	
开　　　本	652 毫米×960 毫米　1/16	
印　　　张	21.25　插页 4	
字　　　数	230 千字	
版　　　次	2024 年 5 月第 1 版	
印　　　次	2024 年 5 月第 1 次印刷	
标 准 书 号	ISBN 978－7－214－29056－4	
定　　　价	98.00 元	

(江苏人民出版社图书凡印装错误可向承印厂调换)

序"海外中国研究丛书"

　　中国曾经遗忘过世界,但世界却并未因此而遗忘中国。令人嗟讶的是,20世纪60年代以后,就在中国越来越闭锁的同时,世界各国的中国研究却得到了越来越富于成果的发展。而到了中国门户重开的今天,这种发展就把国内学界逼到了如此的窘境:我们不仅必须放眼海外去认识世界,还必须放眼海外来重新认识中国;不仅必须向国内读者迻译海外的西学,还必须向他们系统地介绍海外的中学。

　　这个系列不可避免地会加深我们150年以来一直怀有的危机感和失落感,因为单是它的学术水准也足以提醒我们,中国文明在现时代所面对的绝不再是某个粗蛮不文的、很快就将被自己同化的、马背上的战胜者,而是一个高度发展了的、必将对自己的根本价值取向大大触动的文明。可正因为这样,借别人的眼光去获得自知之明,又正是摆在我们面前的紧迫历史使命,因为只要不跳出自家的文化圈子去透过强烈的反差反观自身,中华文明就找不到进入其现代形态的入口。

　　当然,既是本着这样的目的,我们就不能只从各家学说中筛选那些我们可以或者乐于接受的东西,否则我们的"筛子"本身就可能使读者失去选择、挑剔和批判的广阔天地。我们的译介毕竟还只是初步的尝试,而我们所努力去做的,毕竟也只是和读者一起去反复思索这些奉献给大家的东西。

　　　　　　　　　　　　　　刘　东

感谢 The Visiting Committee to the Division of the Humanities at the University of Chicago 为本书提供翻译资助

目 录

表格、示意图、图片目录

度量衡及货币

在 20 世纪 30 年代晚期引入公制计量单位之前,质量和长度的计量方式不光在各地之间有所不同,在不同行业之间也有重大差别。比如,木匠的"尺"和裁缝的"尺"长度不一,一"斤"油与一"斤"米的分量不同。关于四川地区使用的质量、长度和货币计量方式的详细讨论请参见 Ch'en(1992)。

粮食计量:一石相当于 10 斗,100 升。夹江的一石糙米大约90 千克。

重量:一担是一个成年男人肩挑负重量,大约 60 千克。一担为 100 斤,每斤 16 两。

长度:一里大约为半千米,或者三分之一英里。一尺的长度为 30 到 34 厘米。

面积:一亩为 0.15 英亩,或者 0.066 公顷,一亩等于十分。夹江的土地面积也用"斗"来计算(即该土地面积所需要的种子量)。一斗稻田大约为 1.2 亩。

货币:没有制成钱币的银子用"两"来计量,一两为 37.8 克。

通行使用的是用墨西哥银铸造的不同银币，被称为银元或者大洋，大约 24 克。

纸：书写纸和印刷纸在销售时以"刀"为单位，一"刀"为 100 张。祭奠用的冥纸论"挑"（35—40 千克）或者"万"（习惯上依据不同类型为 9 000 或者 9 500 张）来卖。

致　谢

对于 1949 年以前的夹江造纸人（槽户）来说，欠债未必是坏事。欠债意味着他们还在这个行当里面，参与着一种长期交换关系。我也同样高兴地承认自己的欠债，尽管我知道有些债永远也偿还不起。我亏欠最多的是石堰村的村民：他们在自己家里招待我，回答我的各种问题。他们教会我的东西，要远远多于我自己当时所意识到的。不过，我还是决定不提他们的名字，保留受访人的匿名性，但这并不会减弱我对他们的感激之情。那些曾经给我诸多帮助的县干部，其中很多人本身就是地方历史学家，我没有理由也让他们隐姓埋名。任治钧、肖志成、谢宝庆、徐世青、黄福原以及第二轻工管理局的廖泰陵将他们关于造纸业的丰富知识与我分享。马村乡和华头乡地方志的主编张文华和谢长富让我学到生动的地方史。如果没有石堰村村委会、马村乡乡政府和夹江外事局的协助，我的田野调查根本无法进行。我也感谢我的接待机构——四川省社会科学院农业经济研究所，在很难得到研究许可的情况下，他们为我安排了田野调查。杜受祜、郭晓鸣、张祥荣多

1

次去夹江办理必要的行政手续，并给我很多实用建议。我衷心感谢陪同我去夹江的四川省社科院的研究者们：陈继宁教会我在农村待人接物的礼节，这无比宝贵；雷晓明离开自己的家人几个月之久，在田野调查期间他曾经病倒却从未口出怨言。回到成都以后，四川省社科院的王纲、盛毅、袁定基三位教授以及四川大学的冉光荣和张学君教授帮助我将相关材料整理归类，他们给我提供了非常有用的背景知识。

本书源于我的博士论文，托尼·赛奇（Tony Saich）和彭轲（Frank Pieke）教授作为我的导师，给我提供悉心的指导、鼓励和实际帮助，并在牛津、波士顿和北京招待我。爱德华·W. 弗米尔（Eduard Ward Vermeer）、吴德荣（Tak-Wing Ngo）、田海（Barend ter Haar）、庄爱莲（Woei-Lien Chong）、施耐德（Axel Schneider）曾经阅读了本书的全部或者部分章节，并给出非常有价值的评议。与莱顿大学同窗学友的讨论也同样重要，他们是：莫雷（Hein Mallee）、何培生（Peter Ho）、巫永平（Wu Yongping）和袁冰凌（Yuan Bingling）。现在我才真正意识到，无论是在经济资助、机构组织，还是在学术思想上，我从荷兰莱顿的非西方研究中心（Centre for Non-Western Studies，缩写为 CNWS，可惜现在解散了）得到的获益是如此之大。非常感谢中心主任威廉·福格尔桑（Willem Vogelsang）以及其他同事给我五年时间，让我享受几乎完全没有限制的自由来进行写作和旅行。

离开 CNWS 之后，我得到了莱顿大学中国研究所、哈佛大学费正清中国研究中心以及罗格斯大学历史分析中心的大力支持。我衷心地感谢这些机构的同事以及它们的负责人——杜德桥（Glen Dudbridge）、裴宜理（Elizabeth Perry）、苏珊·施雷普弗（Susan Schrepfer）以及菲尔·斯克兰顿（Phil Scranton）。

撰写学术著作也像造纸一样,这经常是一项家庭活动。叶文(Paola Iovene)从这本书的启动之初就目睹它的成长,她想不到自己对这本书的贡献有多么大。在书稿杀青阶段,我有很多时间是在一个能眺望地中海的晾台上度过的,感谢特雷莎·亚科诺(Teresa Iacono)和朱塞佩·约韦内(Giuseppe Iovene)的友好接待及关照。托比亚斯·艾费特(Tobias Eyferth)阅读了不同阶段的初稿并给出评议;康拉德·艾费特(Konrad Eyferth)绘制了书中的地图。如果没有我的父母伊娜·艾费特(Ina Eyferth)和克劳斯·艾费特(Klaus Eyferth)的大力支持,就不会有这本书。谨以此书献给他们。

艾约博

导　论

　　本书勾勒了一个四川农村手工技艺从业者社区 20 世纪的社会变迁史。该村落地处成都与乐山之间的夹江县。在将竹子和其他纤维物转化为柔软而具有韧性的纸张过程中，男人和女人们需要完成的那些耗时而艰辛的工作，在这部社会史中占据着核心位置。造纸是一项要求有高度技能的工作，而"技能"这一话题会以两种互相关联的线索贯穿全书。我最为关注的是那些与生产相关的技能，这些技能也许是技术性的（如何打浆、如何刷纸），也许是社会性的（如何给产品找到买主、如何与邻居相处）。除此之外，我也对那些可以被称为日常生活技能的内容感兴趣：尽管有战争、革命、极度迅疾的社会和经济转变，那些让夹江的造纸人得以存活下来，甚至有时候还能做到繁荣程度更甚从前的惯常策略（quotidian strategies）。这些不同类型的技能彼此联结在一起。去聚焦于一种技能劳作的具体细节，让我们有可能透彻地了解乡村民众的生活世界。不然的话，他们所经验的东西可能还会隐而不显。①

---

① 我在这里临时性地将技能定义为"实用知识"或者"有知识的实践"，是那些能够指导实践者日常活动的意会性的、主观的、有赖于关联背景的知识。这样的技能可能与生产相关，也可能与生产不相关。参见 Ingold(2000:316;352 - 354)。本书第一章对于造纸技能有更为深入的讨论。

　　尽管我聚焦于某一特定地方的物质条件与日常生活，并将本书的研究置于中国乡村研究这一丰富的学术传统之内，[①]但我还是力图追求在一个更为宏大的层面上提出论点。在全书中一以贯之的论点是，中国的革命——可以被理解为是一系列彼此关联的政治、社会和技术上的转型——在很大程度上是对技能、知识、技术掌控的再分配，正如其对土地和政治权力的再分配一样；发生在 20 世纪的对技能进行争夺的结果是，技术掌控权大规模地从农村转移到城市，从一线生产者手中转移到管理层精英手中，从女性身上转移到男性身上。

　　这项研究的大背景是中国的城乡分野——这是研究当代中国的大学生们耳熟能详的：制度上、政治上和经济上的鸿沟将农村人（包括那些数以千百万计来到城市里工作生活，但是因为户籍制度还和他们的农村老家绑在一起的人）与城市人区分开来。[②] 这道鸿沟之巨大，不亚于中国城市居民与西方国家城市居民之间的距离。尽管造成这一城乡分野的制度安排在近年来有所变化，但是这鸿沟还没有任何趋于弥合的迹象。我在本书中所持的论点是：这种城乡分野部分地是由于城乡之间在知识分配上的变化所造成的，这些变化可以追溯到 20 世纪初期，在1949 年的社会主义革命以后更得以强化。目前，大多数历史学家都在这一点上有共识：中国经历了一个长长的原工业化进程，

[①] 可参见 Fei（1939）；Fei & Chang（1945）；Yang（1945）；Fried（1956）；Chan（1984）；Friedman & Pickowicz & Selden（1991）；Ruf（1998）。在这些著作中，Fei & Chang（1945）对劳作给予的关注最多。Cooper & Jiang（1998）是唯一一本详细研究中华人民共和国期间手工业者的英文著作。

[②] 关于城乡分野的研究数量众多，而且还在增长。参见 Chan（1994）；Cheng & Selden（1994）；Knight & Song（1999）；Potter（1983）；Pun（1999）；Solinger（1999）；Zhang（2001）。

与历史记载中西欧和日本所经历的情形并无二致。①中国的清朝(1644—1911年)和民国(1911—1944年)时期与日本的德川幕府时期、欧洲19世纪以前的情形相似,大部分制造品来自农村,出自农民家庭或者那些半专业化的农民手工业者。与欧洲和日本形成反差的是:在19世纪末的西欧和日本,大多数手工制品已经为工厂产品所取代,而中国的手工业则相对来说完好地保持到20世纪中期。一些学者认为,在鸦片战争之后大量涌入中国的廉价外国商品压垮了传统的中国手工业,但是现有的材料表明,民国期间"在绝对数量上,手工业总体产出保持不变甚至有所增加",尽管它在经济中的相对份额有所减少,因为这期间形成了一个现代工业部门。②在中国遭受大萧条和战争侵害之前最后一个"正常"年景的1933年,手工业仍然占工业产出的四分之三。③甚至到了1952年,当中国的现代工业部门已经开始从战争和革命带来的后果当中得以恢复之时,按照当时的价格(重工业被给予很大的权重性)计算,手工业仍占工业总产值的42%;若以战前的价格计算,则高达令人惊异的68%。④

尽管手工业拥有强大的经济持久力,或者恰巧因为这种持久力,很多接受过西方教育的、在1900年后主政中国的精英们反而认为中国乡村工业存在着严重问题。1895年甲午战争败于日本带来的羞辱以及西方与日本工业化先例的激励,促使中国

---

① Pomeranz(2000;2003);李伯重(2000);Wong(1997)。
② Feuerwerker(1983;52)。在1935年以前,中国因为坚持以白银标准计价而在绝大程度上免于大萧条的冲击。
③ Liu & Yeh(1965;66);Eastman(1988;87)。
④ Liu & Yeh(1965;66)。

的精英们开始考虑将"经济"当作国与国竞争的展示舞台——在那个时代，经济尚且被视为一个与社会、文化、道德相割裂的独立范畴。[1] 他们从西欧和日本看到，国民经济由若干界线分明然而又彼此互补的领域组成。工业是主导部门，因为单有工业就能推动国家走向更美好的未来。这是通常的城市图景，其根基不在农民的家户，而是在大型的、机械化的工厂。相比之下，乡下是农民的所在地，他们为国家提供粮食，不能够也不应该在工业品产出方面占据要位。[2] 这种将经济作为有所区分的城乡二元分野的视角并不能正确地描绘出真实的中国，但这在改变中国方面是一个强有力的药方。依照詹姆斯·斯科特(James Scott)的说法，也许我们最好将其视为"国家式简易化"(state simplification)。斯科特认为，国家现代化的倾向是将复杂的社会事实转换为简单化的表征——地图、统计数字、人口登记，这些表征使得社会变得"清晰"，因而也容易控制。在一定程度上，这类简化性做法是必需的；但是，如果国家将社会事实的抽象化表征与基本面上的事实混淆在一起，或者甚至认为这是某种更为高级的秩序形式，以致让那些可观察的事实必须屈从于此，这样就会引发很大问题。[3] 在中国，这导致了形成经济部门的过程被延长。在这样的进程中，中国的村落和城市被迫更为近切地屈从于那些想象中的理想类型。这一进程开始于国民党政府的南京时代(1927—1937 年)：南京国民政府满腔热忱地相信，有必

---

[1] Schwartz(1964:122-129)；Bailey(1998:introduction)。

[2] "经济""工业"和"农业"都是来自日本的外来词。现代意义上的"工业"一词首次出现在 1877 年，梁启超在 1896 年使用了这一词汇；"经济"一词在 1901 年左右获得了其现代意义上的含义。参见 Liu(1995:284:290)；Masini(1993:174)。

[3] Scott(1998)。

要对中国经济实行一种计划之下的转型。[①]　这一做法在 20 世纪 60 年代和 70 年代达到巅峰：那时农村与城市分属于不同的行政管理范围；在治理上实行不同的规章制度；全部农村人口，无论其职业如何都被归类为农民；几乎所有尚存于工业和农业两个部门之间的关联都被切断。这些年来自四川的两个轶事性质的观察可以很好地表明城乡之间的鸿沟之深：在 20 世纪 80 年代末，因为营养不良，18 岁的农村小伙子其身高要比城市同龄人矮 8 厘米。这一事实把他们标记成两种不同类型的人。农村人难得有一次进城的机会，然而马上就会被认出来是农村人。[②]　在 20 世纪 90 年代，夹江人在祭奠已故亲人时焚烧仿制的城市户口本，以此希望这会让他们来世免于再投胎为农民。

　　经过 20 余年的市场改革，某些分隔城乡世界的壁垒确已日渐消失，但另外一些则原封未动。由农村涌向城市的移民潮的确在大规模地发生（截至 2003 年，估计有 1.4 亿农村人口进入城镇，占当时中国总人口的 10%），与之并存的是，这些农民被系统地排除在生活地的权利体系之外。户籍制度原本是要限制人口迁移，现在则用来让移民者难以进入他们在新居住地的权利体系，他们以自己的工作为当地的医疗、教育和其他社会服务体系做出经济上的贡献，然而他们却被拒绝享有这些社会保障权利。[③]　从 20 世纪 90 年代开始，中央政府就反复宣称要取消户籍制度，但是大多数市政府抢在中央改革之先发布了明显地区分和排斥外来人口的规定。直到 2008 年，专家们认为，那堵将中

①　Kirby(2000:152 - 153)；Bian(2005)。
②　Liu(1988)。农村女性与城市女性之间的身高差别是 5 厘米。
③　Solinger(1999)。

国农村与城市分离开的"看不见的墙"还留在那里。① 此外，这种城乡分隔主要不再立足于行政管理上的规则，取而代之的是在修辞建构上将农村人视为准族群上的异类：出于经济上的考虑，必须得容忍这些人留在城市里，但是不能将他们吸收进城市人口当中。在这一看法中居于核心之处的是关于"素质"的讨论："素质"一词以循环论证的方式被定义为一个人所具有的正面质性，而这正是中国农村大众所缺乏的。就这样，这些帮助建设和维护中国的城市，以自己的劳动支撑着城市中产阶级生活方式的农村人，被永久地放置在价值等级序列的最底端。②

技艺娴熟的农民

城乡差异得以产生并延续，原因在于整个社会对农村人形成的刻板印象：农村人是一群见识如井底之蛙的农民，他们的活动囿于当地生活范围，与他们有所关联的主要纽带是以地域来定义的社区以及他们耕耘的土地，他们不加入地区性或者全国性的交换网络，因此他们也没有能力参与公共生活。③ 这种刻板印象的出现可以回溯到五四运动那一代人，这些反传统、反底层文化的激进知识分子们认为，中国的农村人口是"在文化上不同的、异类的'他者'，他们懈怠、无助、蒙昧，深陷于那些丑陋而且在根本上一无用处的风俗当中，极其需要接受教育和文化改

---

① Wang(2004:119 - 124)；Chan & Buckingham(2008:604 - 606)。
② 关于"素质"讨论，见 Anagnost(2004)；Yan Hairong(2003)。关于价值的等级序列，参见 Herzfeld(2004)中的第 1 章和第 8 章。
③ 当代中国关于"农民性"和"小农意识"的讨论，请参见 Flower(2002)；Kipnis(1995)。

造"①。对于"五四"一代的改革者们以及他们的思想继承者来说，农民的生活从本质上是抱残守缺的，是对不同的（但是总是艰苦的）当地条件的被动适应。商业本身是一种敌对的力量，这些自给自足的农民在意识上不谙此道，他们对外面的世界恐惧而无知，每次与精明的城里商人打交道都处处碰壁。② 尽管这种认为农民囿于土地、根植于土地的成见从来都没能正确地描绘中国农村的真实，但是在改革开放之后，当千百万农村人加入到中国的工业和后工业经济当中之时，这种完全没有依据的成见还是一直延续到今天。在 2005 年出版的一本通俗民族志著作中，我们可以读到这样的描写：

> 农民十分依恋土地，土地就是家乡，他们自己就像稻谷，土地是他们生长的基础和死后的归宿。年纪大的农民住不惯城市的楼房，他们的理由很奇怪："住在楼上不习惯，沾不到地气。"意思就是不能每天生活在泥土上。如果他们不是在潜意识里将自己当作植物，这种观念无论如何都是不可理解的。事实上农民就是植物，就是土地，就是没有时间和历史的轮回。③

作者以植物来类比农村人，并无对他们的贬损之意。恰好相反，这种"根植性"恰好是更为自然的生存状态的明证。这种解读方式与 19 世纪欧洲人对西方农民的描写遥相呼应：在这里，农民也被用来代表一种比城市居民更少一些异化的、更为固

① Cohen(1993:154-155)。
② 茅盾的小说《春蚕》很好地代表了这种观点。
③ 张柠(2005:15)。

定和静态的生活方式,一个只做必需之事的国度,与那种遍布蹩脚的自由、问题成堆的选择的城市王国形成对比。① 我坚持认为,这只是一种臆想而已。农民与土地之间的关系,并不比其他有技能的生产者与他们的生产资料的关系更为直接,更为"浑然天成"。人与生产资料之间的关系必然受到技术和知识的调停,而技术和知识在根本上是属于人的、社会的范畴。土地只有在能带来收获时才会有其价值,而这一产出过程需要有技能介入;这些产出品只有在转化成可消费或者可交换的物品时才有价值,而这也要求有技能。我认为,乡村(以及在任何其他地方)的社会生活以在经济上有用之技能的生产和再生产为核心而展开,因为不管人们居住在哪里,那里的资源基础如何,离开技能任何经济活动都不可能。

社会组织与技能生产群体

法国技术人类学家弗朗索瓦·席格特(François Sigaut)坚定地认为,一切社会组织至少在部分程度上是关乎技能生产的:

> 从技术角度来看,技能生产群组是所有社会中存在的基本社会单位,因为没有技术的社会是难以想象的。这一基本单元可以有诸多不同的形式,与其他单元诸如家庭、居住群组、年龄群组等形成极其多样的组合。所有这些组合都是所涉技艺种类的某种功能,是

---

① 张柠(2005:15)。作者认同地引用斯宾格勒《西方的没落》中的观点,认为在农民社会里"人又变成了植物"。

加之于技能上的社会价值、本土关于学习的理念、依据社会地位和性别来分派的活动，诸如此类。理想情况下，所有社会的结构都应该从头开始构建，将这一必不可少的，然而迄今为止尚未被关注的单元考虑进去。显然我们还差得很远。①

　　将技艺再生产视为社会群组的一项核心功能，这的确能改变我们对社会组织的理解。让我们以亲属关系为例：中国的亲属制度通常被认为是由血亲形成的来进行仪式与政治活动的组织，他们累积共有资源，其中以土地最为典型。如果我们截取一个即时断面来分析就可以看到，对地方知识的保护、将这些知识传承给年轻一代、依据性别和辈分来分派活计，是在许多中国亲属群组当中更为重要的活动。正如我在本书第三章中要详细描述的那样，夹江的大多数造纸人（"槽户"）社区，都由彼此有血缘关系的男性和他们的家庭组成。亲属关系与技术能力高度重叠，当地人典型的说法是，用亲属称谓来定义拥有技能的群体："我们家族祖祖辈辈抄过纸。"然而，我们在造纸作坊里看到的亲属关系，与那些在研究文献中被描写的亲属关系大为不同。② 实际生活中造纸人的亲属关系并不在意对土地和地位的诉求，而是着重于在一个工坊之内和在不同的工坊之间建立工作关系与管理信息。③ 造纸人更为强调的是在横向上同辈男性之间的纽带，以及晚辈与长辈男性间的相互履责，而不是去强调沿父系血缘的纵向关系。这种容括性亲属关系实践带来的结果是，不光

---

① Sigaut(1994:448)。
② 参见 Freedman(1966)；Faure(1986)。
③ 关于"实践上的亲属制度"，参见 Bourdieu(1977a:33 - 71)。

知识技能在血亲之间更为容易流通,同时也强化了亲属与非亲属之间的边界线,从而使得知识保留在亲属群体手中。

尽管我在夹江观察到的亲属实践在造纸活动中显示出具有讲求实效的功能,但是这种情形是否为特殊技术需求所导致,抑或造纸人的亲属实践与邻区从事农业活动者的亲属实践有所不同,对此我还不能有所定论。也许,这种亲属实践——鼓励亲属间的合作与知识共享——普遍存在却不为人注意,是因为它们不符合惯常的关于中国亲属制度的观点:中国的亲属关系主要被认为对土地和权力有法理上的诉求,以不同继嗣群体之间的竞争为特征。在我们将农村人看作以土地为根基的农民时,一些社会组织的类型就被隐藏起来了,而透过技能这一视角却可以帮助我们看到这些隐藏的社会组织类型。

"农民性"(peasantness)的模式

社会整合源于行之有效的区分这一观点,在社会学家涂尔干(Emile Durkheim)那里被阐释得最为清晰,不过这一观点可以追溯到亚里士多德那里:"国家并非简单地由众人组成,而是由不同类型的人组成,因为相同之人无法形成国家。"①劳动分工、互相依赖以及交换产生了共同体。"固定僵化,一成不变"——这是马克思对农民生活的描写——使得人与人隔绝开来,使得他们对公共生活显得束手无策。在晚期帝制的中国,专业化和交换已经十分常见,大部分工业品都出自乡村专业化或者半专业化的工匠之手。明清以及民国初期的政府认识到这一

————————————

① Aristotle(1995:23)。

事实,因而在总体上支持乡村手工业。专门化被看作是混合型农村经济的必要因素,手工业和副业被认为有助于形成稳定的社会秩序,因为它们可以带来收入,让拥有少量土地的农民仍然留在土地上。只有当专业化生产将过多劳动力从农业上吸引过来并干扰到农业经济,或者那些不受管束的男性雇工过度集中造成危险性隐患时,政府才不鼓励专业化生产。① 甚至在这种情况下,如果能从中获得足够大的财政收益或者商业利益,政府也会对此睁一只眼闭一只眼。根据曾小萍(Madeleine Zelin)的估计,当时自贡境内最大的盐场(离夹江县约 100 公里)招工人数在 6.8 万到 9.8 万之间,是 19 世纪世界上最大的产业工人聚集地之一。②

专业化没能产生"公民权"(citizenship)——这一概念直到19 世纪 90 年代才在中国出现,甚至那些最为激进的共和派人物也只是在最为抽象的意义上来考虑将农村人视为"公民"。然而,专业化将农村人与一种物品和符号经济联结起来,而这种经济已经从偏僻的村落延展到权力中心地带。③ 夹江的造纸人一直很清楚地意识到,他们所生产的不光是一种有用途的物品,也是中国书写文化和官僚文化的一种象征物。300 多年来,他们这里产出的"贡纸"是科举考试中四川省乡试的专用纸,即便在科举考试于 1905 年被废除以后,国家以及省级政府部门依然对夹江造纸业兴趣益然,因为他们也需要纸张。诚然,在构建文化纽带方面,纸张比其他商品显得更为合适;然而,所有物品都在一

---

① Mann(1992:77 - 79);Rowe(2001)。

② Zelin(2005:331 - 332)。

③ 关于物品和符号,参见 Appadurai(1986);Douglas & Isherwood(1979);Brewer & Porter(1993)。

定程度上被注入了含义,因而可以被看作传达社会诉求与文化诉求的介质。比如,纺织业这一最为重要的乡村手工业,与劳动的性别分工、道德秩序和社会稳定性连在一起,工艺生产者会援引这些准则来护卫自己的行当。正如我们在本书的第四章中可以看到的,夹江的造纸人利用文化上的诉求来吸引省级,甚至是国家级精英的关注,游说他们为自己减免税收。

将地方性的特别产出视为正常的、必要的、积极的这一看法,在 20 世纪的头几十年里开始发生改变,很大程度上是因为那些受过西方教育的精英坚定不移地认为中国需要迅速工业化,来保卫自己不受西方和日本的侵害。在 20 世纪初期,工业被认为是在达尔文式的生存斗争中拯救国家的一种手段("实业救国")。与此同时,城市精英认为作为农民的乡下人目光短浅、愚蠢无知,不足以将重要的国家资源交给他们。沈艾娣(Henrietta Harrison)在她对山西的研究中发现,在清末以及民国时期,受过西方教育的精英们带着如此强烈的意图去发展"工业"(在机械化生产这一意义上),以至于他们无视当时实际存在而且生机盎然的产业,有时甚至有意去压制它们以便让现代风格的生产获得青睐(这种做法经常成效甚微)。政府对小规模产业的敌意导致了制造业集中在城市里,而先前的混合型乡村经济变成了单一的农业经济。①

近年的很多研究都表明,中国的经济发展策略在 1949 年之前与之后有着根本连续性。② 共产党也将"抢占工业化制高点"作为其追求的战略,将所有努力都集中于大规模的、现代的、以

---

① Harrison(2005:31 - 37)。

② Bian(2005:217 - 220);Kirby(2000:152 - 153);Frazier(2002)。

城市为主的工业上,尤其是在国防工业上,这与此前的国民党政府并无二致。在国际环境充满敌意、物资极度短缺的条件下,共产党的计划经济缔造者们制定了一个分化的经济体系,即让农村的经济部门从属于带有保护层的、受到保护的城市经济部门。其基本特征广为人知:这个体系自1953年起以国家规定的固定价格从农村廉价收购粮食、棉花和其他城市经济所需的原材料,而农业所需的原材料以及消费品都维持着高价,以保证国营工厂有稳定的利润。为了防止农村人迁移到城市里并由此冲淡现代化的收益,国家将农村人口限制在他们出生或者(女性)出嫁到的村庄里。在20世纪50年代以前,移民和(经济上的)多元化是发家致富的常规线路,当时这两条途径受到限制甚至最终被禁止了。城市居民享有由国家来保证的生计基础,有时候还有经由工作单位而发放的不可小觑的福利;与此形成反差的是,农村人的生活来源只能依赖当地的资源供给以及反复无常的气候条件。政府实行了很多举措来实现毛泽东提出来的"两条腿走路"的政策,即同时发展农业和小规模工业。然而,这一政策的目标是加强而不是去减少农村的自给自足经济。计划经济时期理想化的乡村是:自力更生,实行相互独立的集体生产形式,为城市提供余粮和其他原材料,但不向城市有任何索取。20世纪70年代的公社和大队的企业,即后毛泽东时代乡镇工业繁荣的前身,其设计的目标是"服务于农业",明文规定禁止它们与国有企业争夺原材料、资本或者市场。

我在这里想要指出来的,不光是农村居民的物质生活条件相对不如城市居民——尽管这也是一个不争的事实:在毛泽东时代,城市居民的收入和消费水平比农村居民高出两到三倍;①我还想指出的是,他们被以不同的方式整合到人事政策当中。绝大多数城市居民都隶属于工作单位,这些单位高度专业化,牢牢地融入地域上和功能上的等级序列当中。由于国家计划经济体系将产业重复保持在最小的程度上,大多数工作单位在某一区域内都是独此一家:在某个省或者某个州里只有唯一一家滚珠轴承厂或者建筑公司。工作单位也沿着具有功能性作用的"条"(与地域性的"块"相对)整合在一起,其方式是:每一个工作单位都依赖于同一管理体系当中的上游和下游单位。在这个复杂而严格的结构中,一个地方的问题可以很容易波及到整个体系的各个角落。在供应链条上的任何一处因为任何问题引起的停滞或者放缓,都是关于相互依赖性的实例课堂,这也给工人们带来自己的不可或缺感。② 农村居民面对的情况与此正好形成反差:毛泽东时代的政策压制专业化,将村落变成自给自足的单元,将农村人从那些他们曾经是其中一部分的互相依赖和交换的网络中剔除出去。农民作为一个阶级仍然是被需要的,在某种抽象意义上是"革命的",但是每一个单独的农民个体都与整体有着非特定的关系。他们与村落共同体之外的人没有关联,每个人面前只有两个方向:向下朝向土地,向上朝向国家。如果说农民还有所差异的话,那也只是因为他们适应了不同的地方性条件,正如长在沙土里和长在沃土里的卷心菜之间的区别一样。将农村居民视为自给自足的农民这一观点,一直形塑

---

① Knight & Song(1999:27 - 34)。

② 布洛维、路卡齐认为,在国家主导的社会主义下,劳动及其产出以一种比在资本主义下更为可见的方式被榨取,国家这只显而易见的手在东欧的工人中产生出一种强烈的"负面的阶级意识"。国家计划经济的严格性以类似方式给一个旧有的劳工口号重新注入说服力:"你能让所有轮盘和齿轮停下来,只要你那强有力的臂膀想这么做。"参见 Burawoy & Lukász(1992, chap. 5)。

着城市居民对农民的感知，这一观点也为将农民排除于完全公民权之外提供了理由。

两种类型的"去技能化"（deskilling）

与土地、水、工厂等其他资源一样，技能也被争夺，是分配争执的对象。尽管人们不能用对待有形资产一样的方式来没收或征用它，但它会被垄断，或者正好相反，会被遗失、被窃取或者被毁坏。自查尔斯·巴贝奇（Charles Babbage）和卡尔·马克思以来的一种学术传统认为，资本主义的先进之处在于将复杂的生产过程分解为相对简短、相对简单的过程，可以由没有技能的劳工（通常为妇女和童工）或者机器来完成。在手工作坊中，工作大部分需要靠有技能的工人来完成。相反，资本主义工厂通过分解生产过程、精确地购买某些特定任务的技能数量来降低成本：有技能的工人负责机器操作，没有技能的女工负责磨面，儿童负责打扫卫生，等等。这种并不以每天重复同样动作来提高效率和速度的生产方式，是资本主义工业中对任务进行细致划分的动力。① 马克思关于去技能化的观点，被哈里·布雷弗曼（Harry Braverman）修正，后者聚焦于创造性任务（如设计、规划以及类似的工作）与任务实施的渐进性分离，其结果是在资本主义下会发生无情的"劳动发生了退化"的情况。这是布雷弗曼提出的观点。②

布雷弗曼的著作引发了大量研究著作的出现，而大多数研

---

① Marx(1930:408,451)；也参见 Landes(1986:588 - 593)。

② Braverman(1974)。

究者都发现,在资本主义、技术变迁和劳动过程之间的关联要复杂得多。一方面,批评者认为"去技能化"不可能像布雷弗曼所说的那么剧烈,因为根本就不存在什么技能可谈。这种观点认为,在个人能力或者掌控意义上的技能或者不存在,或者对无论是前工业时代还是工业时代的工作都无关紧要。① 女权主义历史学家早已经指出,技能至少在一定程度上是一种社会性建构:有权力的工作者群体(经常为男性、有组织机构的、白人)提出的诉求,用来将竞争者(通常为女性以及移民工人)排挤出去。② 哪一种工作被算作"技能性"工作,经常是更多地与谁做这一工作有关,而不是这一工作本身的复杂性;那些显得为"去技能化"的内容,在很多情况下可能只是平整了工作领域而已。另外一些批评者提出了截然相对的观点,他们认为"去技能化"不如布雷弗曼所想的那么严重,因为技能总是在劳动过程中不断地被再生产出来。人们可以看到,工人抗拒去技能,而他们的抵制影响了管理者的决策。③ 更宽泛地说,技术进步在制造新技能的同时也破坏了旧技能。④ 席格特(Sigaut)甚至认为要有一条普遍性的"技能之不可减缩律条",因为"持续地在机器中植入技能的新尝试……不断地受到阻止,因为其他技能……围绕着新机器发展起来"。⑤

    "布雷弗曼式"的资本主义工厂里的去技能化可以与"斯科

---

① 关于工厂工人的技能的讨论,请参见 More(1980:15 - 26);关于前工业时代工作中的技能,参见 Sonenscher(1987:35 - 36)。

② Cockburn(1991:44);Liu(1994:40 - 43;234 - 238);Honeyman & Goodman(1998:362 - 366);Scott(1999:117 - 124)。

③ Edwards(1979);Buroway(1979)。

④ Sabel(1982)。

⑤ Sigaut(1994:445)。

特式"的去技能化——以詹姆斯·斯科特(James Scott)这位对
于"去技能化"问题最为敏锐的分析者而命名——两相对比。斯
科特以及那些研究后殖民时代环南地区的后继学者们更多地去
聚焦于底层群体(小农、小工匠以及土著居民)的去技能化,而不
是工厂里的无产阶级。在这里,去技能化的倡导者不是资本家,
而是知识层的设想家、国家的技术官僚、殖民地行政长官以及国
家现代化的其他代理人。对底层群体的剥夺,并非资本家逐利
动机带来的结果(尽管它也许也在其中扮演了一个角色),而是
追求一个摆脱物质欲求的现代世界图景所带来的结果。这一过
程开始于启蒙运动时期的欧洲,这时新的信息获取技术使得有
可能从"作坊和匠人的手中"提取那些被掩埋着的、不见天日的
知识,以印刷品的形式将它们传播开来。辛西娅·凯普
(Cynthia Koepp)让人看到,在狄德罗(Diderot)和达朗贝尔
(d'Alembert)合著的百科全书中,在这些精心重构的工匠知识
下掩藏着"书面文化对非书面知识精确而丰富的征用,这一在很
大程度上获得了成功的尝试将那一成效低下、无由表达的工作
世界从劳作者的手上和口头中挪移出来,将其以印刷品的形式
呈现在开明'管理'之眼前,服务于它规整世界的目的"①。

法国的《大百科全书》标记了人们开始日益增加对工作领域
的关注,工作被认为是能让所有人获得更大繁荣、更多幸福的关
键所在。生产主义(productivism)的观念——通过释放人类那
几乎可以无止境增加的物质产出潜力,人类就可以达到更美好
的世界——深深地影响了欧美的自由主义、社会主义、法西斯主
义政策。19 世纪末 20 世纪初的产业改革者更多地将社会弊病

---

① Koepp(1986:257)。

看成是由无知、低效、浪费所导致，而并非由不公正带来的结果；他们的目标在于通过沿着理性的、科学的线路系统性地重新组织工作，从而恢复社会和谐。在大西洋东西两端，科学家和管理者都将人体视为一种机器，只要能对其进行合适的监管和指导（泰勒的"科学管理法"所考虑的内容）或者正确地进食和休息（欧洲的"工作的科学"所考虑的内容），这架机器就能极大地提高产出。[①] 同样的乌托邦式信念——有计划地重新组织工作具有必要性和可能性——我们可以从阿列克谢·加斯特夫（Aleksei Gastev）的中央劳工研究所的"苏联式泰勒主义"当中看到，[②]在非洲和亚洲后殖民主义政府的极端反传统主义中看到，[③]在"泰勒主义"和"福特主义"对中国管理的影响中看到，这在 1949 年之前和之后都有。[④]

　　夹江的造纸人对技能的争夺发生在许多不同层面上。在家庭作坊中，男性将女性——包括他们的妻子和女儿——排除在某些工序之外，以防止她们掌握这些重要技能。在那些于经济发展时期涌现的大一些的原始资本主义作坊中，作坊主对生产技术严格保密。在这本书中，我的焦点放在一个由国家主导的技能收缴过程上，这一进程开始于 20 世纪 20 年代，在 50 年代和 60 年代的各种运动和斗争中达到高潮。"社会主义的去技能化"——在毛泽东时代对传统手工艺的大肆冲击——兼具上述两种技能收缴形式的印记。社会主义管理者在重新组织造纸业

---

① Maier(1970)；Rabinbach(1992:260 - 271)；Scott(1998:97 - 102)。

② Bailes(1977)；Rogger(1981)。

③ Donham(1999:chap. 1)。

④ Wright(1988)；Frazier(2002)；Morgan(2003)。

时有着一种理性化的、利益最大化的驱动力,要达到"少花钱多办事"的目标。① 不过,更为重要的是,我们在这里面对的是国家主体和精英们,他们在试图强行推行一种全新的知识管理体系,在这一体系内技术掌控不再被放置在那些"未开化的""难对付的""自私的"当地人手中,而是在那些以国家名义说话和行动的专家们的手中。尽管技能提取与重新分配都是借科学和理性之名来推进的,但它们却并不一定是理性的。正如柯伟林(William Kirby)曾经在不同的关联背景当中指出的那样,促成这些政策的动机有两个执念,一是认为所有在历史上形成的结构都存在普遍的非理性("过去的封建残余");二是对"科学的"规划有着几乎是宗教般的坚信不疑。②

技能的本质

技能之所以重要,是因为大多数社会都基于个人真实的或者推定的能力——换言之,技能——来分配收入、财富和权力。然而令人意外的是,关于什么是技能、技能存在于何处等问题,学者们却很少能达成共识。技能曾经被视为"物",技艺纯熟的匠人或者工人所拥有的财产或者所有物;不过,技能也被描写成无非是一种话语诉求而已。技能曾经不无理由地被认为是一种"个人的知识",它内化在单个人的身体中,安全无恙,不可被剥夺。与此同时,技能也被描写为更应该是社会群体的财产,而非个人主体的财产。所有这些关于技能的观点——作为"实在的"

---

① Landes(1986:620)认为这恰好是驱动技术改造的动机。
② Kirby(2000:152)。

或者话语建构性的，生理意义上在体性的或者社会意义上嵌入性的——并非彼此间具有排他性。不过，如果我们要想理解当个人或者共同体遭到去技能化时会发生怎样的情形，我们还是需要做些概念上的厘清。

我对技能的理解，深受两类文献的影响，尽管它们似乎都与社会历史学家所考虑的问题相距甚远。其一是现象学哲学；其二是认知科学的研究成果。现象学哲学家如马丁·海德格尔（Martin Heidegger）、莫里斯·梅洛-庞蒂（Maurice Merleau-Ponty）早已经指出，技能是人的条件的核心所在。我们存在于世界中的首要模式并非思辨性"穷理"，而是对周围环境进行有技能的、主动的、身体力行的介入。我们通常并不将外在物当作超然对象来沉思，而是对于周围环境提供给我们的行动机会做出即时性的反应。只有当活动流中断之时（在海德格尔那个广为人知的例子中，是因为我们用来向墙上钉钉子的锤子坏了），我们才会意识到环境的"客观的"质性（锤子是一个有一定大小和形状的坚硬物品），意识到我们自身的存在作为超然对象。①

海德格尔直觉到但没有去证实的东西，如今已经被那些致力于神经科学、机器人、人工智能、哲学之交叉界面的科学家们呈现出来。② 智能行动不需要发生在受限心智的中心式（信息）处理，而是出现于分布式的"频繁地穿梭于皮肤与头骨之界线之间的认知与计算过程"③。通过建立有更为扩展性的反馈回路——它们从我们的大脑经由身体而到达身体的延伸部分（工具）和外部世界——我们的确是在使用并经由身体和环境来思

---

① 我对海德格尔的理解依据的是 Dreyfus（Dreyfus 1991）；也参见 Clark（1999：171）。
② 我在这里依据的是 Clark（1999）对过去二十多年认知科学研究的综述。
③ Clark（1999：82）。

考。大多数心智过程都涉及"搭建支撑构架",也就是说,利用实体环境或者社会环境中的外在因素来增强或驱动生物性大脑解决问题的能力,使之能够解决那些没有受到强化的大脑不易解决的问题。① 比如,当我们将工作台上的工具以便于快捷行动的方式进行摆放时,或者当我们借用笔和纸来计算大数字乘法时,我们就是在"搭建支撑构架"。② 在更宽泛的意义上,语言、文化和制度都可以被视为"搭建支撑构架"的手段,这些手段通过将信息"卸载"给外部世界而减少大脑的计算负担:当大脑需要提供解决问题的方案时,已经有可资利用的现成形式。

我们建立的反馈回路可以包括其他人。事实上,很多认知活动都是社会性分布的,是人与人之间、人与世间物品之间进行结构性互动的结果。③ 正如人类学家、认知学家埃德温·哈钦斯(Edwin Hutchins)所说的那样,我们太高估个体心智在认识论上的能力了。对真实世界(哈钦斯的例子是决定海军舰艇的位置)的认知经常是分布在行动主体的网络当中的,睿智的表现并非单单出自诸多单个心智或者心智群体,也出自将这些心智关联成变通性的、强有力的体系所采用的那些依文化而构建的方式:在他给出的例子中,这些因素是舰桥上军官的空间位置、这些军官之间的任务分工、对标准化信号的使用,诸如此类。沿着同样的思考线路,简·莱芙(Jean Lave)和爱丁纳·温格(Etienne Wenger)认为,要理解实践性的、日常的知识是如何生成的,合适的地方是那些"实践共同体"——那些持续追求某种

---

① Clark(1999:191)。
② Clark(1999:chap. 3)。
③ Hutchins(1993:62)。

共同活动而留在一起的小型的、非正式性的群体。①

这样一来，技能的所在之地既非在封装严密的心智中，甚至也不在作为"在体知识"之容器的身体里，而是存在于有技能之人与周围环境之间的互动界面当中。这"不是单个体作为生物生理性实体所拥有的特质，而是一个总体关联域的特质，构建这一关联域需要有生物有机体的人——不能消解的身体和心智——存在于结构繁复的环境当中"②。这种将技能视为遍布在关联域当中，而非安全地储存在个人身上的观点所带来的影响，在本书后面的章节会体现得越发清晰。比如，这一理论可以解释，夹江的造纸人如何在中断了将近 20 年以后从散落在自然、社会和象征环境中的信息中让其技艺得以重生。这些信息来自诸多方面，如上了年纪的实践者所具有的身体记忆；竹林、作坊、工具的布局；关于谁应该做何种工作、如何组织工作团队、如何在性别和代际之间分派工作、如何同亲属与邻居进行合作等问题上的共同设想。支撑这一切的是一种对于社会与符号世界那种共有的、不言自明的、实在的理解，这指导着造纸人让他们的生意再度复兴。这些信息广泛地扩散在各种异质的介质中，这也解释了为什么国家从来没有能够成功地将夹江造纸技能移植到夹江之外的地方：尽管造纸人对这一尝试积极支持，在夹江特有的社会的、文化的、物质上的支撑结构之外，他们的技能无法成功地被复制。

我所理解的技能，与皮埃尔·布迪厄（Pierre Bourdieu）所提出的"惯习"（habitus）概念有很多共同的特征。"惯习"被定义为

---

① Lave & Wenger(1991:chap. 4)。

② Ingold(2000:353)。

是那些习得的、长久固定的身体倾向，它引导着我们的日常实践，使我们在产生这些特定"惯习"的特定社会和历史条件下，做出与客观可能性相符合的行动。布迪厄从专业性、精湛性和即兴性入手，来将"惯习"描写为"生成性原则"，它使我们有可能采取的思考和行动方式"远离不可预知的新异之事的生成，……也远离机械性的复制"。如同技能一样，"惯习"同时也是知识和实践，一种即时精通的形式，在这一形式中，技艺精湛的操作者托举着其展演，也同时被其展演托举着，正如一列火车被放置在其自身的轨道上。① "惯习"和技能都是非话语性的，都是经由模仿学习而获得的；二者更多是"有规矩的即兴"得以在体化的原则，而不是固定规则的汇集。② 如同技能一样，"惯习"也不是任何单个人的所有物：尽管在体化发生于个人身上，但它是通过集体实践而生成的，并只在社会性实践中展示。尤其是当一个在类似情形下出现的"惯习"引起人们以互相可领会的、可相容的方式来行动之时。

当然，对历史学家来说，只有在有助于阐释历史变化时，"技能"才是一个有用的概念。在多大程度上，"技能"是一个历史性范畴？我们透过"技能"这一透镜来观看历史进程时，能收获什么呢？我认为这一答案在于："技能"造就了"大"历史进程（战争、革命、工业化）与具体的日常生活经验相会合的平台。常规的、充满技巧性地与周围世界打交道，这构成了使得一切有意识的思想和行动得以喷涌而出的无言背景，也构成了一切个人、集体能动性的理由。夹江的造纸人的确在概念层面上介入了革

---

① Bourdieu(1980:57)。

② Bourdieu(1977:78-90)。关于这一论点被修正的、简化了的版本也见于 Bourdieu (1980:chap. 3)。

命，比如他们学会了土地改革和阶级斗争的语言（尽管像"地主""贫农"这样的语汇并不适于他们的情况），但是他们对革命的介入主要是作为身处其中的行动主体，依赖于他们从前获得的技能，对日常生活中的具体变化做出反应。如同"惯习"一样，技能也可以被看作"在体化的历史，内化了的第二天性"：这一倾向结构使一个人在某些方式上带着很大的自由度来行动，同时预先排除了在个人已经获得的社会能力与实际能力之外的行动。①"惯习"经常被设想为一种约束，一种固定的期待范围，它预设了我们的思想和行动，当我们跃居于自己归属的阶级位置或者因为迅疾变迁而失去根基之时，就会导致适应不当（滞后现象）。②在夹江，情况也是如此。技能作为一种在体化的取向体系能够限制机会，将人固定在"他们的位置上"。这在女性身上尤为明显：男性权力的生猛展示让她们的技能在体化变得复杂，这让她们难于形成一种有能力、能掌控的感觉。不过，更为经常的情况是，快速的、国家发起的改变将某些物质上的、文化上的碎片（生产技艺、组织形式、意识形态上的理由）抛起，人们会在此前所获技能这一背景下来行动，将这些碎片整合进自己的现存能力当中，以延伸其物质上和社会上的所及范围。比如，从前的雇工学会面对公众讲话、组织会议、领导工作组，这些技能突出地延长了将他们自身与物质环境和其他人联结的反馈回路。与此同时，从前那些特权群体则经历了社会上和实际上所及范围的急剧缩短，以及相应的能力、自主性和权力的丧失。

---

① Bourdieu(1980:56)。关于技能化的工厂工作现象如何决定了德国工人对"纳粹"政府的态度这一问题的讨论，参见 Lüdtke(1995)。

② Bourdieu(1977:60)；Herzfeld(2004)；Willis(1977)。

田野调查及资料情况

本书涉及的材料是在 1995 年到 2004 年间收集的,主要的田野调查在 1995 年到 1996 年以及 1998 年完成,作者于 2001 年和 2004 年又进行了短期回访。本书的大部分访谈都是在石堰村收集的,我曾经在那里村办厂的招待所住了三个月,接下来的四个月我每天来石堰村。我也在相邻的碧山村以及偏远山区的唐边村做了访谈。大部分的访谈都是在有当地向导的陪同下进行的(妇联主任、村长和两个退休的村干部轮流陪同)。村干部与村民的社会差距非常小,所以我不认为这些向导的在场会对村民的反应发生影响。村民们,尤其是退休村干部,非常直言不讳地批评过去的和现在的某些政策。① 多数情况下,会有一名四川省社会科学院农村经济研究所的研究员陪我做访谈,在我能掌握一些四川方言之前,都是他为我将村民的方言转述成普通话。

在夹江的田野调查虽然是愉快的,但也并非总是一帆风顺。当时夹江县刚刚开始对外国游客开放,若干因素(其中包括在县里有驻军以及一所秘密的核研究所)使得我的到来并不让当地政府感到兴奋。况且,手工造纸技术已经被列为"地区级国家机密",这样一来,与外国人讨论造纸技术原则上是不合法的。我几次听到人们说起,有日本或者中国台湾地区的"间谍"在夹江从事秘密的情报活动。其中的一个案例,我能确证些细节:那个所谓的"间谍"是一位来自成都的学者,他为台湾的民俗学期刊

---

① 所有访谈对象的名字都被改过,以保证他们的匿名性。

《汉声》做些调研。[1] 所幸造纸人并不考虑保密问题，也许他们比当地干部更清楚地知道，光靠对从业者的访谈是无法真正学会一门手艺的。访谈通常都在作坊或者在农村院落里进行，是开放式的，有时候是聊天性质的，时有亲朋或者街坊邻居加入讨论，话题范围从生产过程到地方琐事不一而足。我发现，讨论这些日常工作具体细节的一个好处是，它让我看到我的访谈对象在他们日常生活的所有领域当中都是能干的、技能在身的行动主体。一些社会科学研究界定其调查领域的方式，让人觉得外来的专家比本地的信息提供人懂得更多。我将重点转换到信息提供人是有高度技能之人这一领域，这让我能部分地对那种不均衡进行纠偏。[2]

口述史访谈之外，本书还采用了诸多书面的档案资料。夹江县档案馆的大部分资料都在 1949 年解放县城的战火中或者在"文化大革命"期间被毁掉了。不过，在成都我还是找到了四川省重建局的档案（从 1936 年到 1949 年）和西南行政区工业部的档案（从 1949 年到 1952 年）。我也获准使用四川省博物馆和四川大学内丰富的民国时期期刊和报纸。这些资料放在一起，可以给出夹江造纸业从 20 世纪 30 年代中期到 60 年代的详细图景。对于更早的时期，没有可以与之比肩的材料，但是在一些石碑拓片以及夹江山区的墓碑和寺庙碑文的手抄本中，可以看到那个时代的社会组织情况。

---

[1] 盛义、袁定基（1995）。我接受了当地政府的保密要求，删掉了技术细节。话说回来，本书的大多数读者也不会对这些细节感兴趣。对造纸技术层面感兴趣的读者可参考潘吉星所著的《中国造纸技术史稿》，其中一章是关于夹江造纸的。

[2] Portelli（1991）强有力地提出一个论点，田野调查的情境是"一个学习的情境，讲述者有我们所缺少的信息"。

本书的结构

第一章对手工造纸技术、性别之间与代际之间的劳动分工以及家庭作坊的发展周期(如同农场一样,随着家庭人口构成的变化而扩展或者收缩)进行了描述,并讨论了技术生产的"经"与"纬",即代际之间的纵向传承以及在亲属和邻居之间对技能的横向分享。第二章讨论的是原料、粮食、信贷、劳动力和纸张这些支撑着1949年以前造纸业生产的叠加市场,以及1949年前的同业会、寺庙组织、秘密社团等将当地槽户(造纸人)与市场及国家联系起来的中介组织。第三章讨论夹江造纸业在晚清政治经济中的位置,以及面临民国时期手工业现代化时日渐增长的压力。第四章和第五章将焦点集中在土地革命和集体化时期的石堰村。自1950年起,槽户被划归为"农民",参与了所有的农村运动和斗争活动。与此同时,国家给大量槽户提供口粮以换取纸张。集体化将造纸作坊归并为较大的单元,有资格领取口粮份额的人数骤然减少。当第二轻工管理部门扩展了对造纸作坊的掌控时,造纸人的去技能化日渐凸显出来。

第六章描写的是"大跃进"以及随之而来的困难时期,这让造纸区的人口减少了四分之一,造纸业完全被毁。为了在自然灾害中存活下来,槽户开始伐竹毁林,改种玉米和甘薯,斜坡地遭到迅速侵蚀。困难时期过后,继续从事造纸的人被指责为"吃亏心粮",槽户们只能转向农业生产,被要求变成能够粮食自给的农民。尽管如此,造纸还在继续进行,越来越多的槽户个人和团队将纸张卖给黑市上的商人,后者自20世纪70年代中期起往返于四川的各市场之间。四川黑市的早期发展,让夹江在改革开放初期抢占了先机，这也是第七章和第八章的主题。随着私人贸易的合法化和手工纸需求量的大幅增加，夹江县纸商开始在全国推广产品，直接将纸出售给艺术家协会、学校和百货商场。到了 1990 年，夹江纸遍布中国各大城市。伴随着造纸业复兴的是小型技术革命，槽户引进了机器和强效化学制剂，这急剧缩短了生产时间，并形成了二级生产结构。极小的家庭作坊经常徒劳地试图加入到那些地位稳固、雇用劳务人员的书画纸生产者的行列。最后一章聚焦的是，夹江人如何重建那些在毛泽东时代变得淡薄而脆弱的社会组织，修复那些支撑技能再生产的社会结构。

第一章　定位技能

去塘边村只能走小路,这条路从华头镇萧索的市场直通到一处陡峭的石崖。石崖上有个窄窄的豁口,是通往唐边村所在高原的唯一入口。尽管沿途石头上被凿出了台阶和扶手,但路还是不好走,下雨天更是寸步难行。转过悬崖,映入眼帘的就是一派乡村景色,茶园、竹林、小白房散落在小溪和池塘周围。夏德力一家七口生活在一所木房里,住房和造纸作坊环绕铺着石板地面的庭院而建。夏家住所景色优美,但付出的代价也是高昂的:每年,他们需要从华头镇搬上来约十五吨的原材料,搬下去两三吨成品纸。搬运工人每天背着超过他们体重的煤和纯碱,能挣到每趟 15 元或者每天 30 元的报酬。在我去那里调研的 1996 年,这个收入是当时非技工劳务行情的三倍。

1996 年,这个造纸作坊有八个人:夏德力夫妇、他们的女儿女婿以及四名雇工。夏德力的主要任务是管理和经营(他采购原料、出售成品纸和监管雇工),以及准备纸浆。他的妻子沈兰负责照看家里的七八亩地(约 0.5 公顷),照顾两个孙子孙女,她还养了五头猪,每年养几张①蚕,准备十口人的每日三餐。女儿女婿负责制料,并负责整纸、包装工作。像其他大作坊一样,造

---

① 蚕种以每一百粒为一张出售。

纸的核心工序（抄纸、刷纸上墙）都交给雇工们来做。夏家雇用了两对 50 岁左右的夫妻，他们都来自河东，夹江县青衣江以东的山区，那里更发达一些，山路更好走一些。他们的工钱按件计算（抄纸的男工每千张七块六，刷纸的女工每千张四块五），包食宿。按照当地的惯例，雇主为工人提供每日三餐，主要为米饭和蔬菜，每两三天加一顿肉菜。此外，雇主每天给男雇工发一盒廉价烟，每四至五天发一瓶 60 度的酒（120 标准酒精度）。虽然雇工和雇主一起吃饭，但他们往往快速扒拉完饭，就又回去工作。

河东地区的造纸人早已弃用传统木制篁锅煮竹麻，但河西山区的造纸工还在使用古老的蒸煮技术。这种蒸锅由三个部分构成：一个高约两米，直径约三到四米的灶，底下是添燃料的火堂；一口放在灶上的大铁锅；还有一个高约三米、底径约三米的锥形木“锅”，有点像传统中式厨房里用来做米饭的蒸锅（见图 1）。公社化时期使用的大篁锅能装下十五吨鲜竹，夏家的篁锅虽然小些但仍令人刮目相看，能装下七吨鲜竹。平均下来，夏家每两年蒸三满“锅”竹子：在夏天收获竹子后蒸一满锅相当于七吨重的竹子，冬春时节则上料少些。在四川的潮湿气候下，闲置的篁锅很容易腐坏，因此夏家会在自己不需要时将它们低价出租给邻居使用。

及至 90 年代，像夏家这样的作坊越来越少，河东的纸农放弃了原来的木制篁锅，改用钢筋混凝土制成的压力锅（见图 2）。这种锅减少了劳动投入，缩短了周转时间（详情参看第七章）。而河西山区的造纸工序，自 20 世纪初就未有太大改变。不过，即便在这里，技术也不是停滞不前的：从 80 年代起，煤炭取代竹子成为蒸煮燃料，烧碱被钾碱取代，打浆采用了机器。

图1 木制篁锅,作者摄于1996年　图2 现代压力锅,作者摄于2001年

造纸技术

　　造纸是一项复杂、有精细劳动分工的高技能工艺。造纸人说要经过72道"手脚"(9乘8,是个幸运数字),造纸业的核心技艺流程表中列出了20道工序,每一道工序又囊括若干小步骤。[①]我们权且将造纸划分为两个部分:"蒸活儿",依据季节变化将竹子和其他纤维物做成料子(碎纤维)的季节性工序;"抄纸活儿",全年皆可进行的将料子做成纸浆,再将纸浆变成纸的工序。"制料段"工作在五六月开始,主要是砍伐嫩竹,这时的竹麻纤维长

――――――――――――

① 关于传统造纸工序和专门术语,请参见附录一。有关夹江造纸技术细节更为详细的描述,参看盛义、袁定基(1995);潘吉星(1979)。

而且韧性好。如果伐竹时节推后，竹纤维就会变短且易碎。竹子的生长状况很大程度上依赖肥料和劳动力投入，房屋附近的竹子通常都用低土墙围起来，而且不让里面有杂草。但大部分竹子都生长在小山丘上，距居住地较远，很难给它们施肥或除草。夹江地区使用的两种最常见的竹子品种是白夹竹和水竹。它们的生长周期在五十年到六十年之间，每一轮生长周期的尾段竹子会开花，中间的竹茎——"马根"会死掉。存活的侧根形成新竹茎，几年以后收成就能恢复正常。这个过程被称为"换头"。竹子开花的年头，造纸坊会蒙受严重的损失。但是，与人们普遍认定的情况有所不同，同一品种的竹子并非一定会同时开花，也不是所有开花的竹子都会枯死。那些没有鲜竹可用的造纸作坊可以转而使用外地来的"竹麻"——已经干了并劈开的竹子，在当地市场上可以买到。

伐竹要求丰富的经验，因为头年、二年、三年的竹子每年都要有固定一部分被砍掉，才能确保它们持续再生。收获之后，竹子被劈开、切段、浸泡在水里（见图 3）。在夏天的高温下，竹子外皮开始烂掉，所剩的只有竹子茎中纤维质性的"肉"。几周过后，竹子被漂洗，与石灰混在一起，再浸泡两周。然后，这些竹子被放进篁锅（见图 4）里煮上六七天。等蒸气凉下来一天后，一组男性工人上到篁锅顶部，用长长的杵杆捣"料子"。竹料纤维因受热以及石灰的作用而变松，必须得趁热将其分离出来，时间久了分解的木质素会变硬，纤维也会粘在一起。"料子"被一层一层地从篁锅里用抓料耙搂出来，摊在铺着石板的地面上，被人用长木棍或者锤子锤打。下一步是，在池塘里或山涧里洗纤维物，将上面的石灰和木质素洗掉（篁锅总是设在离水源近的地方）（见图 5）。洗过的"料子"会再被放回到篁锅里蒸第二次，要放些草碱或者碱灰配制的碱液，连蒸五个昼夜，然后再次入水清洗。等到碱液被洗净后，纤维的颜色退去，"料子"变成白色，蓬松如棉絮一般。此后将"料子"打堆成"饼"来发酵数周。

图3　竹子被劈开、切断、浸泡在水里，作者摄于 1996 年

图4　竹子被放进篁锅里，作者摄于 1996 年

图 5　在池塘里或山涧里洗纤维物，作者摄于 1996 年

与季节性的"蒸活儿"不同的是，"抄纸活儿"（包括打浆、抄纸、刷纸和整纸）全年都可进行。每天早晨，打浆工从打堆的纸料中割下一方，和点水，光脚踏踩大约一个小时。第一次漂洗后，加入漂白剂，静置一小时，让纤维再次脱色，然后进行第二次漂洗。这时，纤维对于造纸来讲还是太长太厚，需要被打成浆。传统上这个工作是用脚踏纸臼（当地人称之为"碓窝"）来进行，有点像捣米用的杵臼。打浆人踩下木槌的控制杆，纸臼的锤头就抬起；脚松开控制杆，锤头就落入盛满纸料的臼窝中。就这样反复舂捣，直到"料子"变成纸浆（见图 6）。

接下来纸浆被运到抄纸棚里。抄纸棚是露天的，中间有个巨大的长方形砂岩舀料池/纸槽（俗称"槽子"）。抄纸匠往纸槽里的水中加入满满一两勺纸浆，再加入一些滑水（用特定植物炮制而成），防止纸浆结块。接下来将这些混合物快速搅拌，直到其颜色和浓度如牛奶一般。纸张是由纸帘来成型的，纸帘由两部分构成：一个是由细竹条做成的弹性竹片，上面刷着漆，缠

图 6　碓窝，作者摄于 1996 年

着丝线、马鬃和钓鱼线。另一个是帘床（由较硬的木质条框以承托竹片）。抄纸匠伸直手臂握住帘床，俯身将纸帘浸入槽内（见图 7）。他在水中拖拽纸帘，将它从槽中水平提起来，同时左手抬起帘床，让余水滤出，竹帘上形成一层纸膜。接着，抄纸匠再舀一点浆液在纸帘的右下角，抬起右手微微左斜，让第一层纤维和第二层纤维错综交织。然后，把纸帘放在纸槽边，去掉将纸帘固定在框子上的长木条，把纸帘放到一张桌子上。这样纸就"横躺"下来了，粘有湿纸的纸帘反扣在纸板/桌子上；提起纸帘，此时纸板/桌子上就留下了一张柔软且潮湿的纸（见图8）。同法继续抄捞，后一张放在前一张上面。① 一天下来，抄纸匠可以抄出数百张纸。接下来这沓湿纸会被放在纸榨上，纸榨由两块重木板、一个杠杆、一条绳子和滑轮组成。压制纸张时，

———————————

① 西方造纸者从来不知道如何避免使潮湿的纸张不黏在一起，因此只能在纸张之间垫上毡子。

纸榨的压力要逐渐增加。如果纸被压得太快，水存留在纸堆中形成水泡，这会引起纸张裂开。

图 7　抄纸匠在抄纸，作者摄于 1996 年

图 8　将柔软潮湿的纸留在桌子上，作者摄于 1996 年

　　刷纸的准备工作在晚上开始,这得等到抄纸人把纸从纸榨上取出来之后。这时男人们已经入睡,女人们用镊子将软软的纸揭开,铺在桌子上,每十张一"叠"。第二天早晨,这些纸叠被搬到屋外的特殊"晾纸墙"上,或者专门为此目的建造的烘干棚中。① 单张纸被从纸叠中揭下来,在墙上用硬刷刷平。为了节省空间,纸一张张覆盖在一起,十张一吊(见图9)。几天以后,纸完全干透,纸吊如同厚纸板一样,这样就可以拿下来了。接下来就是再次分张、捋平、分类、清点、切割、折叠和包装。这些工作统称为"整纸"工序,通常是由老人来做或者妇女在处理其他事情中间的空档来做(见图10)。

图9　刷纸匠用硬刷在墙上刷纸,作者摄于1996年

---

① 与中国其他地方造纸者不同的是,夹江作坊不使用烘干纸壁。

图 10　在对方纸商店内整纸，作者摄于 1996 年

造纸的劳务量需求

表 1 是基于 20 世纪 50 年代初期关于造纸技术的一份报告制作而成的。这里显示出，当时一个 5 吨量的篁锅生产 4 万张纸要 1 107 个工作日（大概是大开规格的书写纸，虽然这个没有明确说明）。另一份 50 年代的报告则假定了低得多的劳动量投入：每 1 万张纸仅需 115 个工作日，可能是因为它仅包括常规的抄纸工序（第九道工序），剔除了蒸煮工序（第一到第八道工序）。对一个作坊的劳务支出的现实估算应当排除前三道工序，因为这三道工序并不是由作坊固定员工来操作，而是由非技术性雇工来完成的。但是，第四到第八道工序应该被包括在内，因为这四道工序要么需要作坊里的人完成，要么是由和其他作坊劳务交换来完成的。这样核算下来的结果是，5 吨的篁锅需 922 个工

作日,或者说产 1 万纸需 230 个工作日。假定一个作坊每年可以蒸 1.5 锅,全年所需劳动投入为 1 383 个工作日,约等于四五个全职工人的劳动投入。①

表 1　劳动量投入

(可容五吨鲜竹的篁锅一个,生产 4 万纸张)

生产工序	工作日
1. 收获鲜竹(包括运输)	80
2. 切竹,捶竹	88
3. 窖竹等	17
4. 蒸头锅(包括修理工作和填篁锅)	44
5. 打"料子",洗"料子"	179
6. 蒸二锅(包括修理工作和填篁锅)	30
7. 发酵准备	39
8. 零活儿	70
小计	547
9. 四万张纸的打浆、抄纸和刷纸	560
总计	1 107

手工造纸业的劳动力需求较严苛,这主要由抄纸工序的性质决定。"槽"是造纸作坊里最基本的生产单位,不仅包括纸槽本身,还包括纸榨、纸壁,也包括其他围绕纸槽而建的设备。这样的一个工作单元至少需要一人打浆,一人抄纸,一人刷纸。不过,如果一个纸槽只配三人,就并不能将其生产潜力充分发挥出来,因为工人无法心无旁骛地投入自己的那份工作。要想让一

---

① 关于对 115 个工作日的估算,见四川档案馆材料(工业厅 1951[13],7)。钟崇敏、朱守仁、李权的《四川手工纸业调查报告》中估算,生产 10 000 张高质量纸张需要 138 个工作日。蒸锅和整纸所需要的劳动量,没有相关数据。

个纸槽全年满负荷运行，还需两名助手帮助搬扛、整纸。这样五个劳动力就是必需的，还不算上这一家所需的女性劳动力：负责准备一日三餐，洗涮和缝补家人以及雇工的衣物，照顾小孩，看管菜地、养猪养鸡，有时还养蚕。此外，也要有人负责维修、销售和运输工作。如果把全部工作都算上，一个纸槽的作坊就得配六七个强壮的成年劳动力，这还不包括蒸煮季期间数百个雇用或换工的劳动日。有七个或者七个以上工人的作坊可以再加上一个纸槽，夏德力家的作坊就是这样。然而，手工造纸业中并没有多少规模经济，如果要想将产能充分发挥出来，两个纸槽的作坊所需要的劳动力大概是一个纸槽作坊的两倍。

手工造纸对劳动力的需求实在严苛，这使得家庭作坊只有两种选择。现在的家庭作坊和过去一样，作坊规模太小，从而无法充分发挥设备的产能；他们也不富裕，用不起长期雇工。虽然大部分作坊都雇散工来做非技术性工作，也和邻居换工，但劳动力仍常年紧缺。劳动力不足的作坊被迫"偷工减料"，也就是说，走些捷径并且试图掩盖因此而产生的瑕疵。小型家庭作坊策略一致，生产工作都是时断时续，纸质较差；市场策略也是追求短期盈利而非建立长期信誉，这种模式被大型作坊坊主轻蔑地描绘为"耍耍纸"。全年无断生产优质纸更能挣钱，但这需要使用雇工。不仅因为一个人员齐备的作坊在人数上会超过大部分家庭的人口数，而且还因为抄纸和刷纸的核心任务要有严格的规矩，这很难强加于家庭成员身上。特别是抄纸匠，工作需要有机器一样的规律性，因为他们决定整个作坊的工作进度。他们不用从事其他工作，吃食也是最好的——鸡蛋、肉、脂肪和糖——这样的能量供应可以保证抄纸匠每天十到十二个小时的工作。作坊主的儿子们有时也负责抄纸，但他们经常对学一些以后作为独立作坊主所需的技能更感兴趣，比如制料准备和经营管理工作。儿子们也比雇工们更难以管束，毕竟工作不够努力的雇工是可以随时被解雇的。

劳动的性别分工和代际分工

抄纸工作有性别和代际分工；其他比较边缘的任务在这些方面的分工就没有那么明确。围绕纸槽的工作以打浆最为重要，因为它直接决定着纸张是否有光泽，是平滑还是粗糙，柔软还是粗硬，能抗水还是吸水，纸面发白还是发灰。每个作坊都有自己的"配方"，这是只保留在作坊主头脑中的秘密。打浆通常和管理功能结合在一起，比如监督工人，购买原材料，出售成品纸。抄纸不像打浆那么需要经验，但对体力和耐力的要求更高。抄纸是严格的男性工作；甚至在"文革"时期，在"男同志能办到的事，女同志也能办到"的口号下，石堰村也仅有两三个胆大的妇女学习抄纸。将柔软的湿纸刷在晾纸墙上则是女人的工作；男人只在年纪大了或是身体太弱不能抄纸时才会去刷纸。刷纸雇工不如抄纸雇工那么常见，不过女人还是受雇去刷纸（过去也是这样），不仅给亲戚和邻居打工，也会到远些的地方打工。

即使以中国农村艰苦的生活标准来衡量，造纸业的工作也是（而且一直是）折磨人的。抄纸匠每天在潮湿的抄纸棚里要呆上十到十二个小时，手和胳膊长期浸泡在纸槽中。抄纸在气温接近冰点的寒冬也在继续，直到纸槽结冰时才会停止。夏天到处都是蚊虫以及腐烂的纸浆的味道，高温使得纸浆凝固，让抄纸变得困难。冬季的几个月里抄纸人经常咳血，因为作坊里太阴凉，因为频繁举起帘床造成的肺部损伤，也因为不断抽烟。纸帘本身并不重,但每次抄纸匠将它从水中取出还得连带举起约八公斤重的水,这个动作要每天重复五百到一千次。

妇女们的工作也不轻松。这里的女性身高很少有超过 1.6 米的,她们处理的纸张长度几乎和她们的身高相等。刷纸的上半部分时,她们必须得踮起脚尖伸直胳膊,深吸一口气将纸吹在墙上,然后再弯下腰去刷纸的下半部分。这个动作每天要重复五百到一千次。刷纸人的工作时长甚至超过抄纸匠,从日出持续到深夜。刷纸要比抄纸快(十个小时的抄纸量七到八个小时就可以刷完),但女性还受到其他任务的干扰,不能像男性那样专注于一项工作。除了抽时间聊个天抽根烟,抄纸人的工作几乎不会停顿。相反,刷纸人常在厨房和晾纸墙两头跑,瞄个空挡刷几张纸。母亲们会把孩子带到刷纸棚,有时背着孩子刷纸。妇女吃得不如男人多,不如男人好,都是男人先吃完后,她们上桌随便吃几口完事。

家庭劳力的补充、培训和管控

中国家庭的观察者向来强调其强大的经济导向。家庭过去是(在农村现在仍然是)生产的基本单位,由年长男性管控青壮年和女性劳动力。诸如结婚、领养、养育、训练下一代和分配工作这样的决定,出发点都是整个家庭的经济利益。在这样的体系中,娶个儿媳妇或领养个儿子都是补充劳动力的方法,类似于雇个长期工。添加男性家庭成员很少成为一个问题,因为男性就出生在这个家里,理想的情况下一生都属于这个家。没有子嗣的家庭可以采取血亲收养(也称"过继")的方式,一个没有子嗣的男人可以从兄弟或者同辈堂兄弟那里"借"来一个侄子,把他当作亲生儿子抚养。过继的儿子被认为属于两个支系,尽管他只对抚养自己的家庭负有经济义务。跨姓领养不受青睐,因为这会被认为是略微地掩盖在亲属名义下赤裸裸地用金钱换取忠心和劳动力。尽管如此,这种情形也很常见,很多时候养子和养父母的亲情纽带也很牢固。① 只有女儿的家庭可以招个上门女婿,作为男性劳动力的补充。这种男到女家落户或者说"倒插门"女婿没有什么地位,纯属万不得已。倒插门女婿(入赘)的地位就和嫁入男方家庭的儿媳妇的地位一样。只要他(通常做抄纸工作)努力工作,生养孩子,担起对新家庭的责任,他就不会被撵出家门。尽管如此,他的地位更接近雇工而不是继承者。只有女儿的父亲们也更愿意将打浆的技能——这是被认定为与所有权和掌控权最相关的技能——传授给女儿,而不是女婿。②

　　夹江和中国其他地区一样,居住地与亲属关系有重叠倾向。很多村落都以单一亲属群体为主体,也就是说,村落成员主要由那些声称在父系上有共同祖先的男人以及他们的妻子、儿女所组成。这些社区实行在亲属群体和村落外婚制:儿子和父母留在一起,延续家庭脉络,女儿出嫁到村子和亲属群体之外。虽然出嫁的女儿可以定期回娘家探望,但她们主要的责任义务都在新家庭那里。对女人来说,出嫁被认为是永久性地从一个家庭转移到另外一个家庭,这一强烈的理念映射在民谣民谚中。为保证"害虫"永不再回来,要仪式性地让它们"出嫁":

---

① 田野笔记,1996 年 4 月 28 日。对石海波的访谈,1996 年 4 月 11 日;王树功:《夹江县志》,第 637 页。可参见 Shiga(1978)。
② 对石修杰和张文树的访谈,1995 年 9 月 25 日。

> 佛生四月八,
>
> 毛虫今日嫁。
>
> 嫁出青山外,
>
> 永世不还家。

或者是这样的:

> 毛虫毛虫,
>
> 黑耸黑耸。
>
> 嫁出青山,
>
> 绝种绝种。①

夹江地区大部分婚姻都是"成人婚",礼节包括双方家庭长期商谈,媒人从中牵线搭桥,下聘陪嫁妆,精心设计婚礼,男方购置新房。② "童婚"在偏远山区很常见,穷困的家庭收养一名女孩作为童养媳,省去普通婚礼所需开销。还有一种省钱的方法是,给年幼的儿子娶个十八九岁或者二十岁出头的姑娘。③ 这样一来,女孩不仅提前进入家门补充劳动力,也保证了足够的训练时间。在槽户当中流行的某些劳动号子里就有或同情或嘲笑这种年轻新娘的内容:

> 十八姑娘九岁郎,

---

① 盛义、袁定基(1995:37)。

② Wolf & Huang(1980:chaps. 5-7)。

③ 王树功主编:《夹江县志》,第 636—637 页。在河北定县这种情况也很普遍,那里百分之七十的女性都年长于自己的丈夫。(Gamble, 1963:45)。

夜夜抱郎上牙床。

不是公婆二老在，

你当儿来我当娘。

或者是这样的歌谣：

我的丈夫点点高，

早晨穿衣要人教；

黑了上床要人抱，

龟儿子媒婆挨千刀。①

　　欧洲历史学家指出，在西欧农村地区，原工业的增长通常伴随着性道德和生殖策略的改变。② 在农耕文明的旧制度下，父亲们通过控制紧缺的土地资源来左右儿女的婚姻决策。随着以家庭为基础的产业兴起，即使没有得到父母的许可，年轻夫妻尽早开始婚后生活也成为可能。除此之外，作坊扩张的潜力也可为子女提供更多的工作职位，这一点是农场无法做到的，这就促使了年轻夫妇愿意更早更多地生育孩子。此外，与这些变化相伴随的还有性道德的改变，"纱纺聚会"就是一个例子，年轻男女有更多见面、聊天甚至调情的机会。③ 由于缺乏家庭规模、婚嫁年龄和生育率等相关数据，我们无法知道夹江地区是否也经历类似的变化。1944 年，四川全省的家庭规模为户均 5.92 人，夹江地区户均仅为 4.92 人，这一点很不寻常，这或可说明夹江地区

---

① 黄福原：《竹麻号子》，夹江，复印手稿；王树功主编：《夹江县志》，第 636 页。

② Mendels(1972:241 - 261)。

③ Medick(1984:319 - 325)。

分家较早，可能是造纸地区亲缘控制力的减弱导致了早分家。但有一点很清楚，年轻男性（关于女性并没有证据）都希望能够脱离家长控制。在当地人唱的劳动歌"竹麻号子"当中，浪漫与性爱始终是常见主题，这种号子让男人缓解无聊和疲惫。正如这类材料经常出现的情况那样，很难说它们描绘的是真实情况还是在表达美好期许：

> 栽花要栽月月红，
> 栽树要栽万年松；
> 交妹要交有心妹，
> 有心有意路才通。

或者是这样的歌谣：

> 天上落雨飘飘飘，
> 我在半山等娇娇。
> 我的娇娇我认得，
> 盘子脸儿细眉毛。
> 好看还在脸盘上，
> 好耍还在半山腰。①

造纸业中的训练鲜有正规的教学。在小的时候，男孩和女孩半玩半学接触抄纸和刷纸，真正认真学习是从十五六岁开始。现在的造纸人都认为，当地人要学技术是很容易的；但如何获得

---

① 黄福原：《竹麻号子》，夹江：复印手稿。

一个好工人所需要的自律则比较难。尤其是男孩,基本靠"驯服"。正如一位造纸人告诉我,他 16 岁的儿子离家出走了三次,每次回来都挨打。不过,他最后接受了自己的命运,据这位造纸人说,儿子已经成为一名出色的抄纸匠。这位父亲对儿子的倔强似乎毫不在意;他甚至默许儿子的倔强,仿佛反复的鞭打能让技艺习得带上疼痛的触感,这样才能永久地嵌在身体里。[①] 训练女儿和训练儿子采取同样的非正规方式,虽然女儿较少挨打。比训练自家女儿更重要的是训练儿媳:女儿在学会刷纸技能几年后便嫁了,但儿媳是要长久呆在这里的。来自造纸地区的儿媳可能早在娘家就学会了造纸的必要技能,而来自农区平原的儿媳可能就要接受训练。这也不是问题:正如一位老年妇女说的那样,"手脚灵巧的姑娘一两周就可以学会,手脚笨拙的大概要花一个月"。

现在和过去一样,所有家庭成员的工作都在作坊主夫妇的监督下。不但工作内容按性别划分,工作空间也按性别划分。男人们早早就离开屋子和院子去离家不远的抄纸棚工作,女人则留在屋子和院子里工作,通常一干就是一天。但女人的工作场所并不仅限于屋子和院子,院子外墙经常用来当晾纸墙,女人的工作就这样完全暴露在路人的视线里。此外,晾纸墙的维护费用很高,因此经常供不应求。如果作坊有暂时闲置的晾纸墙,就会租借给邻居,多少收些租金或者期许着得到互惠回报。因此,刷纸人经常到别人的家里去刷纸。这样一来,碰见陌生男人就很难避免。直到近年来,人们在出现类似情况时都要严格遵守规矩:

---

① 像夹江的造纸者一样,希腊的皮革工人和其他的手工艺人暗中赞许那些倔强、不服管,然而心灵手巧的学徒,即使会对他们的行为进行惩罚,参见 Herzfeld(2004:chaps. 2 - 5)。

如果有陌生男人进入房间,女人必须离开,不能和他们说话,不能和他们同桌而坐。这些规则可以保护女人不受骚扰,却也限制了他们的活动自由。① 缠足在 1920 年以前都非常普遍,但女人照样到外面工作,不过这确实会使她们的工作困难辛苦。缠足的妇女在数小时的刷纸过程中可以利用板凳支撑身体重量。不管是否缠足,女人一天绝大部分时间都要负重站着工作。

雇工的招募、训练和管控

造纸业大部分从业人员都从父辈那里学习技艺。只有小男孩才会成为正式学徒,而且只有当家里没人掌握这项必备技能时,小男孩才会去当正式学徒。这种情况下,父亲会与经验丰富的抄纸匠接洽,以酒肉款待,希望他能收自己的孩子为徒。如果抄纸匠应允,孩子按规矩在写着造纸行业祖师爷蔡伦名字的神位前磕头、给师傅磕头,行拜师礼。三年学徒期满时,徒弟送给师傅一全套衣服,以此换得一整套工具。徒弟终身听从师傅教诲;即使出师了,如果徒弟对师傅没有表现出足够的尊重,师傅可以拿走纸帘上的水鼻子(固定帘床的竹片)使他没法继续抄纸。如果徒弟擅自换掉水鼻子,师傅可以责打他,他还不能顶嘴。②

造纸业的劳工契约是口头形式的,受日常规范约束。多数合同从正月起算,年底再重新协商;如果意见不合,合同可随时终止。工人和雇主谈话时多用亲属称谓并且同桌吃饭,最好最

---

① 对石兰婷的访谈,1996 年 5 月 13 日;1998 年 9 月 17 日。对于中国房屋空间与性别的讨论,可参见 Bray(1997:51 - 83,170 - 172)。

② 对石升亮的访谈,1995 年 10 月 21 日。盛义、袁定基(1995:29)。

有营养的食物留给作坊主和抄纸匠。计件工资制可以保证工人工作速度快、时间长，却也导致偷工减料情况的发生。纸张送离作坊前，次品会被挑出来送回纸槽，这部分废品的工钱抄纸匠是拿不到的。但是抄纸匠也有自己的捷径窍门，比如抄制厚纸。抄厚纸更简单，但费浆。监管成本很高，雇主只能靠雇工自觉，这样更简单省钱。靠雇工自律的做法在行业扩张时期尤为明显，因为工人不满意可以随时跳槽。

20世纪三四十年代，短期男性非技术工人（短工）的日工资约为三斤粮食或者是折合成等量的现金。女工工资则只有男工的一半。[1] 然而，技能娴熟工人的工资是非常可观的。例如，一个抄纸匠每天可以挣五到十斤粮食，刷纸工挣的是抄纸匠的一半，接近于非技术男工的工资。但另一份1923年的数据表明，女工工资远高于男工（女工月工资为两到三个银元，男工只有一到两个银元）；这基本上可以反映出，当时女性劳动力短缺。[2] 造纸业的工资水平普遍较高：年长的槽户回忆到，一个非技工的工资就足以养活"两个半的人，但不够养活三个人"[3]。一份1936年的报告这样说道：

> 夹江因出产之丰，人民生活俱呈安乐现象，风气诚朴，人民习于耐劳忍苦，妇女更能操作，妇女除在田间工作外，有暇则齐麻纺纱，男子耕田种植，农事稍闲，出

---

[1] 王树功主编：《夹江县志》，第652页。
[2] 宿师良：《夹江纸业之概况》，载于《农业杂志》第1卷第1期（1923年），调查部分，第7—19页，此处见第15页。
[3] 对石定亮的访谈，1998年9月18日；对石兰婷的访谈，1998年9月17日；对石荣庆的访谈，1996年4月19日；对石升怀的访谈，1996年4月12日。

货帮工。大多帮槽户,每日可得工食七八千文,该县生
活甚易……房屋甚便宜,大约每年二十元即可租六七
间,衣食住之便宜,可谓甚矣。①

这份报告也指出:7 000—8 000 个铜板的日工资可以买半斗
(九斤)火米,可供四口之家吃两天。可见,造纸业薪资水平远超
过贫困生存线。但雇工绝对算不上富裕,他们穿的是手工缝制
的土布衫,缝缝补补好多次,家具除了一张床和一个储物箱,再
无其他。尽管如此,雇工还是比较喜欢这种有保障的生计,吃的
也是大米而不是粗粮。② 更重要的是,雇工不用面临"家族灭绝
的悲惨命运",与中国北方部分地区正相反。③ 在夹江造纸区,没
有人仅仅是因为贫困而不能结婚成家的。有受访者称,只有烟
客、赌客、嫖客才会穷到成不了家。④

劳务交换与互助原则

除雇工和家里人以外,造纸作坊也依赖邻居和亲戚的劳动
力,换工可能是正式的,也可能是非正式的。非正式的劳务交换
多发生在女人身上,遇上紧急情况,她们要出面"搭把手",进行
长时间无偿工作。这样的情景在纸坊随处可见,但常常被忽视:

① 参见 SCJJYK 1936[5:2-3];《夹江县乡镇概况》,第 114 页,夹江:夹江县地方志
　办公室,1991。该材料给出了银钱—铜钱的汇率,即 15 000—16 000 个铜币相当
　于一个标准银元。这种异常的高汇率可能是由于 1935 年底对私藏银币的禁止以
　及法币纸币的流通,这抬升了银元的价格。
② 对石升怀的访谈,1996 年 4 月 12 日。
③ Huang(1985:310)。
④ 对石定亮的访谈,1998 年 9 月 18 日。高婚配率也归因于夹江较低的男女比例
　(1949 年的情况为 93.6 比 100,),有可能是因为战时征兵所致。

作坊主往往声称自己只用家里人干活儿,哪怕当时就有一位女性亲属坐在院子角落耐心地整纸或是洗料子。正式的劳务交换主要发生在季节性的蒸煮工作中,这需要大量的劳动力投入——200—300个工作日。大部分的劳动内容都不涉及技术性工作:扛竹麻、填篁锅、打料子、洗料子,这些工序都需要体力,但对技术要求不高。

并非所有的纸坊都有篁锅。实际上,只有最大型的纸坊每年蒸料子才会在两次以上,每次费时不超过三个星期(包括装锅、出锅、洗料),很少有纸坊需要自己备篁锅。50年代初,篁锅与纸坊的比例是一比八。[1] 多数篁锅在较富裕的槽户手中,部分为小槽户所共有。篁锅闲置时,坊主会以小额租金或免费租借给邻居。[2] 共用篁锅的纸坊往往也互相交换劳务。蒸煮竹料时,这些纸坊会轮流召集各家强壮的劳动力帮忙处理重体力活和非技术性工作。每个家庭每年仅仅要求一到两次这种帮助,合在一起大约10天。但是因为每家槽户从其他七家槽户(平均水平)得到过帮助,因此这家也应该至少七次偿付劳务债。其结果是,人们每年要花好几个星期在自家以外的大团队中工作。帮别家蒸煮料子,槽户是愿意的,因为可以暂时从枯燥的作坊劳作中解脱出来。槽户说蒸煮工序是热闹的,有唱有笑,吃得好。尽管帮工没有报酬,但是一天三顿都可以吃到白肉(五花肉)和豆腐。有竹麻号子专门嘲笑提供寒酸伙食的坊主:

---

[1] 工业厅 1951[171:1],128—30。
[2] 一个相似的结构可以参见 Fei & Chang(1945:177 - 196)。

　　　　今天吃的啥子肉，

　　　　筷子巅巅不巴油；

　　　　萝卜当成肥肉卖，

　　　　不怕金银往外流？

　　酒席上都提供大量烈性白酒（玉米或高粱蒸馏酒），白肉和白豆腐，寓意纸白如雪。提供劣质白酒的坊主受到的蔑视甚至还超过那些在饭菜上打折扣的：

　　　　今天喝的啥子酒，

　　　　又涩喉咙又上头；

　　　　好像杜康倒了灶，

　　　　酒都变得像尿臭。[1]

　　困难时期，槽户可以降低酒席标准："咱们这次吃喝简单，轮到你那里，也是一样的。"[2]但如果哪个坊主单方面降低酒席标准，其社会地位可能也会降低。因而，蒸锅工作不仅仅是生产过程的一部分，而且也是支撑着造纸地区生活和工作的那张交换与义务之关系网的一部分。

公开和保密

　　夹江造纸业中流传着许多关于行业秘密和隐匿秘方的故

---

① 盛义、袁定基（1995：20）。

② 对谢长富的访谈，1998 年 9 月 22 日。

事。事实上,造纸业谈得上秘方的工序很少。像蒸煮、打浆、抄纸、刷纸这些工艺是基本的,大家都知道的,并不需要采取什么措施遮盖。说实话,纸坊四面都不立墙,这种开放式的结构是很难隐藏秘方的(可参见本书第 36 页的图 7 和图 8)。况且,纸坊以户营为主,往往存在规模太小难以自立的情况,只有互帮互助才能维持运转,这时候隐藏行业秘方是不可取的。从古到今,纸坊之间依然保持互借晾纸墙、互借劳力和器具、汇集原料的传统。除此之外,还有多种多样的合作方式。随着人员的往来以及器具的交换,行业信息缓缓流淌其中。我们在第七章会看到,90 年代初有些槽户开始给纸坊建围墙。这样一来,槽户可能就把自己从他们尚且依赖的互助义务中抽离了。

　　造纸业能算得上秘方的应该是纸浆的配备。像抄纸、刷纸这样的技艺全靠经验积累,嘴上很难说出个所以然来,但纸浆配备则不同。纸浆的调制需要一定的“民间化学”知识,打浆匠用漂白剂漂白纸,刷胶减少吸水性,涂树脂增加光滑度。槽户用麻或是树皮纤维增加“骨”(韧性和质地),用草纤维或是竹纤维增加“肉”(柔软度和体积)。蒸煮同样重要,煮料的成分直接决定了纸张的酸碱度和老化方式。槽户将此类知识称为“配方”。“配方”是各个纸坊的私人财产,要外传还是内藏全看坊主意志。但这种说法也有问题:这些知识虽然可以用语言描述,但多数情况下还是意会的。那些以固定的指南和公式为表达形式的精确知识,对于一个原料品质不均、体积庞大难以称重测量的行业来说,很难派得上用场。知识不能脱离语境而存在:纸浆每个阶段的外观、气味、触感,槽户都了然于胸。如果某些打浆匠打出的浆比其他人好,不是因为他的配方更上乘,而是因为他凭感觉知道如何处理生产过程中产生的细微变化。

　　槽户也试过把秘方藏起来。例如,19 世纪 20 年代初,首位使用氯漂白剂的槽户晚间在密闭的小屋里将纸漂白,还告诉邻居他学会一种符咒可以让纸一夜之间变白。但人们很快就知道了真相,氯漂白剂的使用传遍了整个造纸区。同样,当夹江某位槽户发现在纸浆里加入清洁剂能让纸变厚变松软后,这个秘诀也很快传开了。造纸业革新技术的快速传播也再次验证了造纸地区不存在保密这一说。"二战"期间,国民政府内迁四川,促进了造纸业的极大发展。夹江槽户短时间内学会生产圆压圆式印刷机用纸,这可以算得上一项壮举,因为纸的版式、韧性和化学成分都要进行很大改变。20 世纪八九十年代,技术革新层出不穷,家庭作坊纷纷引进新技术缩短生产周期,减少劳动投入。造纸地区的造纸技艺虽然是公开的,但技艺的跨地区移植绝不容易,倒不是因为槽户把技艺藏了起来,而是因为技艺是包含在社会语境里的,一旦脱离特定的社会语境,就很难实现再生产。

性别与技术的宗亲控制

　　几乎只认可父系方面责任和义务的中国亲属制度,缔结了凝聚力强大的父系亲缘体。夹江和中国其他农村地区一样,宗亲就是技术知识的"天然"容器。[1] 男子一生下来,就处于一个血缘关系、居住地、职业重叠的环境。技能训练不是问题,生长在一个宗亲都会造纸的亲缘群体中,技能的获得再自然不过。造纸技艺可以说是这个圈子内的男子从娘胎里带来的财富。这种

---

[1] 中国其他地区另外一个很好的例子是安徽泾县的两支宗亲团体。曹氏和王氏家族,或多或少垄断着宣纸生产将近 500 年。参见曹天生(1992:43—56;88—100)。

亲缘体的优势是，它不需要其他独立组织，如行会或学徒制，来设立技艺学习的门槛。知识的传承是在现存的性别、年龄、代际构成的等级序列之内进行的；能否入行由出身来决定；没有主动将某个男性排除在外或者对他有所隐藏的必要，因为获得技能要求有居住权，而居住权要求在亲属群体中有成员身份。尖锐的问题出在嫁入夫家又和娘家保持联系的媳妇身上。女人被排除在某些特定的生产工序之外，目的是防止她们过于独立能干，掌握造纸技艺。

尽管造纸中男性与女性的任务复杂程度相当，但二者展现技能的方式却有着根本的不同。男人学了抄纸后，大半辈子都会是一个抄纸匠，女人则不同。女人结婚后就得离开娘家，忘掉之前学的技能，夫家需要什么技术就要学什么技术。娘家家里造纸的，若嫁到平原地区，就得学习养蚕；娘家是平原地区的，若嫁到山区，就得学习刷纸。人们不鼓励妇女们为自己的技能感到骄傲，并且她们经常否认自己技能在身。多数情况下，她们更自豪于自己有快速学会或者忘掉某个新任务的能力，而不是她们完成某个任务的能力。

妇女对技能的获得之所以是随境遇而改变的、非长久性的，其部分原因在于当地风俗将某些劳动工序认定为男性领域，这使得女性很难对它们形成一种技能主人翁的态度。在蒸锅这道工序中，这体现得尤为明显。将吸过水的、腐烂且发黑的竹麻转化成白色、干净、蓬松的"料子"这一化学过程，人们并不真正理解，所以围绕着蒸锅这道工序，有很多禁忌。加入蒸锅工作的男人，"身上要干净"，为避开女人不洁的影响，在整个蒸锅期间要避免男女行房。在篁锅旁，男人和女人分组工作，趁着原料变冷变硬之前，手脚麻利又不失节奏地将原料中溶解的木质素洗掉。在这道工序中，八到十个男人拿着长长的杵杠，登上篁锅的顶部，和着即兴编的"竹麻号子"节奏打"料子"。打好的"料子"被递给篁锅脚下的妇女拿到附近的溪水里去漂洗。篁锅旁的男人们可以在号子里对任何入眼的女人嘲笑和辱骂，好像这是给男人辛苦工作的补偿。被欺负的女人不应该回嘴，她们只能让自己快速地走出这些男人们的视线。①这种仪式化的羞辱不会阻止女性做她们的工作，但是这会让她们难以形成一种作为技能拥有者、对自己的技能可以掌控的感觉。

夹江造纸业的技术定位

我在本书的导论中提到，技能不能单看成是单一个人或某个群体的财产。尽管每一种可识别的技能都一定会存储在大脑和身体里，但是技能（如同其他认知活动一样）的延展会超越"头骨和皮肤"而进入物质性、社会性和符号性环境当中。技能的合适位置在于整体性的"关联场域"（field of relations），每当一个技能在身的人进入一个结构性环境当中，技能的"关联场域"就会被重组。在夹江造纸这一个案当中，这一场域包括造纸的践行人、他们的工具、作坊和机器，也包括人为和自然的环境：不是人为种植却靠人类定期修剪的竹林，纸坊附近引入浸泡池和纸槽的山涧溪水；最后，这一场域也包括那些能让人们一起工作、让他们的技能得到再生产的社会性制度安排和理念。

在最为根本的层面上，技能储存在践行者的四肢和感官当

---

① 盛义、袁定基（1995）。

中。当造纸让一个人的身体发生改变和变形时,它便在字面意义上演绎了"在体化"(embodied)这个用语。在烧碱水的作用下,人的手脚肿胀,之后皮肤变得开裂。像王浩定这样仍然用脚踏碓窝碎料的男人(可参见本书第 35 页图 6),由于每天数小时起起伏伏的踩踏,一条大腿明显比另外一条要粗。纸坊中的技能可以说是"注意力的训练"(education of attention):熟练的匠人要持续调整自己的活动,以便能随时处理吃紧的任务。[①] 比如,抄纸人眼睛要一直看着纸帘子来注意它在纸槽中的运动,同时他在水中拉拽帘床时也要对背部、手臂、手腕感觉到的力度作出反应,来调节运动的速度或者持帘床的角度。刷纸人的情形也与这类似,刷纸人感觉到软纸张在刷子下如何延伸,以便来相应地调整力度。造纸匠人也调用听觉和嗅觉:湿纸堆上纸榨脱水时,匠人可以根据流水声判断水分是否已被压出;搅拌纸槽中的纸浆时,匠人可根据气味判断纸浆是否已发酵,是否需要添加化学药品防止结块。

造纸技能如同其他实际技能一样,也需要一个井然有序的环境来施展。我们可能知道如何打字、编织、开车、骑自行车,但除非你坐进驾驶座或拿起织针,否则很难描述这些技能或将其具像化。此外,很多技能都是社会性分置的,它们不能由单个人来完成。跳探戈舞(或者用条锯来锯断木头)需要两个人,只有当两个人面对面、彼此给出一个看得见的信号——一个眼神或者点头时,所需要的技能才会完全出现。在造纸上,这样的分置技能体现得最为明显的是生产六尺(97×180 cm)或者八尺(124×248 cm)的大张纸。抄纸的是两到四个人组成的小组,他

---

① Ingold(2000:353－354)。

们的动作在缓慢的、有韵律的舞蹈中同步。社会性分置的技能也存在于围绕着纸槽的持续性工序，这时打浆人、抄纸人和刷纸人要紧密合作；在季节性的蒸锅工作中，换工的邻居群体构成了第二个技能再生产团体。

　　总而言之，造纸业的技能过去是、现在也是具化在践行者的头脑和身体里，嵌入在自然和人为的环境中，分置在不同践行人群体中的。同时，技能也嵌入在社会关系中。在某种意义上，技能就是社会关系，因为造纸区内那么多每天的社会生活——从家庭生活到邻里关系——都围绕着技能及其再生产而进行。但是，如果我们由此便认为技能完全是社区共同体的财产，能让所有人均匀地共享，那就未免过于天真了。正如在蒸锅工序中妇女被边缘化这一情况所表明的那样，技能的分配方式反映了权力的分置——其轴线是性别、代际和阶级。

第二章　夹江山区的社区和宗族

　　夹江县位于成都平原边缘,北距成都 150 公里,为三个不同文化经济区域交接地:四川盆地东部地区,成都平原和川西高原(见示意图 1)。夹江县通过青衣江与长江港口乐山(1913 年前被称为嘉定)相连,并且一直都是以乐山为主要方向对外交往联系,通过乐山可以与宜宾、泸州、重庆和其他的四川盆地东部地区的城市相连接。陆路和水路(夏季时岷江适合航运)将夹江县与四川省的政治文化中心成都相连。雅安是川藏地区的门户,也是居住着彝族人的大凉山的门户,夹江县有陆路通往雅安。夹江以青衣江为界,分为同等大小的河东片区和河西片区。河东为肥沃的平原和种满竹子的丘陵,河西多为高山(高达 1 463 米)密林(见示意图 2)。夹江县造纸业主要集中在河东地区的西部和河西地区。那里地形陡峭,土壤贫瘠,不适宜农作物生长,但胜在降水充沛,四季凉爽,为造纸业原料——竹木提供了理想的生长环境。

　　20 世纪初,夹江县西部尽管与成都和其他长江港口城市有着密切的商业往来,但仍然是一片较少被开发的荒凉之地。河西与中国佛教名山峨眉山(3 098 米)在同一条山脉上,夹江县与峨眉山之间的大部分区域被森林覆盖。据夹江县的地方志记载,1897 年曾经出现过这样的情形:"光绪丁酉年,县西北山多猛

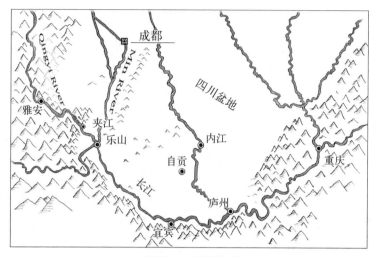

示意图 1　四川盆地

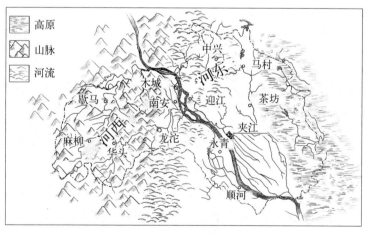

示意图 2　夹江:河东和河西产纸区

豹,白昼伤人,行者必众乃可避免。县令何出示驱逐,并焚香饬
饬山神制止,豹始匿迹。"[1]20 世纪 50 年代早期,人们多次试图
根绝野生豹,但直到 1964 年之前,野生豹仍从峨眉山进入夹江
边界。[2] 1949 年,人们在县城城门前最后一次看到了黑熊。20
世纪 60 年代前,野生动物的栖息地尚未被开荒毁林破坏,人们
经常能看到猴子、鹿、野猪和野猫的身影。从社会层面上看,夹
江县西部也是边区之地。当地社会群体松散,缺少强有力的地
方精英,县城之外的地区不受国家权力约束,暴力事件频发。

　　河东和河西虽然在土质和气候上颇为相似,但两地造纸业
差异显著。河东造纸业临近夹江县县城和木城镇这一繁荣的市
场,纸坊规模相对较大,多用雇工,专做优质大纸。由于可耕地
匮乏,当地纸坊只能进一步提高造纸的专业化程度。马村乡位
于河东造纸区的核心地带。1940 年,马村乡户均旱作耕地面积
仅为 1.73 亩,这连一个人都养不活,遑论一家人。[3] 与之相反,
河西距离商业中心更远,人口密度较低,采掘业有利可图,这些
因素合在一起使当地作坊没有让造纸业变得高度专门化。尽管
河西造纸区比河东造纸区有更多的山地,但大部分的造纸区都
坐落于平缓的山顶上或者纵深的河谷中,地势较为平坦。河西
的水田也多,这一点与河东截然不同。虽然河西片区多数农民
也无法做到完全的自给自足,但每户手中有 5 到 15 亩不等的耕
地,大部分家庭靠耕种能解决半年的温饱问题。此外,河西森林
盛产煤矿、木炭、建筑木材、棺木、檀香木、竹荪、竹笋、竹子(可作

---

① 刘作铭:《夹江县志》,1935 年。第 251 页。
② 王树功主编《夹江县志》,第 58 页。
③《马村乡第十保调查谱》,日期未详。王迪(1989)在《清代四川人口、耕地及粮食问
　题》(下)一文中估计,在清代的四川要维持生计每人至少需要四亩地,见第 82 页。

建筑木材，或者劈开干燥后成为造纸业的原材料）、茶叶、白蜡（像蚜虫一样的一种昆虫排泄物，富含脂肪，这类昆虫以灌木细枝为食）、草药、桐油和蜂蜜，同时也有很多或野生或人工种植的干果和水果。[①] 河西居民并没有将所有资本都投入造纸业，而是根据市场需求的变化相应地调整农业、造纸业和副业所占的比重。河东河西两地的造纸工艺相近，但河东纸坊投入更多，倾向于生产高质量的书写、印刷和装饰用纸，而河西纸坊则倾向于少投入，多用家庭劳力，倾向于生产廉价的祭祀用纸，就是烧给死者的冥纸。

居住区

和四川其他地区一样，夹江县人口在明清之交连年的战争中锐减。1645 年至 1647 年间，夹江县城四经易手，先后由张献忠叛军，忠于明朝的军队和清军占领。战祸不断，饥荒肆虐，人人相食。在清政府统治下的前几十年里，夹江县一定程度上得到了明显的恢复。1670 年，一位巡视的清廷官员记录下这样的情形：进入夹江县后，看到是棋盘式的农田里小路与灌溉沟渠纵横相连。家家户户炊烟袅袅，恍惚让人觉得到了苏州一般。[②] 但仅四年之后，夹江县就遭到了效忠于吴三桂反清部队的占领与破坏。经过六年多的鏖战，清政府收复夹江。[③] 17 世纪末 18 世纪初，和四川大部分地区一样，夹江县涌入了大量来自湖南湖北

---

① 《夹江县乡镇概况》，第 166—167 页。关于四川山区的工业以及副业的讨论，请参见 Hosie(1922)；Hsiang(1941)。

② 刘作铭(1935)：《夹江县志》，第 249 页；王树功主编：《夹江县志》，第 2 页。

③ 幹端生(1948)：《夹江乡土志略》，第 10—17 页，夹江：义铜书局。

的移民,人口随之增加。移民刚迁入时,多定居在平原地区。随着平原地区人口的逐渐饱和,越来越多的移民迁入丘陵和山地,在那里为四川快速扩张的城市提供经济作物和工业品。

1812 年进行的清朝首次较为可靠的人口普查显示,夹江县人口为 199 172。[①] 上报的人均耕地面积为 0.56 亩,是四川省人均耕地面积最低的几个地区之一,甚至低于已经城镇化的成都和华阳县以及开采盐矿的威远县和荣县。夹江县人均耕地面积少,一定程度上可能是因为普查时少报了耕地面积,在外人很难进入的边界地区这种情景十分常见,但这也可能反映出当地非农人口的庞大。夹江县的粮食不能自给,需要从邻近的眉山和乐山引进,这种情况无疑在夹江县的任何历史时期都未曾改变过。关于乡镇一级的人口数据缺失,但造纸区西部城镇大量精心设计的墓穴、祠堂和寺庙都表明,它们和从事农业的平原地区一样繁荣。人们通常将 19 世纪视为中国衰落的时期,但此时的夹江县仍相对繁荣:在道光至光绪(1821—1908 年)的几十年里,夹江县社会治安良好,人民安居乐业,尽管没有到"夜不闭户"的程度,但当地人民一直过着安定的生活。[②] 1953 年,乡镇级别的人口资料首次出现,资料表明夹江县造纸区在人口密度上已经接近平原地区。

绝大部分迁入夹江县的人都称自己的祖先是湖北人,特别是麻城县孝感乡人。要理解这一现象,就必须将其与习惯上的土地权利联系起来。人们对土地的权利是通过特殊的"定居行

---

① 参见鲁子健(1988):《四川财政史料》,成都:四川社会科学院。更多关于四川人口史的信息,请参见 Skinner(1987)和李世平(1987)所著的《四川人口史》。

② 谢长富(1988):《夹江县华头乡志》,第 62,133,169—176 页,夹江:复印手稿;王树功主编:《夹江县志》,第 634 页。

动"来获取的：开垦土地、建造房屋以及在土地上埋葬自家的死者。[1] 只有能表明（或者至少能卓有成效地断言）自己的祖先是第一个占有某块特定土地的人，才能获得定居权。在元明和明清两次朝代更迭时期，孝感人都被勒令外迁，因此，称自己的祖先是孝感人无异于表明自己的祖先是最早移民到夹江县的那批人。[2] 比如，马村石氏家族——本章以及后面的各章中还都有他们的故事——的定居分为两个阶段：最初定居是在土地肥沃的乐山平原，随后定居是在夹江县山区。下文是马村石氏的家谱对于两个定居过程的描述：

> 明万历年间始祖自湖北麻城孝感乡入蜀，川口处父亡，母祖携三子历艰辛至乐山绵竹铺定居，置田桑而生。为避兵患，将其子分汪冯石三姓，立祠堂谱碑，约立三姓永不通婚矣。嗣后清康熙五年，吾石氏祖贤、学、彩三兄弟，离别绵竹铺同怀纸技，移居今祖屋山。始置林地诛茅成宅，垦茶荒亦兴纸业。[3]

这个故事的诸多细节，例如从孝感赶往四川途中的千辛万苦，开基祖的离世，对于兵役的恐惧，实际上都表明这次迁移不是发生在繁盛的万历年间，而是在混乱的明清之际。[4] 而对于兵

---

[1] Faure(1986)。

[2] 参见 Entenmann(1980:35-54)和李世平(1987)所著的《四川人口史》。罗威廉(William Rowe)指出，从 14 世纪到 20 世纪，麻城县都处于非常动荡的状态。它不仅孕育纷争，将战火烧到邻省，同时也是各路叛军的集结地。关于麻城县人口入迁四川省的信息，请参见 Rowe(2007:59-60;64;141;151;230)。

[3] 石堰村加档桥碑。碑文详情见本书第九章。

[4] 据绵竹铺的一座晚清石碑，这位寡母名为华氏，大约在洪武年间(1368—98)来到绵竹铺。洪武和万历都是明朝年号，旨在表明开基祖在清朝之前就迁往四川了。

役的恐惧看似能解释改姓氏的问题（独子不用服兵役），但真正的原因更可能是汪氏、冯氏和石氏三家实际上就不是亲兄弟，而是为了寻求相互保护而团结到一起的移民，他们并没有血缘关系，因而用虚构的血缘关系来加强彼此之间的纽带。① 夹江县华头乡的一个例子能够解释如何实现用虚构的血缘关系加强不同姓氏移民之间的联系：

> 萧、罗姓原籍湖广，郭姓原籍江西入川插报定居。三姓共议建街盟誓，"不求同生，但求共死；只举亲之谊，不能联婚之说"②。

从结拜兄弟——其亲密关系还通过禁止通婚而得以加强——到声称是有共同祖先的真正兄弟，这中间只有一小步。在汪氏、冯氏和石氏三家的例子中，为方便起见，共同祖先的姓氏干脆没有。

无论石氏和他们的堂兄弟之间的关系到底是怎么样的，贤、学和彩这三兄弟确确实实地是从富庶的（当时依然人口稀疏）绵竹铺平原地区，迁移到了环境更恶劣的夹江县高山地带，他们在那里"始置林地，诛茅成宅，垦茶荒亦兴纸"。从 17 世纪到 19 世纪，大批的"棚民"在中国的南部和中部开发丘陵和山地，以上的描述表明，石氏是"棚民"浪潮中的一支。③ 这些早期的定居者们

---

① Averill(1983:104 - 8)。

② 谢长富(1988):《夹江县华头乡志》，第 4 页。碑文中的表述让人联想到《三国演义》中的"桃园三结义"的故事。

③ 更多四川棚民的讨论，请参见 Vermeer(1991:306 - 35)；Jerome Ch'en(1992)。关于中国其他地区的棚民，请参见 Rawski(1975)；Giersch(2001)；Averill(1983)；Meskill(1979)；Pasternak(1972)。

因其居住的简陋的芦苇编制成的棚屋而得名,他们一方面发展刀耕火种式的种植业,生产诸如靛蓝、苎麻和烟草之类的经济作物,开采山间资源(煤炭、木材、木炭),另一方面也开始进行工业生产。

　　四川聚居村落少,这在中国并不常见。大部分的人居住在相互独立的农舍,或者居住在一小群农舍之中,这些农舍群散落在田野间或者沿山涧分布。造纸区的农舍群一般建在山坡上,避开山谷中原本就很稀少的田地。一些年代较为久远的农舍群则建在了陡峭的悬崖上,只留羊肠小道与外界接通,遇到攻击时可设置路障。农舍群内部,拥挤的庭院互相交错,狭窄的过道贯穿其中。一般情况下,这里的居民都是近亲。除了这些小建筑群,很难再找到其他以地域为基础而形成的共同体。格雷戈里·鲁夫(Gregory Ruf)对白马铺(离我的调研地点马村有一个小时车程)的研究表明,这片区域乡村社区的形成是现代政治变迁的产物,特别是 1949 年后,政府努力在"大队"和村层面构建将权力和资源集中起来的社区。① 但这并不意味着 20 世纪初的四川乡民生活在松散的社会结构中。和白马铺的居民一样,夹江县西部大多数地区都有"以当地姓氏命名景观"的习俗,相邻土地的地名,坟墓和建筑被冠以某一姓氏,表明它从属于某一特定姓氏家族。例如,石堰村的石氏居住在 15 个不同的居民区,其中很多区域叫做石堰、石窖和石店之类的名字。② "石地"和其他同样用单姓命名的居民区相邻,例如杨边(杨姓居住)、张堰(张姓居住)、茶地埂(李姓居住),等等。

---

① Ruf(1998)第三章至第五章。

② "堰"和"埝"都曾用作村庄名,两个字在当地方言里含义相同,读音相同。

虽然当地的土地市场十分活跃,但外乡人很难获得土地所有权。1941 年对马村第九"保"(包含了现今石堰村的绝大部分土地)的土地调查显示,当地的土地拥有情况极度碎片化,138 个土地所有者持有 1 400 多块土地,平均每块农田面积为 0.42 亩,平均每块林地面积为 5.92 亩。以槽户石子轩为例,他拥有四座房宅,三分之一架纸槽,四分之一个打浆机,八块旱地,两块林地和一片竹林,但是这 17 块土地合在一起也只有 11.5 亩(1.9 英亩)。[1] 和中国其他地方相同,当地习俗要求人们优先将土地转让给亲戚和邻居,从民间俗语"肥水不流外人田"也能看出,人们不愿将土地卖给外乡人。土地调查表上所列的 138 个土地所有者中,只有 12 人为非石姓:其中,汪姓四人、杨姓三人(很可能是邻近杨边乡的杨家人)、李姓、曾姓、邓姓、黄姓和薛姓各有一人。这些外乡姓(外姓,异姓)人在那里生活时,通常要先依附于某个石姓家庭。熊余庆的父亲是一名石匠,20 世纪 30 年代时来到了石堰。那时人们将当兵视同死路一条,熊余庆的父亲落入了抓壮丁的部队手中,在兵营中险些因营养不良和虐待而丧生。[2] 他从下水道爬出,逃到了山中,躲在有权势的槽户石子青家中,当时石家正缺一名石匠。部队指挥官来石家要人时,石子青通过或贿赂或威胁的方式让他们放过熊余庆的父亲。[3] 熊余庆的父亲后来和一名石姓女子结婚,儿子熊余庆学习造纸技术,成为一位成功的纸商,并一度担当石堰村的首领。尽管外地人能够完全融入乡村社区中,但这必须要有有权势的石氏的亲善和支持才能实现。

---

[1]《马村乡第十保调查谱》。

[2] Eastman(1984:149)。

[3] 对熊余庆的访谈,1995 年 10 月 21 日。

保甲制

造纸区的村庄最接近"保"。理论上，10 户为甲，10 甲为保。这种户籍管理制度在中国历来已久。20 世纪 30 年代，南京国民政府再次启用。在造纸区，一甲通常对应的是一小块居民区，而一保则包括十到十五块居民区，大约一两百户。每个保设有一名保长和一名副保长。保长和副保长由乡镇官员任命，有收税和决定服兵役人选的权利。这都是握有实权的职位，抗日战争时期表现得尤为明显，因为它可以用兵役来威慑村民。但这也是威望不高的职位，乡绅富贾都不愿意和这两个职位扯上关系。"保"的社会内容不丰富，它只是一个管理户籍、税收和兵役的单位，而不是分享利益和交流情感的社区组织。

袍哥会

下文要提到的宗族关系是造纸区社会组织最重要的准则。山里人多数时间只和父系亲属打交道，非亲属关系的人只有在去城镇市场的时候才会遇到。然而，那些渴求更大权力和更高威望的人必须定期与非亲属关系的人接触，袍哥会就是进行定期交流接触的一个重要渠道。袍哥会，意为"穿袍子的兄弟组成的协会"，也称为"哥老会"，即"长者和兄弟组成的协会"。这一组织起源于走私商贩和运输工人之间形成的互助网络，并在 20 世纪早期的"反满"的社会骚动中发展壮大。到了 20 年代，袍哥会发展成一个思想体系薄弱但功能多样的社会网络，渗透到四川社会各阶层中。那时的袍哥会没有秘密可言：在夹江县，五分之一的人都是袍哥会的成员,大部分官员、军人和商人都加入了袍哥会。[①] 后来的材料中往往区分出"清水"和"浑水"两个派别,但是按照曾经的袍哥会成员的说法,绝大多数分支会都"清"(合法)、"浑"(非法)兼涉。袍哥会内部排行分为五个等级:仁义礼智信,五个等级招募五类不同性质的人参加,形成独立的堂口。[②] 堂口由舵把子领导,一般是有威望的人担当。舵把子需要出面解决争端,和其他舵把子协商事宜,有时也需要给路过的帮会兄弟提供方便,满足他们的要求。据前袍哥会成员的说法,最后一条才是最重要的:如果袍哥会成员和非血亲、非同乡的人闹矛盾了,他可以就近向舵把子求助,由舵把子出面摆平。这一条对于那些经常出远门的人来说非常重要,如商人、军人、土匪、巡回修理工和乞丐。农民和小槽户很少出远门,也就不需要加入袍哥会。[③]

袍哥会和其他社会组织在职能上有所重合,因此很难判断袍哥会领袖的权威究竟源于他在袍哥会中的地位还是其他社会角色。例如,石龙庭是石堰地区的总舵把子,在家族中地位又高,处理纠纷的技巧不俗,备受石氏的尊敬。石龙庭是一名成功的纸商,在石氏居住地区的中心地带开了一家茶馆。一旦石氏有人卷入了商业或个人纠纷,这间茶馆就是解决纠纷的地方。石龙庭和其他长者(长者多数时间都泡在茶馆,不然也能从附近的地方喊来)会听双方争辩,然后提出解决方法。茶馆里的所有

---

① 王树功主编:《夹江县志》,第 643—644 页;Stapleton(1996);Skinner(1951:65)。

② 五类堂口招纳的人分别为:文人(仁);绅士商家(义);中产阶层(礼);和尚、僧徒、算命先生(智);屠夫、理发师、修理工(信)。参见张文华(1990):《夹江县马村乡志》,第 116 页,夹江,复制手稿。

③ 对石定亮、张文华的访谈,1998 年 9 月 15—16 日;1998 年 9 月 18 日。

客人都可以发表看法;如果他们认为石龙庭的解决方法欠妥,可以嘘他、大喊或者用茶杯猛敲桌子。这样的话,协商就不算成功,还得继续。只有当石龙庭提议原告或者被告给在全茶馆的人买茶喝的时候,大伙才会满意。尽管如此,"茶馆法庭"解决了当地大部分争端。[①]

宗教组织

宗教组织是夹江县社会组织中的重要一环,对槽户来说尤其如此。槽户们祭拜造纸祖师蔡伦,视他为造纸业保护神。[②] 一份年代不详的资料显示,清朝末年,夹江县境内有 32 所寺庙、8 间庵、40 座道观。清末民国初期,大部分的寺庙道观因"反迷信"运动而关闭,资产充公。[③] 美国传教士和民族志学者葛维汉(D. C. Graham)曾于 1945 年来到夹江县,他在书中写道:

> 这座城市(夹江县)方圆十里之内有三十座寺庙,城内四座,城外二十六座。报道称,城中三座寺庙、城外两座寺庙均已被出售并摧毁,城中仅存的一座则被军事学校占用。如果没猜错,城中至少有十五座寺庙很早之前就不再被当做寺庙使用,因此这些寺庙的相关数据并没有报给我们。城外有十二座寺庙仅剩下祭拜功能,其中有些不是因为面积太小就是因为离城区太远而无法有其他的用途,还有一些亟待修整。三座

---

① 对石定亮、张文华的访谈,1998 年 9 月 15—16 日;1998 年 9 月 18 日。

② 更多关于宗教团体内容,详见本书第三章。

③ 参见 Duara(1988:148‑57)。

寺庙成了学校,两座成了水力发电厂,其余的寺庙分别成了青年组织活动中心、军事中心、邮局、剧院、慈善组织办公室和兵营。[1]

20 世纪 40 年代前,只有在偏远的河西地区,寺庙才仍是社会结构中重要的一景。并不是所有的寺庙都为公众服务:一些富人家庭会接济小尼姑庵,"养尼姑"给家中女眷作伴,招待客人或在家里有人去世时帮忙料理丧事。[2] 然而,大部分的寺庙是为全村人服务的,较大的寺庙每年会举办庙会,吸引成千上万的朝拜者。造纸地区最重要的庙会要数华头镇的东岳寺庙会。所谓东岳大帝,据说主掌世人生死、贵贱,四川地区朝拜者颇众。[3] 东岳庙会在每年的农历三月举行,持续三天时间。在此期间,城镇中的大街小巷挤满了朝拜者、小商贩和食品摊主。寺中会搭台唱戏,善男信女在街上点香烛,烧纸钱,香纸的灰烬能摞满高高的一堆。游行时,除抬东岳大帝塑像外,还会有人装扮成传说中的鬼神形象,在城镇和农村周边游行,也有人把匕首插入胳膊中以示对神灵的尊重。庙会在游行中达到了高潮。[4]

这些庙会由"香灯会"组织,香灯会则由城乡社区中富有且受尊敬的人组成。东岳香灯会渗透到了河西每个地方,很多集镇都有香灯会的分支机构。[5] 筹办东岳庙会不仅可以让人威望

---

① 参见 Graham(1961:211-12)。

② 对谢长富的访谈,1998 年 9 月 22 日。

③ Ruf(1998:20);Naquin(2001)。

④ 谢长富(1988):《夹江县华头县志》,第 172 页,第 252—253 页。对谢长富的访谈,1998 年 9 月 22 日。

⑤ 杜赞奇认为,跨村团体常以集市地为中心,包含了市场区域内的村落,见 Duara(1988:122;282)。东岳庙会吸引了很多人参加,这些人大多和华头集镇有某种程度上的联系。

大增，也可能从中大赚一笔，但其中的财务风险也不容小觑。庙
会前几个月，分支机构的头人会将其所在村镇参加庙会的人数
上报给会首，根据人数向会首"约"一笔钱。然后，请戏班子和办
酒席（总计五百多桌，因为共有四千多位客人，以八人一桌计算
需要五百多桌）的费用需要会首自己先垫付，之后再把钱拿
回来。①

暴力与权力

民国时期，夹江县暴力事件频发。军阀几十年的统治让枪
支在民众中扩散开来。社会的各个阶层，上至地方精英下至流
浪汉，都需要依赖暴力手段来实现自己的目标。有钱人大多在
家中备有手枪，当地的头人也多有持枪侍卫随护。土匪（因手持
短棍被称为"棒客""棒老二"）打家劫舍，绑架妇孺。② 石堰村民
曾说隔壁的张堰人"白天是农民，夜晚是土匪"。虽说"兔子不吃
窝边草"，为了保险起见，石氏还是与张氏保持距离。要是遭遇
土匪攻击，正确的做法是背过身躺平，保持安静，眼睛不向上看，
这样才不会被伤害。夹江县没有警察，当地的卫戍部队名义上
是维护法律和社会治安，实际上与毒品商贩私下勾结。部队指
挥官要先收钱才派兵，派出的兵在离"土匪窝子"还很远的时候
就开始放枪，给土匪留出充足的逃跑时间。解决土匪威胁的最
好方法就是收买他们，但是即便是花钱收买也很难实现。夹江
县最富有的纸商之一——石子青，走了很远的路到了土匪张盖

---

① 对谢长富的访谈，1998 年 9 月 22 日。
② 谢长富（1988）：《夹江县华头乡志》，第 63 页，第 253—256 页。

山家中,提出"稳定工作,一天两顿饭两次鸦片,无论工作与否工资照发"等条件。张盖山拒绝了这些条件,随后试图在石子青从外地办完事归来的途中伏击他。石子青躲过了伏击,毫发未伤,他不但不因此向张盖山寻仇,反而一再提出他的条件,最后张盖山终于答应了。[①]

暴力经常会延续到地方政治。在夹江县,地方精英常靠与袍哥会和土匪的关系来威胁或者铲除对手,但河东河西两地的暴力风格迥然不同。河西地区地主家庭占主导地位,他们借由袍哥与军事网络(统治四川地区到1936年)相联系。河东地区商业精英占主导地位,与成都和重庆两地的城市中心地区相联系。两件事情可以看出二者的不同:1939年,河西保长何喜成邀请当地乡绅参加儿子婚礼。宾客落座后,华头镇的舵把子吴作章和峨眉的舵把子朱光荣因为座位的先后顺序动了手。经中间人调停,双方决定带上武器去华头镇决一死战。双方在部队里都有人:朱光荣喊来了新第十七师(四川头号军阀刘湘部队),吴作章喊来了第二十四师(刘湘的堂叔兼对手刘文辉部队)。到了决战那天,朱光荣带上人马挺进华头镇,此时吴作章的手下已在街上一字排开,各个手里拿着短棍,怀里揣着手枪。大战开始之前,华头镇八大公口的总舵把子介入了这场纠纷。两边的首领应邀参加一场临时举行的宴会,随后不断被灌酒,最后同意接受调解。人们认定责任在朱光荣身上,朱光荣因此被罚赔两千株冷杉给吴作章一伙,作为"火药、子弹费用"的补偿。[②]

河东地区解决纠纷的方式同样暴力,但不像河西那样讲究

[①] 杨炳文(1986):《著名大槽户石子青简历》,载于《夹江文史资料》,第26—27页,夹江:政协委员会。

[②] 谢长富(1988):《夹江县华头乡志》,第63页,第68页。

程序。河东地区的政治图景主要由两家人的恩怨构成——夹江
县城的王家和雁江江家。王家与袍哥会和地方军阀刘湘手下的
官员走得比较近，而江家七兄弟（其中一个是北京大学毕业生，
一个是巴黎索邦大学经济学毕业生）则以国民党为靠山。两家
人不仅都做纸张贸易，在武器和鸦片走私方面也相互较劲。江
家在利用"现代"机制（学校、学习协会、辩论社）方面远胜于王
家，但在动员袍哥会同党进行有偿暗杀方面不及王家。在 1947
年国民议会议员选举中，王家和江家都派出成员参选，然而"票
选"很快就成了"炮选"。马为善是受到这次"炮选"伤害最深的
人，他在参加婚礼的路上被人从车子中拖出并被枪打死。① 河东
的暴力事件更"现代化"，这不仅指它使用的装备更加先进（河东
人使用汽车和手榴弹，而河西人使用马和短棍），也指它的操作
方式不符"骑士精神"式的行为规范。因此在河东的财政赌注也
更大。

造纸地区的亲属关系

如果某个地区政府的在场让人几乎感觉不到，又缺乏强大
的村落共同体和地位牢固的官僚精英，那么大多数居民的生活
都会建立在亲缘关系上。造纸地区的居民，无论是工作、休息还
是社交活动，都和亲属一起进行。如果需要经常性地和没有亲
缘关系的人交际，他们会和这些人建立起一种虚构性的亲属关
系，以避免与陌生人打交道时产生的不适感。能肯定的是，去集

---

① 张文华（1990）：《夹江县马村乡志》，第 136—138 页；王树功主编：《夹江县志》，第
703—710 页。

镇时人们会与没有亲缘关系的人交际；有的人为了追求商业或者政治利益，会到茶馆里、饭馆里与非亲缘关系的人交际。但对于夹江县多数居民来说，日常生活的主要内容还是围绕亲属展开的，这些只不过是小插曲。

许多研究中国宗族关系的学者都将莫里斯·弗里德曼（Maurice Freedman）的著作作为研究的出发点，我也一样。我的目标不是去反驳弗里德曼的"宗族范式"（lineage paradigm）理论——尽管这一范式一出现便收获无数批评和纠正，[1]而是去指出一个与宗族范式相重叠、讲求实际的、以有用为取向的亲属关系领域。这里的关注点不是那条对弗里德曼模式至关重要的垂直继嗣线路，而是同辈男性血亲之间的水平关联纽带。这种亲属关系形式的核心所在，是实行辈分间的代际区分。这是中国亲属关系中的一个完全正统因素，在中国的大部分地区都被践行，与人们普遍持有的、深入内心的道德价值有所共鸣，但是在西方学者对中国亲属关系的研究中几乎完全被忽略。[2] 简而言之，我认为，亲属关系主要不是一套规则和表征的体系，而是人们在日常生活的所作所为。对于夹江县的人们来说，亲属关系不仅能带来情感上的满足，也为自己、为家庭带来实在的帮助，因而亲属关系很重要。在一个大部分经济交往活动都与亲属相关的环境中，亲属关系的一个核心作用就是帮人们实现安全借

---

[1] Freedman（1958；1966）。关于中国亲属关系研究的详细文献综述，请参见 Santos（2006）。对 Freedman 的批评性评议，请参见 Chun（1996）；James Watson（1982）；Ebrey&Watson（1986；1-2）。

[2] 在更早一些研究资料中，可以找到关于中国亲属体系的详细讨论，请参见 Feng Han-Yi（1937），Hu Hsien-Chin（1948）；Chao Yuan Ren（1956）；Liu（1959）；这些研究大部分都将亲属称谓看作分类体系。但是，从事田野调查的人类学家拒绝采用这种方法，某种程度上导致了 20 世界 50 年代西方研究对"辈分"的忽视。

贷、雇用工人、借用设备工具，诸如此类。辈分的重点在强调同宗族"兄弟"间的水平关联纽带，帮助人们达到这样的目标。同样重要的一点是，讲辈分可以确保生产技能为所有父系亲属所共享，而不是被某支血脉垄断。

受弗里德曼的影响，从事中国研究的人类学家们长期聚焦正式形成的继嗣群体（descent group）或者宗族。弗里德曼著作为何具有这般的吸引力，也很容易理解：通过展现中国人如何一如既往地使用一些简单准则（单线继嗣、从夫居、血亲外婚制）构建规模不等但是有同质性结构的继嗣群体，弗里德曼描绘了中国社会是如何从根基上建成的。继嗣群体——家、户、支、房、族、亲族——形成嵌套式阶序（nested hierarchies）；（"……积若干家而成户，……积若干户而成支，……积若干支而成房，……积若干房而成族，……下上而推，有条不紊"①）每个层次上，同等级的部族会将人力和资源聚集在一起，与其他部族争夺财富与权力。等级的顶端，继嗣群体（或其精英代表）与国家的基层组织联结。如此一来，弗里德曼解释了在国家权力未延伸到乡村层面的条件下，中国如何实现社会与文化的高度融合。这样的宗族内部结构清晰，将尊崇儒学的国家与草根社会联系起来：从上层社会看，宗族传播了国家推崇的正统道德观念；从底层社会看，宗族聚集了分散的利益，赋予其社会涵义。②

中国宗族的构成形式决定了它与土地和权力密切相关。不同的继嗣群体为了获得影响力与权力，通常会进行激烈的争夺。土地既是掌权的基础，也是掌权后的战利品。继嗣群体权

---

① 林耀华（2000）：《义序的宗族研究》。弗里德曼的描写基于林耀华的著作，因而复原林耀华著作中使用的概念语汇。——译者注
② 作者对 Freedman 的解读受到 Chun（1996：430）的影响。

力的大小与手中共有资源的多少直接相关:地产多才能花大钱
举行仪式,给族人提供物质利益,比如,金钱或粮食津贴、在宗
族学堂接受教育、以低于市场的价格租借土地。这些利益有助
于保证父系亲族世世代代都能紧紧抱团。

　　然而,弗里德曼也指出,宗族的团结经常受到威胁,因为促
使宗族生成的同样的组织原则有可能使现有的宗族分裂成彼此
竞争的裂变单元。很多关于中国宗族的研究都将关注点放在非
对称裂变(asymmetrical segmentation)上。非对称裂变的过程
是,一个大亲属群体下面的一组选择一个他们的共同祖先(不是
他们远房堂兄弟们的祖先),将某一产业冠以这位祖先的名字,
于是将自己与其余的堂兄弟区别开来。华若璧(Rubie Watson)
认为,这种宗族裂变实际上是一种伪装下的阶级分化。有权势
地位的宗族成员以自身父亲的名义将财产分离出来,确保这些
财产只能由自己的后代来继承,而不是落入其他较穷的房支手
中。① 由此看来,宗族关系的特征是血亲之间的冲突和竞争,这
种冲突和竞争只有在整个宗族受到外部威胁的时候才能得到缓
和。大多数情况下,共有资源被有权势的宗族成员垄断,他们以
"精明而不是做慈善"的方式经营着宗族共有资源。②

夹江的正式亲属组织

　　那么夹江的亲属关系的情形又如何呢? 没有什么超越常规
或者特殊的地方。夹江县居民崇敬自己认定的祖先,并在他们

---

① Rubie Watson(1985)。
② James Watson(1982:602)。

的墓前祭祀;他的组织("会")拥有资产,会在重大节日期间组织仪式性活动;一些较大的继嗣群体会撰写族谱,修建祠堂。这些宗族入川的时间并不长,比不上中国其他地区的宗族那样根深叶茂。[1] 修建祠堂比较常见:20 世纪 40 年代,夹江县姓氏 183个(继嗣群体数量应该更多,有同姓不同族的情况),祠堂 77座。[2] 宗族共有的资产实际上是比较少的,以石氏为例,其宗族共有资产仅相当于中等农民所拥有的土地。这些都表明夹江县处于弗德里曼提出的"A 到 Z 连续"(从小规模简单的宗族到大规模复杂的宗族)理论中的中期阶段。

　　和四川其他地区一样,宗族资产由"清明会"管理,该会因在春季清明节时操办族宴而得名。[3] 主导"清明会"的是富有、高社会地位之人组成的委员会,并从这些人中选出一名会首。石氏宗族的"清明会"和钟山寺关联最为密切:钟山寺是马村山上的一座小庙,其主要经济来源是石氏家族的个人捐献,一年一度的"清明会"宴会也在寺内举行,钟山寺的方丈管理着石氏"清明会"的土地。夹江县其他地区也有着相似的管理方法:华头镇地方志记载,一些富有的继嗣群体会向佛寺或道观捐献财物,这些佛寺道观虽然名义上向公众开放,但实际上是这些宗族的家庙。[4] 到了一年一度的清明节,人们先清扫、修葺祖坟,再给先人上香、烧纸钱,最后全部子孙跪拜先人。祭祀过祖先后,清明宴

---

① 为了避免术语混乱,作者沿用了 Ebrey & Watson(1986)的用语"descent group"(继嗣群体)来形容那些拥有共同祖先,共同祭祀活动的人群集合,同时沿用了"lineage"(宗族)来形容那些"拥有共同财产(多指但不特指土地)的人群集合"。但"继嗣群体"和"宗族"都过分强调直系血统,并不是最贴切的术语。

② 王树功主编:《夹江县志》,第 634 页。

③ Ruf(1998:51 - 53);Cohen(1990:521 - 28)。

④ 对石定亮的访谈,1998 年 9 月 18 日。谢长富(1988):《夹江县华头乡志》,第 170—171 页,第 192—193 页。

会,也就是人们所说的"吃清明会"就开始了。祭祀祖先只有户长才能参与,但清明宴会则无此限制,女人、孩子,甚至外人都可参加。石氏宗族希望族内所有家户无论住得多远,最起码都应该派一名家庭成员赴宴。不仅如此,他们还会邀请邻居和当地有影响的人物参加宴会。石氏老人往往一脸高兴地回忆起不守规矩的儿子媳妇是如何在"清明会"节庆活动中受罚的。轻微违背家训的行为,宗族内的老人立时予以惩罚就可以了;如果严重违背家训,就要由"清明会"来裁决。有人被罚在清明宴会期间一直跪着,有人被罚出钱铺路建桥。情节特别严重的,会被捆上家法台上,受鞭笞之刑。①

　　一些地方"清明会"组织是"大清明会"的分支。② 石氏、汪氏、冯氏在绵竹铺共有一个总祠堂。绵竹铺的居民说,祠堂、院子连同附带的戏台,占地面积超过一个足球场;举办清明节庆活动时,总祠堂容得下四十桌,三百余人。③ 尽管活动以"清明"命名,但它并不在清明节时举办,而在农历九月份。每三年,总清明会要举办一次"大庆",旗下所有家庭都必须出席;"大庆"中间的两次"小庆"则不强制要求参加。在节庆活动中,石氏、汪氏、冯氏同桌而坐,一起吃饭,并一同向刻有"汪冯石氏历代祖先"的石碑鞠躬致敬。与石氏"清明会"一样,总清明会也设有委员会,专门惩戒不孝顺、违背排行、乱开亲(汪冯石三姓之间通婚)的族人。惩罚形式有责骂、罚钱、鞭笞、整个宴会期间跪在祖先石碑前。④ 一些石氏老

---

① 对石东朱的访谈,1996年4月15日;对石定亮的访谈,1996年4月28日,1998年9月18日;对石定升的访谈,1995年11月17日。

② Ruf(1998:5)。

③ 该祠堂在"文化大革命"中被夷为平地。

④ 冯、汪两家的纷争中,有人骂了一句"日你妈",为此遭受了一顿毒打,并且被罚交100斤煤油。他被罚不是因为说脏话,而是因为侮辱了本家族的女人。

年人回忆，1949 之前，石家人途经绵竹铺时都会到祠堂看看，给祖先石碑磕头。如果他还记得住祖先定下的"排行字"，那么他接下来三天的食宿都有人给他提供，他还能拿到足够的"烟钱"供自己消遣。

除了清明节集体祭祀祖先，每家每户也单独祭祖。夹江县造纸区的宗族墓地与邻村白马铺的宗族墓地有明显的差异：白马铺的宗族墓地，坟墓横排竖列规整有序，长幼清晰，支脉分明；造纸区的宗族墓地，坟墓则凌乱地散落在山间。[1] 重大节日（包括春节、清明、中元节——农历七月十五日）期间，人们会给熟悉的先祖扫墓，不熟悉先祖的坟墓默许可以不修缮。每逢初一十五，或重大节日，人们会在家中给较亲近的先祖敬香上供。祭祖前，先在自家堂屋后墙上贴一大张红纸，红纸正中写上"某氏堂上历代先祖考妣之神位"；左右两边写上天神名字，如"天地"、观音菩萨、孔子、关帝（又称"文武夫子"或者"孔关二圣"）、灶神土地和福禄财神。祭祖就在这张红纸前展开。家神通常包括行业神，如纸的发明者、被槽户称为"祖师爷"的蔡伦（又称"蔡伦先师"）。[2] 只有富人家才会给单个祖先立牌位，牌位只在先人离世头三年使用；三年之期满后，人们通常认为先人的灵魂就离开牌位，进入坟墓了。[3]

辈分顺序

中国很多地方都有排字辈的传统。所谓排字辈，就是先祖

---

[1] Ruf(1998：173；注释 29)。

[2] 谢长富(1988)：《夹江县华头乡志》，第 245 页；张文华(1990)：《夹江县马村乡志》，第 120—121 页。

[3] 对石东朱的访谈，1996 年 4 月 15 日。

定下字辈谱,后嗣按顺序取字确定家族辈分。夹江的继嗣群体也有此传统。以石氏为例,开基祖石贤、石学和石彩三兄弟给后代定下的字辈顺序依次为"伟"字辈(如石伟龙、石伟华),"可"字辈(例如石可福、石可松),"兴"字辈,依此类推,直至第 20 代。女儿不排字辈,出嫁后自动脱离本家。多数人在公共场合会使用辈分名,但这不是强制性的。接受过正规教育的人通常使用"学名",一生中他们还会给自己取其他名字。① 然而,即使那些从不使用辈分名的人都清楚地知道自己是有辈分名的。一个名叫石东朱的村民说:"父母给我取的名字是升泉,尽管我一辈子都不用这个名字,但这才是我的真名,也是我死后人们对我的称呼。入了阴曹地府,我就是石升泉。"

　　辈分,即辈与辈之间的区分,是宗族思想体系的重要组成部分。如果宗族人数众多,族人很难区分辨认彼此,辈分名有助于族人分清长幼。例如,一位名叫石全佑的村民马上就能通过姓名认定远房亲戚石贵杰是"贵"字辈(第 13 代),比他自己的"全"字辈高出一辈。② 因此,他应该称呼石贵杰为"大伯",这是对父辈男性的称呼,对他表示出对叔伯般的尊重。③ 1949 年后,辈分传统式微,但仍规范着许多社会行为。比如,在长辈面前,晚辈不能大笑和喧哗;长辈进屋,晚辈要起身,长辈示意后,才可重新坐下。这种规矩不久前还在践行。如果晚辈不尊重长辈(或触怒坏脾气的长辈),他会遭到呵斥或被甩一大耳刮子。即使到现

---

① 关于排字辈的论述,请参见 Rubie Watson(1986)。作者引用 Ebrey(1986:45 – 47)和 Davis(1986:86,89 – 90)提及的相关文献认为,自公元 6 世纪起排字辈就在中国流行开来。

② 为了保护受访者隐私,此处隐去了受访者真实的字辈名。

③ 关于宋朝字辈的讨论,请参见 Davis(1986:86,89 – 90)。Davis 同样认为,字辈是凝聚亲族的"黏合剂"。当亲族没落,族人失去共同的身份认同感,字辈就会被弃用。

在，正式宴会中，不同辈的人也不会同桌混坐；在家里，不同辈的人也尽量避免同桌而食。但同辈间则提倡"兄弟"般的相处方式，不拘礼节，插科打诨，嬉笑怒骂，互相帮助。关于辈分，需要指出的是，它并没有什么实质性的内容：例如，所有"天"字辈的人不会组成一个群体，他们不需要知道所有同辈人，也不拥有区别于其他辈分的特质。就长尊幼卑而言，辈分制度等级严明，但事实上它又不那么固化，原因有二：首先，长辈晚辈是相对的概念，"贵"字辈相对于"全"字辈是长，相对于"升"字辈是幼；"升"字辈相对于"贵"字辈是长，相对于"定"字辈是幼；其次，辈分高并不意味着德行好。辈分高，一来靠运气（有的人生来就是辈分高），二来靠寿命（活的时间长了，辈分自然就上去了）。这种自然的、客观的过程弱化了高辈分的特权。

　　长辈、晚辈、平辈，这种宽泛的分类主要用来处理与远亲之间的关系。近亲间的称谓向来更为具体，但往往模糊了同辈之间的区别。例如，对于父亲的兄弟，人们不叫"伯伯""叔叔"（标准的辈分等级称谓），而叫"大爸""二爸"。"大"和"二"这些称谓前缀，表示这个人是家里的第几个儿子；相应的，他妻子就被称为"大娘"或"二娘"。简而言之，人们持续不懈地强调上下辈的区分，却弱化了同辈内的区分，有时甚至很难区分两个同辈人是亲兄弟还是堂兄弟。① 从某种程度上看，前一章讨论过的同辈之间存在的"过继"习俗体现了同辈间的平等。为了父系亲族的凝聚力，没有子嗣的人可以让有多个儿子的兄弟过继一个孩子给自己，没有技艺的人可以让有特殊技艺的兄弟代养、

---

① 我花了好几个月的时间才弄清楚，两个几乎每天都和我接触的人原来是兄弟俩。他们住在同一座宅子里，相处融洽。他们的行为明确地表明彼此是同辈关系，但是无论他们自己还是别人都没有提及他们有同辈中最近的血缘关系。

雇用或者训练自己的儿子。①

原则上说，辈分是优先于性别、年龄和社会地位的，②但多代攒下来的生育间隔导致各支之间发展不平衡。一名七十多岁的老人很可能是一名青少年的儿子辈或者孙子辈。辈分制度内，晚辈是要用合适的称谓称呼长辈的（根据具体的辈分情况，使用大爷、老爷或者"公"之类的称呼），长辈可用"你"或直呼姓名的方式称呼晚辈。在实践中，年纪小但辈分大的人通常用"老师"这一尊称来避免这种尴尬的局面。辈分与社会地位发生冲突时，辈分经常让位于社会地位：辈分高的雇工称呼辈分小的雇主为"老板"，尽管按辈分规则，他可以直呼雇主的姓名。同样的，雇主则使用相应的亲属尊称称呼辈分高的雇工。

理论上而言，只有父系血亲才讲辈分，但实际上，非父系血亲也讲辈分。女子嫁入夫家后，自动获得和丈夫相同的辈分；男子入赘后，自动获得和妻子同等的辈分（准确地说，是和妻子兄弟同等的辈分）。母系亲属也能像父系亲属一样进入辈分体系：母亲的兄弟或者妻子的父亲都属于长一辈的亲属。如果两个人之间缺少直接的亲属关系，那么辈分等值（generational equivalence）可以建立在任何基础上：例如，两人的祖父是朋友或一起上过学，那么这两个人就可视彼此为兄弟。如果某个继嗣群体在当地占有主导地位，其他人就要迎合它的辈分体系：以石堰为例，大部分的非石姓的人都是石氏女性的后代，或与石氏通婚，因此他们和石氏一样"讲辈分"。

---

① 来自 1996 年 4 月 11 日对石海波的采访，摘自 1996 年 4 月 28 日的田野日记。关于领养和干亲（干亲为孩子起小名，自此开始监管这个小孩），详情请参见 Ruf（1998:35）。

② Baker（1979:15 – 16）。

亲属关系派上用场

夹江山区的亲属关系对血脉继嗣的不强调，是系统性的。不管是在家中祭祖，还是上坟祭祖，大家祭拜的只是生前和自己交往较多的先人，其他的均以"历代祖先"一并涵盖，集体不具名参拜。中国倒是有诸多记录直系血统的方法，如家谱、石碑或墓碑上的碑文、坟墓的位置，但没有一种方法是用来强调直系血亲的。墓碑和碑文目的在于记录字辈谱，而非血脉分支。① 即使是家谱，也不一定含有直系血统信息：石氏家谱（现已失传）列出了二十字字辈谱，但并未指出个人的直系血亲。仪式上，宗族更强调辈分的横向关系，而非血缘的纵向关系。

这种"横向主导"模式在实际操作中产生了两个结果：首先，它遏制了特权宗族支系的形成，防止他们将资源垄断为己用；其次，这种模式为宗族中的所有成员（或者认同辈分的非宗族成员）建立了纽带，以便达成多样化的目的。夹江造纸区也并非完全没有形成血缘分支的情况：据石姓老人的回忆，18 世纪末石家出了一个非常富有的石万顺，他给子孙们留下了许多田产和一间大宅子。及至孙辈，人称"七金"（孙子为"金"字辈）。他们以石万顺的名义建立了"清明会"，每年清明祭祖时都举办宴会。② 这个单独的仪式或许能为石万顺的孙辈缔造与宗族中其他人区别开来

---

① Ruf(1998:173:27)。

② 传说在石万顺结婚当天，他父母的宅子起火了。石万顺被骂为"败家子"，但他在清理灰烬时，发现了一缸银子，后来他就用这些银子购置了新房子，在平原上买了地。每年祭祀时，他的孙子们（人称"七金"）总会在供桌上摆上七个银锭。对石升义的访谈，1998 年 9 月 28 日。

的身份特征,但他们同堂兄弟使用的辈分名是一样的,在将石氏家族凝聚起来的权利义务关系网中,他们仍是不可脱离的一环。

重要的是,技艺比土地或其他有形资产对槽户来说更为重要,不允许被单支血脉垄断。石氏和很多其他家族一样,都将造纸技术视为祖先留给后辈的共有财富,而不是具体留给哪一房哪一脉的。[①] 某些成功的槽户或许希望有些技术只传给自己的子孙,但这种偏袒自己子孙的"自私"行为是不合规矩的,只能私底下默默进行。

此次研究的受访者认为,辈分中的等级制度已经不再重要,真正重要的是辈分代表了一种亲密程度,一种能够与"在社会"上关系(宗族外的关系)有所区别的温情。一方面,辈分建立在日常生活中一些非常重要的关系上,如父母子女关系、兄弟姐妹关系,这些关系让人感到很亲切,也很容易理解,更能带来情感上的满足。另一方面,和其他血缘关系一样,辈分在某种程度上虽然也体现了权利义务关系,但就广义而言,它的内涵更为丰富,刨除了亲属间冰冷的利益计算关系,如对叔叔或是对兄弟的连襟可以提哪些权利要求。辈分提供的道德与情感承诺语言涵盖了全部日常语境。与此同时,辈分也十分灵活,人们可以策略地使用。"辈分"不必时时讲,讲深讲浅视情况而定。特定的血缘关系可留到特定的场合再提,从而带来情感上的满足。

技能的共同体

很大程度上,夹江县山区的经济活动是围绕着无形资产展

---

① 更多详情,请参见本书第九章。

开的。整个造纸业的发展有赖于技艺的畅快流通，个体纸户的成功有赖于与买家、卖家、邻居、雇工建立并维系的关系，也有赖于他们积攒的信誉和名声。在夹江县，土地和其他固定资产远不如在农业地区那样对社会关系有着核心性意义。造纸区的亲属关系理念和实践似乎很好地适应了这一经济结构。但是，我们不能因此就以为，夹江的亲属关系和其他社会结构是潜层经济结构的一种直接反映。埃德蒙·利奇（Edmund Leach）提出的亲属关系是"谈论财产关系的另外一种方式"这一表述虽然不乏可用之处，却未免狭隘；将亲属关系定义为"谈论技术的另外一种方式"，也不能给我们带来任何裨益。[①] 况且，没有充分的证据表明，夹江的造纸业山区与发展种植业的平原地区的亲属关系（以及社会组织的其他维度）极端不同。如果说上文所讨论的相对扁平化和容括性的亲属关系实践显现为非典型性形态，那可能只是出于这一事实：我所聚焦的是协同工作这一背景下的亲属关系。如果我们将注意力投向互助实践上，那这些情况就变得非常常见。但是，一旦我们视亲属关系主要为财产控制，这些情形就都变得暧昧不明了。

① Leach(1961:305)。

第三章 阶级与贸易

将造纸人彼此关联在一起的义务网络缓和了阶级差异,但无法将其完全杜绝。不平等存在于整个造纸区内,在河东一些技术先进的商业化地区尤其明显。这些地区的产业是由"大户"来主导的,他们是雇用熟练技工的专门化作坊,全年生产,产出高品质纸张,并与大经销商保持互利关系。在河西,"小户"更为普遍:造纸只是他们的副业,主要依靠家庭劳动力,在农忙时节会关闭作坊,生产出的纸张质量也较差。在河西地区,雇用劳动力相对较少,收入差异也不那么突出。不平等的情况不仅在空间上有所不同,在时间上也不尽一致,但是 20 世纪 40 年代之前的数据存量太少,使得我们难以做出断言。得益于四川城区经济的繁荣、交通的发展以及抗日战争爆发后国民政府向四川运送的大量物资,夹江纸业贸易在 20 世纪的前半个世纪快速扩张。但这一总体上的扩张不时被一些重大危机打断:1933—1935 年的军阀割据、1936—1937 年全省范围内的饥荒以及 1945 年以后四川战时经济的崩溃。但是,20 世纪早期的贸易扩张以及 20 世纪三四十年代的危机似乎都眷顾那些规模较大、有雇工的作坊,这些作坊对于经济上的暴风雨似乎更显得有备无患。20 世纪前半个世纪,河东的部分地区贫富两极分化加剧,但也还没有到达能造成义务关系网络破裂的临界点。

表 2　造纸车间产量,1952 年

单位:1 万张对方纸

产量	相当于等同的工作日	户数	占总户数的百分比
0—1	0—230	418	8.2
2—5	231—1 150	2 329	45.7
6—10	1 151—2 300	1 375	26.9
11—20	2 301—4 600	484	9.6
21—30	4 601—6 900	86	1.6
<30	<6 900	401	8.0
总计		5 093	100.0

资料来源:佚名,《夹江纸史》,第 22 页;工业厅 1951[13],7。

　　根据 20 世纪 50 年代早期的数据,30%的造纸者是副业造纸,42%是半农半纸,另外 17%是以造纸为主,只有 11%的造纸者是纯造纸户。另一些来自 50 年代早期的数据(表 2)显示,54%的造纸者每年的产量少于 5 万张。假设每个劳动力生产每 1 万张纸需要投入 230 个工作日,那么这些专业化作坊每年需要 1 150 个工作日用于造纸。[①] 由于这相当于 3.5 个全职劳动力的工作时间,那么超过这一上限的家庭作坊就可以被认为是实行专业化生产了。产量在每年 5 万到 10 万张的车间(占总数的 27%)已经达到了完全专业化水平,并且很有可能雇用劳动力。每年可以生产 10 万张以上的作坊(19%)必定雇用了至少七个全职的工人,或是家庭成员或是其他可能的劳动力。粗略估计,一半以上的造纸作坊是季节性运作的(虽然他们从造纸中获得的收益比务农更多),大约四分之一的作坊是完全专业化并主要

---

① 关于劳动生产力的估算,请参见本书第一章。

使用家庭内劳动力的,约五分之一的作坊主要依靠雇用薪资劳动力并以大规模的商业模式来进行运作。

地区之间的所有权结构差异很大。河东地区石氏家族生活的地区,造纸作坊密集度最高,也是收入两极分化最严重的地区。在1951年土地改革期间仍在使用的33个纸槽,原来是分属于15个作坊的。石国梁所拥有的最大的作坊有七个,石海波有五个,石陇玉有三个。基本上半数的纸槽都归上述三个作坊所拥有。有两个纸槽的作坊有六个,其余六个作坊每家有一个纸槽。大部分本地人口——超过三分之二是为"大户"打工的。在河西地区,所有权结构的分布要更加均等一些。将造纸作为副业的生产者很少雇用劳动力,少数需要雇用劳动力的作坊也倾向于从河东地区雇用劳动力。

对于一个工人来说,要开一个作坊或者对一个小生产者来说,要进入"大户"级别到底有多难?根据费孝通和张之毅在云南易村所做的调查,平均一个作坊意味着1 000元的投资——在20世纪40年代早期这是一笔不小的数目,虽然这个数字也并不少于一个作坊通常的年收入。[1] 基本上夹江地区的生产设备都是由本地的沙岩、木头、竹子和其他本地能够找到的原材料制造的。夹江地区造纸作坊中最贵的设施是晾纸用的纸壁。将石灰和纸浆混合在一起涂在房子外墙上,将其抛光直到变得和玻璃一样坚硬、平滑,这就成了晾纸墙。一个单槽的大作坊需要200个1×2平方米的墙面,这些墙每年都需要维修。如果我们算上晾纸墙的花费,那么一个作坊的投入相当于它三至四年的净利润。另外,生产设备可以逐步获得,作坊一开始可以先租用一个

---

[1] Fei & Chang(1945:177 – 96)。

纸槽和少量纸壁，随着时间的扩展再逐步增加设备。

作坊扩张的最重要的先决条件是家庭户内的人口平衡。俄国经济学家亚历山大·恰亚诺夫（Aleksandr Chayanov）指出，农村地区经济差异很大程度上依赖于家户内劳动者-消耗者之比例的波动。有孩子的家庭必须努力工作以抚育他们。当孩子长大开始工作之后，家庭农场或者作坊得以扩张，直到分家，循环性周期重新开始。在造纸业中，这个过程因为对没有变通性的抄纸工的需求而变得复杂。我在前面的章节中已经解释过，一个单槽的作坊需要六至七名工人才能达到完全生产力；规模较小的作坊并不一定能保证处于核心地位的工人（整料匠、抄纸匠和刷纸匠）每天工作十或十二小时工作。小作坊的产量较小，很难达到雇用工人的门槛。作坊在人口数量达到顶峰时才能开始扩张：有两个成年的儿子，或者一个儿子和一个儿媳妇，作坊就能进行劳动分工，以至于每个成年劳动力可以负责一个环节的工作。劳动分工的发展、生产力的提高使得作坊能够雇用其他劳动力。这不仅仅是雇用劳动力取代家庭劳动力的过程，更是调整了内部的劳动分工使作坊能够进入更高层次的市场环节。例如，雇用一个抄纸匠就能让一个儿子腾出手来学习调配纸浆，这是一项对未来作坊主来说很关键的技能。反过来这也让儿子父亲腾出手来，以便能够将更多的时间投入到质量控制和市场营销上。有了质量更好的产品，再和富裕纸商有私人接触，他就有可能进入"大户"的等级。

在 1949 年以前就拥有数家纸制品作坊的受访者认为，经营成功的关键在于"管理"，而不是技术或资金。这一定程度上是因为纸制品市场本身的碎片化特点，接下来我会更详细地对此进行讨论。简言之，小作坊生产尺寸较小、质量相对较差的

"小纸",这些"小纸"主要用于包装物品或者在祭祖时焚烧。小纸是一种大路货,被纸贩子收购后通过中介卖到较远的市场。小纸市场中的利润率低,并且更依赖于成本竞争力而非纸张质量。相反,大张的用于印刷或者书写的"大纸"是有商标的产品,大的批发商或者生产者(比较少见)将商标印在纸上,并保证纸张的质量。购买者实际上不可能检查每一张纸的质量,因此在市场中交易主要依赖买卖双方之间的信任。即使是销售同一批次的纸张,得到买家信任或者说有信誉的生产者可以比没有得到信任的生产者要价高百分之三十。[①]　通常,小生产者很难找到买家,因为能出高价的大纸店并不愿意与那些不能保证有稳定高质量产品产出的小作坊做生意。为了获得成功,作坊主需要与买家建立联系,这就意味着他要花大量的时间在集镇或县城。

　　需要与买家发展出稳定的关系以及初始投资量,对于那些想要自己开设作坊的年轻家庭来说,是很大的障碍。据先前的小生产者和雇工回忆,石堰村存在着高度两极化的所有权结构,占主导地位的大户和其他人之间几乎没有产权流动。人们讲述的一个细节是,到 20 世纪 40 年代时,大作坊主的儿子们不再学习抄纸,因为他们认为作坊中会有人来做这些重活。[②]　不过,社会流动也并非如上文提到的那样罕见:石子青是民国时期夹江地区最成功的造纸人,他从一个小小的、利润不大的作坊起家,到后来拥有一百名长期雇工以及两万银元的固定资产;石海波将他继承下来的一个纸槽的作坊经营到有五个纸槽;石玉清积

---

① 与石贵春的访谈,1996 年 4 月 11 日。
② 与石定高的访谈,1996 年 4 月 15 日。

攒下做五年雇工的工钱,开设了自己的作坊,添置了自己的蒸篁锅,而这时他还不到 25 岁。关于类似的成功以及那些因懒惰、赌博和鸦片而破产的富裕家庭的富有教化意义的故事,使得造纸地区的人们相信,贫穷和富裕很少会继承到下一代。①

在 20 世纪 30 年代到 40 年代早期造纸业扩张之时,技术工人短缺。在河东的年轻抄纸匠工价很高,那些已不能够做大版式抄纸的年长工人,只能被一些河西的小纸作坊雇用。与中国传统上将妇女封闭在家庭内的做法相反,②夹江的妇女们可以,也确实受雇成为工人。未婚妇女并不受雇,但非正式的互用纸壁意味着,女人们常常是在邻居家的院子或屋子里工作,而已婚妇女通常为亲戚或邻居工作,甚至受雇到很远的地方。河西造纸业的很多刷纸工都来自于河东,虽然她们中很多人可能是和她们的丈夫组成小组一起工作,但其他人都是自己寻找工作。③ 非技术型的男工和女工可以做搬运工,年轻人愿意去寻找保护竹园预防窃贼这样较为轻松的工作。在前面的章节中已经讨论到,造纸业中的工资非常高:一个抄纸匠每天能够赚三到六斤米,足够养活三到六个人。一个刷纸工能赚到抄纸匠的一半左右。④ 就连非技术工人所赚的钱即使不能养活三个人,也足够养活两个半人。按照中国农村地区的标准来说,这

---

① 类似的表达还有"三穷三富不到老"(可能改自"三穷三富过到老")和谜一般的俗语"三十年河东,三十年河西"。

② Huang(1985:85,111)。

③ 河西的一位纸匠称女雇工为"三四十年的老婆"。在河西地区,女人们直到 20 世纪 30 年代还在裹脚,不过其程度不是很严重,她们依然能承受长时间的站立或行走。(摘自 1998 年 9 月 17 日对石兰婷的访谈和 1998 年 9 月 22 日对谢长富的访谈)

④ 与石海波的访谈,1996 年 4 月 11 日;与石兰婷的访谈,1998 年 9 月 17 日;与石定亮的访谈,1998 年 9 月 19 日。

是相当体面的工资了,但以前的雇工们还会回忆起贫穷和不安全感。虽然即使在经济增长缓慢的时候工人们仍有足够的食物,但他们没有什么财产:可能有一些土地(非灌溉的土地比较廉价),但是他们通常只有一到两件家具、一条全家共用的被子,每人有一到两身打了补丁的衣服。更糟糕的可能是疾病让他们无法外出务工所带来的恐惧感。石荣庆 12 岁开始抄纸,后来成为石子青作坊中的一名抄纸匠,他回忆道,由于他的手抖得太厉害了而不能继续抄纸,不抄纸时他和他的父母几乎没饭吃。①

老板和工人之间的关系通常是和睦的,原因很简单,如果双方关系不好,一方就会中止契约。像石子青家那样的作坊通常能够提供最优厚的条件:高工资并且需要时就可以付清(通常是提前支付),以及丰富的食物和稳定的、可预期的雇用关系。食物被认为是报酬中的重要部分,老板和工人之间的矛盾主要集中在菜的质量和数量上。20 世纪三四十年代,肉菜通常是在每一个月农历初二和十六提供,若是端上质量差的食物——例如熬过的猪肚肉(猪油渣)——或者推迟上肉菜的日子,都会导致雇工很大的抱怨甚至更换东家。另一个矛盾的来源是年末工资的计算。大部分工人都可以跟老板记账,他们会在需要的时候提前支取现金或粮食。工人的工资只有在新年前或更换雇主时才会被结清,同时雇主还会扣去工具损坏以及生产出残次品的成本。石堰村第二大作坊的所有者石海波解释说,保持工人情绪积极对雇主来说是有利的:"如果你不和雇工处好关系,那你是赚不到钱的。"严格的监管成本高而且效率低;想要盈利,雇主

---

① 与石荣庆的访谈,1996 年 4 月 19 日。

必须动员员工让他们保持在一个特定的生产质量水平上。如果雇主引起了工人的反抗，那工人就会在生产中浪费原材料或生产难以检测到的残次品，等到发现也晚了。

习俗上的义务也主导了"大户"和邻居的关系。石海波通过让他的穷邻居们使用他的篁锅及其他设备而和他们建立联系。在他蒸自己的料子时，经常会留出蒸锅中三分之一的位置给他的邻居们，邻居们就能省下生石灰、苏打水和燃料的成本。即使他知道他的穷邻居们可能没有能力还钱给他，他还是会借钱给邻居，他也会雇用一些非常贫穷的人，即使他们工作速度很慢。和其他造纸大户一样，他也为公用支出做贡献：当他的穷邻居们打算要建一个篁锅时，他们出劳动力，而石海波支付原材料所需的费用。更重要的是，他像其他大作坊主一样，帮助邻居们销售纸张。由于大经销商不愿意从小生产者那里购买，因此后者（小生产者）经常把他们的产品交托给大户，大户以自己的名义销售这些纸张，并将货款转给原生产者。由于生产者在销售过程中并不出现，他们并不能核实事实上自己是否得到了全部货款，但大户和小户双方都认为这样的交易是符合习俗的并且很少出现欺诈行为。[①] 石海波解释说，帮助自己的邻居不仅仅是一个人的仁慈；不遵行就可能会导致隐蔽且痛苦的惩罚，如造谣、八卦、社会排斥等——詹姆斯·斯科特（James Scott）将这些行为称为"弱者的武器"。

---

① 大槽户出售量比产出量多一倍，纸商不可能没有注意到这种行为，但纸质由槽户掌控，所以纸商并没有怨言。同样的纸，价格差可能高达 30％。纸质的高低，全取决于纸商和槽户的私人交情。（摘自 1996 年 4 月 11 日对石海波和石贵春的访谈）

"大户"：石子青的作坊

虽然石子青不是民国时期夹江地区最大的造纸商，但他是最有名的，在 1989 年县郡地名辞典和其他本地的出版物上都有他的词条。[1] 在石堰，石子青被当成模范雇主以及石氏家族的守护人而深受众人喜爱。不过，他的名声在很大程度上归功于他和文化名人（文人）的交往，例如画家张大千。1913 年，石子青从他父亲那里继承了一个小型的、没有什么利润的作坊。他从岳父那里学习了打浆技术，此后便致力于生产最高品质的大尺寸"连史纸"。当他的事业在 20 世纪 30 年代中期达到鼎盛之时，石子青的作坊里有十二个窖池、八个纸槽以及五个篁锅，总价值约 2 万银元。他雇用了"十桌"的技术工人（即 80 个工人），在收割竹子和蒸锅时段，雇用工人的人数上升到 200 左右。

石子青的生活状况迫使他将注意力放在提升纸张质量上，他愿意引进新技术，但是他的成功应归功于他的商业头脑和个人禀赋。和其他"大纸"生产户一样，石子青致力于为自己的纸张确立一个徽号以防止伪造。他不仅在每一令纸的边缘和外包装上印上商标，还克服了巨大的技术上的困难在纸上印上了水印。[2] 他的第一次成功来自于 1920 年成都贸易展览上，他被授予了刻着省长亲笔书写的"保我富源"的横匾，即"保护我们的财

---

[1] 王树功主编：《夹江县志》，第 688—689 页；张文华（1990）：《夹江县马村乡志》，第 145—148 页；杨炳文（1986）：《著名大槽户石子青简历》，载于《夹江文史资料》，第 26—27 页，夹江：政协委员会。

[2] 欧洲造纸人打水印的方法是，在固定的纸模子上用铁线做成固定的图案，这会在纸上留下印记。中国的纸模子是可调节的，因而图案也必须是可动的。石子青解决这一问题的办法是，他在纸帘上用很小的玻璃珠制成云纹和自己的名字。

源"。几年之后，他又赢得了另一块牌匾，刻着"还回利权"即"保障了（我们的）权利"①。虽然文化水平不高，石子青还是积极寻求在他生产的纸张与爱国主义、中国元素和民族文化之间建立关联。他比其他生产者更追捧画家、书法家和文人，更多地邀请访客去参观他位于县城的房子或者是坐落在山谷上能够俯瞰石堰山谷、有一个大院子的房子和作坊。中日战争的爆发，给他的作坊带来了更大的好运，虽然石子青本人在这战时繁荣开始前就去世了。当爱国画家们如齐白石、徐悲鸿、张大千等人搬迁到了中国西南时，他们发现最爱的安徽宣纸供给已断，转而将夹江纸作为次优选择，他们对夹江纸一直不太满意，直到张大千开始与石子青的儿子石国梁合作。张大千与石国梁一起住了两个星期，白天在作坊里工作，晚上一起喝酒等，直到找出合适的混合纤维。

石子青的传记中将他描述为一位宣称"只有所有邻里有活干、有饭吃，我的成功才完整"的实践儒者。石子青提前支付工人报酬、容忍偷竹子的行为（只要是在习俗容忍范围内）、慷慨地把粮食分给雇工和邻里并借钱给他们。在石氏家族中，石子青富态友好的形象被铭记，他十分节俭，用工具捡起掉落的竹子枝叶，但他对儿童（很多受访者都得到过他的现金礼物）和陌生人都很慷慨。最为人们所铭记的，是他在与马村马氏的持久对抗中捍卫了石氏家族的经济利益。1936 年，石子青和其他石氏中的富户在他们居住区的中心地带加档桥修建了一条市场街，这条市场街夹在两排房子中间，其中开满了店铺。市场街是商业

---

① 这两句口号都响应了收回利权运动的号召，反应了中国人抵制外国控制中国资源的诉求，详情请参见 Gerth（2003）。这些口号与南宋（1103—141）民族英雄岳飞的"还我河山"有异曲同工之处。

投资,但石子青的主要动机是"提升造纸工人的生活和工作条件",并减少他们对马村集市的依赖。很快,加档桥就发展为一个重要的居住地,大概有 40 幢房子、很多商铺、一个茶馆,虽然这一周期性的市场在 1947 年崩溃后再也没有恢复过。

像大多数生产者一样,石子青对他的雇工很好。工资比其他地方都高,每周都有肉菜;抄纸匠每隔一天就能吃肉喝酒。与石国梁不同的是,石子青不吸鸦片,他还给戒毒期间的工人支付工资来帮助他们戒毒。他经常提前支付工资或借钱给工人,但几乎不强求他们归还。然而,即使是这样的模范雇主也不能避免所有矛盾。虽然石子青很受雇工们的欢迎,但他负责记账和财务管理的妻子十分严苛,她被工人们称为"当天王"。

有一次,工人们把刚收割的新鲜竹子运回作坊,石子青的妻子记录运来的数量。工人们很快发现每次她听到一捆竹子落地的时候并不抬头看而只是简单地做个标记。工人们就躲在角落里抽管烟,一次又一次地把竹子举起来又扔到地上让它发出很响的撞击声。第二天,"当天王"发现自己被骗了以后,就让厨师把蚕豆混进了中午的米饭中。工人们大肆抱怨,并且把蚕豆皮吐到了地上。这时,"当天王"彻底被激怒了,她令助手们把蚕豆皮清扫干净送回厨房。晚饭时,油炸蚕豆皮被重新端上饭桌给工人们吃。工人们不知所措,说道:"哦,油炸豆皮! 现在是一道美味的菜了!"给我讲这个故事的人也说不准,到底谁赢了这场意气之争。

阶级与拥有土地

对造纸人来说,拥有土地是经济上成功的结果而非先决条件。成功的造纸人会购买竹园来保证原材料的稳定供给，像石子青这样的大作坊会在平原地区购买稻田出租给佃户，佃户上交每年收成的 30％—40％作为租金，这部分粮食主要用作雇工们的口粮。在石堰村，土地所有权比造纸区其他地方要集中，10％的最大土地所有者拥有全部耕地的 38％。不过即使是在这一组中，户均土地拥有量也只有 6.5 亩。[①] 竹园的土地所有权更为集中，前 10％的拥有者占有 68％的竹园，户均 28 亩。造纸人倾向于获得竹园所有权，因为这可以降低生产成本，但供应量并不足够，基本上所有作坊都会在一定程度上依赖从市场购买竹子。土地出租的情况在河东造纸区没有出现：耕地（基本上都在陡峭的山坡上）太贫瘠而不能产出足以交租的余粮，而竹园又很少出租。在河西地区，土地更容易获得；出租更普遍而且几乎都要付佃租。在河东地区，贫穷的家庭也总能在造纸业中生存下去；在河西地区，穷人只能从中小地主那里租种土地，并将收成的一半作为租金上交。合同期从一年到十年不等，也有可能因为地主的一时心血来潮而终止。佃户在各个重要节日应给地主送一些礼物，有时还需要提供一些无偿的徭役劳动。在河西的偏远地区，富裕的地主更容易用政治权利来中饱私囊。谢长富记得，1940 年华头镇镇长刘志华与华头镇所有寺庙签订合同获得他们的竹园，并且令他的工人去收割竹子，只给他们食物作为报酬。由于刘志华有强制人们应征入伍的权力，没有人敢出怨言。[②]

---

① 参见《马村乡第十堡调查谱》。石堰村很多家户在村外都有大量田产，这些资产并没有纳入统计范围。例如石子青拥有的田产就足够养活自己工厂里 80 到 100 名长期造纸工和碓米工。（资料来自 1998 年 9 月 16 日对张文华的访谈）

② 谢长富（1988）：《夹江县华头乡志》，第 88 页；对谢长富的访谈，1998 年 9 月 22 日。

市 场

当 1685 年夹江造纸业第一次出现在历史记录中时,夹江纸张主要销往长江的上游地区,从乐山、泸州、宜宾到重庆和万县[①]。这两个地区一直是夹江纸张销售的最重要市场,直到民国时期开辟了新市场:其中一个是在西南,如云南、贵州和短暂存在过的西康(曾包括四川的西部和西藏的东部);另一个是在四川的西北,包括甘肃、陕西和山西。民国时期,夹江纸张的主要市场是成都(占总产量的 40%)、重庆(18%)、宜宾(10%)、泸州(9%)、昆明(8%),再后来是西安、兰州和太原。[②] 在 20 世纪 30 和 40 年代,活跃在成都,在重庆、宜宾、泸州、昆明等地的夹江纸张经销商不下 100 位,每个城市都有 10 人左右。这些地方不一定是最终市场:成都除了是夹江纸张最大的销售市场,还是四川北部腹地的配送中心,重庆在四川东部起着同样的作用,泸州和宜宾也是四川南部、云南和贵州的配送中心。像中国的其他地方一样,这里的纸张市场也是碎片化的:例如"对方纸"(一种尺寸、质量中等的信纸)只在成都而不在重庆销售;在重庆,比"对方纸"贵的"连史纸"更受欢迎;高质量的"贡川纸"只在昆明,而不在成都或重庆销售。有些产品仅在一两个县里销售,"五色平松纸"只在琼州销售,"洋小青纸"仅在资阳和内江销售(详见附录 C,其中列出了市场中的各种纸张)。[③]

---

① 《夹江县乡土志》,第 54 页。

② 钟崇敏、朱守仁、李权:《四川手工纸业调查报告》,第 37 页。

③ 宿师良:《夹江纸业之概况》,载于《农业杂志》第 1 卷第 1 期(1923 年),调查部分,第 7—19 页,此处见第 7—8 页;梁彬文:《四川纸业调查报告》,载于《建设通讯》第 1 卷第 10 期(1937 年),第 15—30 页,此处见第 23—24 页。

虽然大部分纸运出夹江时都还是半成品，但仍有一部分是在本地染色或印刷的。民国时期，夹江县城里有 40—50 座染纸坊，也被称作"红纸作坊"，虽然他们可以将纸染成各种颜色。染纸坊还能够在纸上印出散开的金黄色斑点、锡纸涂层或者在纸上呈现虎皮纹路。到民国后期，染纸作坊的数量增加到 270 家，每年产出约 2 000 吨纸。贴扎店的出现是为了满足冥币和丧葬物品的巨大需求而产生的。在这些店铺里，纸被折叠成各种仿银锭、钱串的形状，印上对神的请愿或者祈祷，为逝者量身定做的衣服和鞋子，或将纸贴在竹子做成的架子上做成房子、轿子、家畜，或其他会在葬礼上烧毁而陪逝者进入阴间的物品。贴纸店也做文具（信封、信纸、账簿、请柬）、风筝、灯笼和纸玩具。大约有 20 家小印刷店生产新年时用来装饰墙壁和门框的年画、门神和对联。商业出版社还印刷儒家经典、历史书、教科书如《三字经》和《孝经》、年历、戏剧集（夹江地区的明新堂印刷厂就出版了 50 多本）、民歌集（山歌）、神话故事和通俗小说。到 1949 年，夹江地区已经有 10 座现代化机器印刷的作坊为成都、乐山、宜宾的企业印刷广告。最终，造纸业刺激着其他相关产业的发展。在夹江市区内有大约 10 家作坊生产画笔、16 家生产油墨；另外，造纸业也带动了其他行业，筛子生产者生产抄纸用的筛子、铁匠生产锋利的割纸刀、泥瓦匠生产捞纸用的槽和盆；此外还有包装公司、船务代理和竹子、苏打进口商等。[1]

在 19 世纪二三十年代公路建成前，纸张都是靠船舶、人力

---

① 任治钧：《忆述夹江纸以造纸为中心的经济史略》，第 1—8 页，夹江：复制手稿，日期不详；王树功主编：《夹江县志》，第 197，225，590 页；王纲（1991）：《清代四川的造纸与出版印刷》，载于王纲主编的《清代四川史》，第 688—707 页，成都：四川人民出版社，此处见第 698—706 页。

背扛或推车来运输的。在山区,力夫用竹扁担挑着重物走在狭窄的山道上。平原地区大部分的石板路对人力手推车来说已足够宽了;车道建成后,手推车换成了可运输两吨货物、需要10人结队来拉的板车。然而,大部分的长途运输还是走水路。夹江支流青衣江从西藏边境的雅安流下,江中可航行小艇和竹筏,可运输重达18吨的货物。[1] 在乐山,运往成都的货物被转运并载入泯江;去往其他目的地的商品沿着泯江被送往宜宾,并从那里进入长江。[2] 无论是陆路还是水路,运输都是非常缓慢的。在昆明卖纸的夹江人翟士元描述了20世纪30年代早期在路途上生活的艰辛:

> 捆扎好的夹江纸先走水道,用木船运到宜宾,再到横江登陆,请"力夫"背到老鸭滩,再请"马驼子"运到昭通、昆明。晓行夜宿,跋涉长途。要经过二十几个站,一站就是一天的路程,如错过站口,就投宿无门了!我跟着力夫、马驼子走,途中只适当歇脚,又继续前进,约要五十天左右才可到达昆明,人累脚肿,也从不退却,白天用冷饭充饥,以盐当菜。艰苦是可想而知的。所以那时由夹江至昆明的纸生意,一年只能做两次。[3]

民国时期交通发展迅速。1898年第一艘汽船驶过三峡,

---

[1] Little(1901:223)。

[2] 现代地图显示,长江的源流不是岷江而是金沙江,但传统上四川人认为岷江才是长江的源流。

[3] 翟士元:《我所知道的夹江纸在昆明销售的概况》,夹江:手稿复制件,日期不详,此处见第1页。

1909 年开始在湖北宜昌和重庆之间建立航线。1914 年,轮船到达乐山,到 20 世纪 40 年代,四川大多数主要城市都已经有轮船与重庆相连。然而大多数轮船一开始只搭载乘客;商业货物只通过舢板来运输,有时候靠轮船拖拽。[①] 由于军阀之间相互竞争,修建了军用道路,陆路运输业也有了很大的改善。[②] 在 1936 年四川重新融入中国的其他地区后,军阀修建的各种道路网络被连接起来并与周围其他省份相连。[③] 1928 年,每日发车的公共汽车将夹江和成都、乐山连接起来,到 40 年代,卡车行驶在夹江—成都的线路上,将纸张带到成都。[④] 纸张经销商对交通改善迅速作出回应。1937 年当成都—西安公路建成时,西安成了一个主要市场;第二年,当成都—昆明线路通车后,昆明成了第三大市场。[⑤]

夹江纸业的市场结构,在一定程度上是其生产结构的镜像。大多数贸易公司,就和大多数作坊一样,是以家庭为基础的,而且资本不足;经销商和造纸者一样,都陷入相互间的义务网络中。与许多其他行业相反的是,夹江纸业的销售市场掌握在夹江本地人而不是外来商户手中。大多数贸易公司在夹江组成了一个收购站(通常只是一个小店铺),并在最终的销售市场建立一个销售点(一个店面或堆栈)。夹江造纸行业协会会长估计,1937 年,四川省内有几千夹江商人。这个估计似乎太高了,但 1 000 左右是有可能的。[⑥] 仅在成都一个地方,就有 100 多名夹

---

① 参见王绍荃(1989):《四川内河航运史》。

② 王立显(1989):《四川公路交通史》,第 49—90 页。

③ 同上,第 93—112 页。

④ 王树功主编:《夹江县志》,第 233 页。

⑤ 佚名:《夹江纸史》,第 50 页。

⑥ 建设厅 1937[1353a:6];华有年:《夹江的纸业与金融》,载于《四川经济季刊》第 1 卷第 3 期(1944 年),第 415—419 页,此处见第 146 页;钟崇敏、朱守仁、李权(1943):《四川手工纸业调查报告》,第 34—35 页。

江商人,其中大部分人在泯江码头附近开有堆栈。这些仓库被分成面积很小、像盒子一样的隔间,经销商在其中煮饭、吃饭和睡觉,被周围满满的纸张包围。① 零售市场留给了成都本地人,他们向夹江经销商购买纸张。相似的劳动分工在其他几个城市一样呈现:在昆明,仅仅十分之一的夹江商人开有零售商店,其他人都租用堆栈的空间;在宜宾,十二人中有五人开零售商店。② 根据在成都和昆明的经销商任治钧的说法,夹江商人在彼此之间或与本地买家打交道时严格遵循商业规则。一个商人的名誉和信誉是他的"第二生命",任何人失去它"就无法作为一个商人生存下来"。书面的合同很少见,大多数交易都发生在相互了解和信任的人之间。只有在与陌生人打交道的时候,经销商会要求对方写一份收据或通过一个中间人进行交易。③

夹江的采购业务就像城市零售业务一样规模很小而且分散。1943 年的一份研究列出了从造纸者那里收买纸张的方法:纸贩子在造纸区内挨家挨户搜寻,代理人通过为卖家介绍买家而获得一小笔佣金。研究中还列举了三类不同类型的驻地商人,"纸铺""本地贩运商"和"外来采购商"。总共大约有一百家纸铺,他们将回收的纸张卖给其他经销商。在木城的县城和集镇大约有 400—500 名本地贩运商,为城里的商店和堆栈开设采购站。采购代理代表成都和重庆的大型商业公司和出版社。采购代理只有五个,他们从像石子青这样的大户那里购买大量高质量的印刷纸和书写纸。1943 年的研究中并未提及的另外一种

① 对任治钧的访谈,1996 年 5 月 9 日。
② 翟士元:《我所知道的夹江纸在昆明销售的概况》;对任治钧和徐世青的访谈,1998 年 9 月 23 日。
③ 对任治钧的访谈,1996 年 5 月 9 日。

做法是,去县里六个纸张市场中的任意一个并从小户造纸者手中直接购买,这些市场在县城的北门和西门以及木城、华头、马村或双富的集镇上。此外,染纸坊、图书印刷厂和丧葬用品制造商们都有自己的纸张来源。①

一般来说,大商户与大生产者建立了长期、稳定和互惠的关系。相比之下,小商贩经常与小生产者打交道,交易关系大多是短期的并且没有什么人情关系,没有任何高端贸易的特点,即没有相互的信任和文雅的休闲娱乐活动。徐世青有一家典型的大贸易公司,他的父亲和祖父在宜宾有一家纸店,在夹江有一个采购站。徐世青后来成为了县轻工业局的一位年轻骨干,他回忆道,在生产者需要的时候他父亲会提前支付现金,只在贷款中收取适度的利息,还会为不能及时还款的人提供贷款。有时候这意味着将好钱浪费在坏账中,但徐氏家族已经从过往的经验中知道造纸作坊很少破产,迟早他们都会从困难处境中恢复过来并偿还债务。无论如何,强行讨债的社会成本和财务成本都太高。像徐世青这样的公司,名誉是最重要的财产:受人尊敬的商人不会追逐小利,而且他们可以不失风度地接受偶尔的经济损失。

相比之下,与小商贩打交道的小造纸商更可能违约。缺乏现金的生产者有时候会承诺将自己的纸卖给几个不同的买家,或者从经销商那里提前收取现金或原材料,却把生产出来的纸卖给另一个人。因此小商贩坚持现货交易、立即付款;如果他们给造纸人提供了贷款,那么他们会收取高利息。在河西地区,只

---

① 钟崇敏、朱守仁、李权(1943):《四川手工纸业调查报告》,第 34—35 页;佚名:《夹江纸史》,第 48—49 页。

有少数几个大的作坊与地位稳固的经销商建立了长期的信贷关系。副业生产者或者将纸卖给挨家挨户收购的纸贩子,或者(最不可取的选择)把他们的产品带到夹江、华头和木城的市场上去。造纸人必须步行好几个小时才能赶到市场,并且在中午之前就得卖光他的纸,不然他就得在集镇过夜,因为没人敢走夜路。买家知道这一点,他们经常等到下午,这时纸的价格已经下降到非常低了。为了避免这样的交易,小生产商就将自己的产品委托给比自己成功的邻居,请他们代为出售。

信　贷

从收割竹子到把成品纸运送到市场,一个完整的生产周期需要耗费三个月的时间。为了弥补资本支出与回报之间的时间间隔,几乎所有造纸作坊都向经销商借款。能够保持稳定产量的大作坊对借贷的依赖相对较少,但他们也会借钱来增加自己的运营资本。民国时期和中华人民共和国早期的资料将造纸业中的信贷安排——当地人称为"预货"或者"下槽"——视为一种极端的剥削形式,而事实上许多造纸作坊欠了同一个经销公司几年甚至是几代人的钱。然而,现在接受访谈的人,他们记忆当中的信贷体系并非如此。在他们看来,信贷——几乎可以说任何类型的信贷都意味着安全性:债权人不太可能切断与债务人的信贷关系,还贷总是可以重新协商或推迟。负债意味着有业务,真正不幸的是那些被认为信贷风险很高而借不到贷款的人,他们被迫出售自己的现货——在公开市场不带人情地进行现货交易。

预货关系通常是由纸张生产者发起的。雄心勃勃的卖家会把纸张样本带到市场,并将其展示给潜在的买家。如果他与潜在买家之前没有过接触,他就会雇一个中间人。买卖双方协商价格和交货时间。这是通过口头的或者一个非正式的简短的书面合同来完成的。如果经销商提前支付现金,收款人要在收据上签字并按上手印。经过一次或两次交易,这样的一次性贷款演变成开立账户:作坊尽可能要求生产所需要的所有现金和原料都提前支付,在纸张生产结束后立即以实物方式偿还欠款。账户在年底结清,如果不能结清,余额转到下一年。大多数年份中,纸张生产者的余额是负数,但相反的情况也可能出现,例如当经销商按照折扣价预付现金,在货品出售后付全款。在这种长期稳固的关系当中,双方都会容忍透支并不收取利息。①

利息主要来自于相互不熟悉的纸张生产者与经销商之间的短期交易。在这种情况下,经销商会按季支付现金,并且在下一个季度收取纸张。经销商一般不会按月收取利息,而是从总售价中扣除一定的数额,通常是 10%—20%。例如,如果买卖双方都同意 100 元买 1 万张纸的话,买家会支付 80 元,将剩下的 20元作为他借钱给卖家的利息。对于出借方来说,这意味着他得到了 20 元的利息,或者 80 元贷款的 25%。月利率取决于借款的期限:如果槽户三个月后交货(这类借款最常见的期限),月利率是 8.3%;如果 4 个月后交货,月利率为 6.25%。这利率看起来似乎很高,但比 30% 的商业贷款月利率要低得多。纸张生产者并不预收现金,他们可能会向纸店或特定供应商赊账购买苏打水、漂白剂或者其他原材料(很多纸店也出售原材料)。这里的运行机制也与借贷相似:如果商家了解并信任对方,并且预期欠款会被迅速归还,他不会向对方收取利息;如果商家预期还款

---

① 对任治钧和徐世青的访谈,1998 年 9 月 23 日。

的时间较长或不确定,经销商会给物品提价 5％—20％。

利率通常被理解为通胀损失、违约风险,或是因为现金压在贷款中而失去其他投资机会的补偿。由于在造纸行业中贷款是以实物而非现金偿还的,通货膨胀问题并不重要:经销商以一定价格购买 1 万张纸,收到的货一定是他已购买的 1 万张纸而无需考虑纸张价格的变化。违约风险是一个更为重要的考虑因素。我访谈过的那些年长的纸张经销商和生产者一致认为,并不能强迫坚决不偿还欠款的债务人还钱。国家管理并不能深入村庄,而其他权威机构如宗族理事会或者袍哥会不愿意涉足本地槽户与外地经销商之间的纠纷。公开的违约很少,但处在十分穷困处境中的槽户有时会接受几位买家的预付金而最后只能完成对一位买家的义务或者干脆推迟交货时间,这些方式有效地减少了他们借款的成本。违约或推迟还款的槽户将承受失去获得借贷的风险,这已经够严重的,不过此外也就没什么风险可言了。[1] 经销商在其他地方的投资回报损失金额是相当大的:短期贷款收取月利率 33％的统一利率(“悄悄利”)或月利率为 30％的复利率(“滚滚利”)。在这两种情况下,债权人都能在三个月内将他的投资总额翻倍。

另一个需要被考虑到的因素是原材料和纸张价格的季节性波动。20 世纪 30 年代到 50 年代的资料将“预货”比喻为买青苗——粮商在早春粮食还未收割的时候低价收购粮食的一种高利贷手段,农民缺乏现金因而也愿意接受低价。批评家们认为,

---

[1] 摘自 1996 年 4 月 11 日对石海波、石贵春的访谈;1996 年 5 月 7 日对轻工局的采访;1996 年 5 月 9 日对任治钧的访谈;1996 年 5 月 13 日对石勇帆的访谈;1998 年 9 月 21 日对谢长富的访谈。谢长富是河西地区纸匠之子。他回忆到,一个月内还贷,免息;超过一个月还贷,纸价的 5％甚至是 20％就会被扣除掉。钟崇敏等人合著的《四川手工纸业》称,高达 50％的时价都被扣掉了,但这一点遭到受访者的强烈否定。

纸张经销商趁着夏季槽户资金缺乏，迫使他们高价购进原材料而低价出售纸张。然而，这与粮食市场的类比并不成立。纸张价格确实是波动的，但不是季节性波动。一个作坊在八月份卖纸，得到的是八月份的价格；在九月份交货的话，是亏是赢取决于价格的走势。① 对原材料来说，情况又有些不同，其波动是一种可预见的季节性模式。漂白剂、竹子和苏打水在旺季比在淡季要贵 25％—50％。然而不同材料的最高价格出现在不同的月份：苏打在八月份忙着蒸锅的时期最贵，而漂白粉是在抄纸最密集的九到十二月最贵。② 贷款使得槽户能够将花销铺开并在价格相对较低时增加购买量。所有的受访者都认为最糟糕的情况是信贷被拒绝，这比长期借款还要糟糕得多，只能在没有人情的市场中以现钱购买和出售现货。现货交易一律被认为存在剥削和高风险，是别无选择的人才会采用的不得已办法。

一份 1943 年关于夹江造纸业的报告估计，70％的夹江造纸商采用"预货"的方式；只有非常小规模的作坊生产的纸张全部用于进行现金交易。③ 大多数情况下，营运资本——竹子、漂白剂、苏打水和粮食的花费——来自商业贷款；大多数固定资产由造纸人自己提供。从 1940 年对该行业的研究可以粗略估计造纸行业的信贷总量。钟崇敏在 1943 年的一项研究中估计，每个大槽户每年需要投资 12 690 元，这个数目还不包括家庭劳动力的成本。这其中大约 25％是用于购买竹子，15％用于购买苏打水和生石灰，20％用于购买漂白粉，30％用于雇用劳动力，剩下

① 对谢长富的访谈，1998 年 9 月 21 日。
② 钟崇敏、朱守仁、李权(1943)：《四川手工纸业调查报告》，第 43—45 页；对石海波的访谈，1996 年 4 月 24 日。
③ 钟崇敏、朱守仁、李权(1943)：《四川手工纸业调查报告》，第 48 页。

10%是折旧和其他小笔开支。夹江共有 2 937 个大槽,一年的需求总量大约 3 700 万元。① 一年后又一次出现通货膨胀,华有年的报告指出,1943 年 7 月至 1943 年 12 月间纸店与采购站之间的汇款总量达到了 8 000 万元。撇开一年中前两个季度的汇款(淡季)及通过其他渠道到达纸店的贷款,然后假设这笔款项的80%到达了造纸作坊(其他的被花费在了纸店的运输和运营开支上),信贷量的最小估计也有 6 400 万元。每一个纸槽的年均信贷量达到了 21 791 元,相当于 763 公斤的大米。因此我们可以大致估算单槽作坊每年能够获得的信贷数额,价值相当于四分之三吨大米。②

造纸区的市场和社区

自从施坚雅(G. William Skinner)的经典研究发表以来,市场一直被看成理解中国社会结构的核心。③ 这些研究对夹江的情况是尤其中肯的,因为施坚雅的田野工作地点在离夹江地区不远的成都盆地,他的模型反映了四川的市场特殊性。施坚雅的论点——在无所不包这一点上与弗里德曼很相似——立足于一个有说服力的假设:市场生成了常规经济关联的基质,而这些经济关联可以被动用到更大范围的社会功能上。经由市场的多层级差序,粮食和其他农业产品向上转移到城市,零售商品向下转移到农村。在这一结构的根基上,普通市场是零售中心,也是

---

① 钟崇敏、朱守仁、李权(1943):《四川手工纸业调查报告》,第 43—45 页,第 54 页。
② 华有年:《夹江的纸业与金融》,载于《四川经济季刊》第 1 卷第 3 期(1944 年),第 415—419 页;SCJJJK 1944[1:3]:《一年来川省米价》。
③ Skinner(1964:17 - 43;1977:275 - 88)。

周边乡村剩余产出的汇聚地。在每个市场等级序列的顶端,都有一个中心大城市,所有的市场关联都在那里融汇在一起。这些市场层级间的区别非常明晰。施坚雅划分了九个大区域,其中每个都包含了若干省份。这些市场的差序等级形成了"中国社会的'天然'的结构——一个由市场和贸易体系、非正规的政治以及由告老还乡的官员、乡绅和商界要人主导的亚文化而构成的世界"①。尽管施坚雅的关注点在零售市场上,但是他认为同样的市场差序"对于本地产品的汇集和外销,对于购入和分销外来产品,对于批发、运输以及于这些活动至关重要的信贷功能也是最优化的"②。

有关夹江的行会和其他网络的材料证实了施坚雅的核心假设,即社会网络和组织存在于潜层的市场纽带基质当中,对此我在下一章中详细讨论。然而,正如卡洛琳·卡地亚(Carolyn Cartier)指出的那样,施坚雅的环境决定论模型并没有给人的主观能动性留下多少空间。像弗里德曼的宗族范式一样,这一模式认为农村人以一种不自觉的、既定的方式遵循一套固定的规则。在这一模型最根底的层次上,不存在选择的自由:人们在"他们的"普通市场中进行买卖,即使他们的居住地离两个集镇的距离相等,他们也只去其中的一个市场。在这一等级序列中较高的层级上,行动主体的选择自由加大了:比如在一个标准的集镇上的业务,能有跟两个或者三个更高等级市场的关联。不过,在这一模型的所有层面上,人的活动一直都受完全独立于个人意志的经济理性所制约。我在夹江看到的情况却与这种假设相抵触。按照我的访谈对象的说

---

① Skinner(1964:275)。
② 同上,277—278。

法,人们对市场的选择完全出于自由意志,其行动方式从严格的经济意义上来说往往是非理性的。人们可能会因为个人的或者政治上的理由而不喜欢某个市场,经常会走更远的路来避开这个市场;或者,如果根本无法避开,那么他们就将社会互动保持在最低限度。即便像竹子、苏打和粮食这样大体积物品的买卖,人们也未必一定去最近的市场。这无疑会造成高运输费用,并没有如施坚雅所预言的制约效用。纸的买卖更是如此,这种价值高、份量轻的货品能够承受高运输费用。

正如施坚雅所言,市场的时间表告诉我们市场之间是如何协调的——下级普通市场在时间上避免与他们赖以生存的更高一级的中级市场发生相撞。夹江县的 13 个镇里有 14 个市场(县城里有两个不同的市场)。夹江县城和青衣江边上的重要的集镇——木城作为中级市场脱颖而出。夹江县城的市场取单日子:每个农历月的单数日有集市;可以预见,县城附近的集镇(甘江、永兴、茶坊、土门、新辛和马村)采用了双日子为集市日。县城边界上的三个市场的时间表与邻县更高级别的市场是同步的;位于县城以北的木城集市以十天为周期,逢二、四、六、九开市。造纸区除马村以外的所有市场(南安、迎江、中兴、歇马和华头)都与木城集市同步,反映了木城作为纸张主要转运站和粮食、竹子及其他输入物资的港口的重要性。

这听起来市场好像是静态的,事实上正好相反。中国集市生意由群团(宗族或商人群体)所有和经营,他们出租店面空间并收取摊位费。我已经提到过的华头市场是 1646 年由萧氏、罗氏和郭氏所成立的,他们在亚川小溪建了一个市场街和码头。两百年后谢氏和唐氏建了第二条街。这些都是长期投资:萧氏掌握着第一个市场和码头,并收取费用;罗氏收取屠宰费;郭氏收取粮食附加费。[①] 以类似的方式，石子青、石龙挺和其他石氏投资者于 1936 年在加档桥开辟了市场。特殊商品的市场能够被增加到现有市场中：例如马村，1900 年代时将纸、蜡和丝绸市场添加到原有的周期性的蔬菜和粮食市场中，这些市场由于受到了强盗张僧人和帮派的毁灭性袭击而关闭了。[②] 市场的决策并不总是由纯经济目标所驱使的。石子青和它的合伙人显然希望从加档桥市场中得到投资收益，但他们也希望减少石氏对马村和马氏的依赖。同样位于峨眉县和夹江县交界上的双福集市就是由峨眉县的商人建立的，寄希望于将生意从夹江转移到自己的家乡内。但是，夹江的纸张经销商马上就采取了对抗行动，在夹江境内的都贡开辟了新集市，以低价打压峨眉县的对手，直到对方的集市关停为止。都贡市场一旦达到了将峨眉县的竞争铲除掉这一目的，也就关掉了。[③]

施坚雅认为，"如果说中国农民生活在一个自给自足的世界，那么这个世界不是村庄而是标准市场共同体"[④]。在中国的其他地区，这一断言是有争议的。比如黄宗智的研究发现，在中国北方农村中非精英的普通村民在赶集时很少与其他村庄的人来往。[⑤] 夹江的情况似乎与黄宗智对中国北方农村的观察相似：我的受访者们当中没有一个人说"在整个市场体系内的所有成年人都是点头之交"——如施坚雅在他的田野调查中所见的那样。[⑥] 石堰村的人到马村乡购买蔬菜、调料和家庭用品，很少有

---

① 谢长富（1988）：《夹江县华头乡志》，第 4 页。

② 张文华（1990）：《夹江县马村乡志》，第 138 页。

③ 对任治钧和徐世青的访谈，1998 年 9 月 23 日。

④ Skinner（1964：32）。

⑤ Huang（1985：220－22）。

⑥ Skinner（1964：35）。

人在镇上花大量时间,大部分的其他商业贸易还是在县城和木城进行。原因之一是马村乡的市场粮食价格高:像造纸区的其他地区一样,马村也粮食短缺,而当地粮食市场只能满足城镇居民的需求。石堰造纸商常常步行 20 公里到平原地区的粮食市场并背着火米返回。[1] 一次背回 45 公斤火米能够让一个 5 口之家维持 10 天左右。在河西地区造纸商也很少光顾本地市场。大多数人家自己种的粮食够半年的用度,其余的则从米价更便宜的平原购买。大作坊往往在平原地区拥有水田,并以实物方式收取地租,那些没有从批发商那里订购大米的人家可以从送到家门口的米贩子那里购买。由于雇用工人在作坊吃饭并常常获得粮食作为工资,因此他们不需要去市场。[2]

除粮食外,作坊需要大量竹子、燃料和苏打。大部分物品是在夹江或木城预定并送到作坊而不是在普通市场购买的。虽然马村、华头和双福有小型市场,但大部分纸还是被运给了夹江县城和木城的经销商。大作坊主大约每月去一趟这些城镇,由他们体力最强健的工人陪同,每位工人都要挑装着 60 公斤纸的扁担。在出售自己的商品后,作坊主让雇工挑着盐、烟草、布匹和漂白剂返回,他们自己则留下来和朋友一起在茶馆或饭馆休闲。与之相反,小造纸商则自己将货物运到集镇上并迅速返回,以避免被诱惑从而造成不必要的花费。[3] 槽户到集镇的相对距离也反映在婚姻市场上。石氏通常与他们的邻居通婚,但他们还从其他乡镇甚至是其他县迎娶新娘。理想的情况是,新娘并不是

---

[1] 资料来自 1998 年 9 月 18 日对石定亮的采访。火米是造纸区的主食,炒过后稻米的重量减轻,能防止其发霉、虫蛀和鼠啮。有些人偏爱火米味道。
[2] 对谢长富的访谈,1998 年 9 月 21 日。
[3] 对石定亮的访谈,1998 年 9 月 18 日。

由那些职业媒人给介绍的——人们认为这些职业媒人贪婪、不可靠，而是通过女性亲属介绍。婆婆在物色儿媳妇时，经常会考虑到自己娘家的村子。石堰的老人估计，大约 1/3 的新娘来自其他乡镇，大约 5％的新娘来自其他县。①

石堰人与他们的主要集镇马村关系暧昧，马村集市由马氏宗族主导，而马氏与石氏经常有摩擦。直到 20 世纪 30 年代，镇里的所有造纸人都到马村参加每年一度的"蔡伦节"，来敬奉造纸业祖师爷蔡伦。然而马村不是一个造纸镇，这里的制度性活动聚焦于农业而不是造纸业。这里主要的年度节庆活动以佛教的金龙寺、川主寺为核心——"川主"是四川的守护神，与灌溉农业、国家权力和地域控制关联在一起。② 在民国时期，马村发展出充满活力的社团生活，有三个"袍哥"会，志愿者协会也蓬勃发展，大多数都与占主导地位的江派有关。③ 相比之下，大多数石氏宗族的人则倾向于更为保守的王派，他们的头人都是长期从事纸张贸易的经销商。一位来自石堰的前雇用工人回忆说，他以前一周去两次马村，不到一小时的路程，在热闹的集市上购买食物，"看看热闹"。但是，当我问起他是否在马村交朋友或参加集镇的社会生活时，他回答说："当然不这么做，马村和石堰是对头！"④

---

① 对石定亮的访谈，1998 年 9 月 18 日；1998 年 9 月 27 日。
② 关于"川主"的身份认定，一种说法是修建了都江堰灌溉系统的秦郡太守李冰，一种说法是李冰的儿子李二郎，一种说法是隋朝的嘉州太守赵昱，三者皆为改进四川灌溉农业的正直官员。
③ 张文华(1990)：《夹江县马村县志》，第 115—117 页。
④ 对石定亮的访谈，1998 年 9 月 18 日。

第四章 从匠人到农民

夹江纸业得到省政府和中央政府非同寻常的关注是不争的事实。一方面,造纸业关系到许多人的生计;但更重要的是,政府认为纸张对国家管理、考试和教育体系、大众启蒙及动员,具有核心作用。纸和许多产品不同,它被当成一种象征:在宗教仪式中,纸可作为祭品、护身符或者是圣物与俗世环境之间的缓冲。直到19世纪末,写过字的纸张仍被认为是神圣的,必须得到妥善的处理。当时有专门的慈善机构进行碎纸回收工作,然后遵循恰当的宗教仪式将其焚毁。[①] 在精英文化中,纸因被视作艺术表达的主要媒介以及作为独立的瑰丽物品而受到珍视。到20世纪,纸被看作中华文明的象征标志——四大发明之一,成为古代中国对于现代文明的主要贡献。[②]

从晚清到新中国,虽然国家对农村产业的兴趣一如既往,但国家对农村产业的处置却因时代差异而有巨大改变。在所谓的"知识再生产的传统领域",对生产的技术控制鲜有例外地全部掌握在当地人手中。出于理念上和财政上的考虑,清政府一直致力于维护小农经济。[③] 根据曼素恩(Susan Mann)的研究,清

① Rowe(1989:103-4)曾提过此类慈善团体,也可参见 Ts'ien(1985:109)。
② 中国古代四大发明包括:指南针、火药、造纸、印刷术。
③ 参见 Mazumdar(1998:211-17)。

朝官员在理念上对农村经济持有一种浪漫的理解:在农村经济形态中,农民不需要过多地涉足现金经济(cash economy),男耕女织便足以满足家庭需求。这样的劳动分工与道德秩序和财政需求洽合,而诱导人们放弃耕作的其他追求则被视为歪门邪道。① 然而在实践上,清朝皇帝和官员认可,甚至经常积极促进经济作物和手工业的专门化生产。从国家的角度来看,核心问题在于生产是否在有把握的家户控制范围内。开矿和采掘业遭受诟病,是因为它们吸引了大量年轻男性生活在家庭的规训约束之外。像夹江造纸这样基于家庭的手工业却得到鼓励,因为它们能(从国家的角度看来)为人提供就业,否则这些人就会沦为流民。

清代官员和地方精英力图促进纺织技艺的扩散,纺织技艺被认为对于性别角色各安其位的社会秩序至关重要,但是它们并没有作为一种规则来挑战自我规范的社区对特殊生产技术的垄断。这种克制很大程度上是不得已的:手工艺行当的知识是经验性的、是无需语言的默会传承,很难以文字进行记录和传递。直到 1900 年前后,这种情况才开始发生变化。从西方引进的新信息处理技术(科学词汇、比例图、照相技术、平板印刷以及诸多其他创新),首次令工艺知识得以摆脱默会的境地,进入到文人精英的手中。

这些新技术的到来与中国精英层在自我感知上的改变正好重合。从 19 世纪 70 年代起,通商口岸的出版物如《格致汇编》(中文的科学杂志)就开始向中国的文人介绍西方技术;进入 20 世纪以后,对制作(而不光是了解)物品的探讨在文人话语当中

---

① 参见 Mann(1997:246)。

渐次获得认可。① 当承担起现代知识推广者这一新角色时,他们开始质疑传统的知识垄断之合法性。在一定程度上,这也为通商口岸的出版物奠定了基调,将行会和其他地方团体描绘成信息自由流动的阻碍。一篇被多方引用的 1886 年的文章描述了宁波的金箔匠行会如何将一位会员啃咬致死,只因为他招收的学徒多于行会规矩所允许的数量。② 大量民国时期关于地方产业的文献将行会和亲属群体描写成以自利为最终目标而囤积有用知识的垄断者。③ 进步呼唤知识的公开化——这实际上意味着知识应该以印刷品的形式传输到文人专家手中,他们出于公共利益来管理知识。从 20 世纪 20 年代到 60 年代,城市里的工业改革者绘制了全中国数百个农村手工业的分布图,在专业化的期刊上传播他们的发现。尽管这一做法是在当时通行的技术改良这一话语框架之内,但其焦点经常在于记录现存的知识,而非扩散新技术。

在四川,掌管旧型与新型知识再生的转型可以定位于 1933—1936 年,这时省级权力结构发生完全转型。当中国其他地区在民国头十年逐渐迈向国家统一、发展出现代政治体制之时,四川在军阀统治下停滞不前。1916 年至 1936 年间,四川在实际上独立于北京或者南京的中央政府的辖控,处于互不相让的各军阀统治之下,而这些军阀推行的政治少有现代理念。尽

---

① Lean, "One Part Cow Fat, Two Parts Soda," 7 - 11.

② 参见 MacGowan(1886:182)。行会会长受到地方长官的庇护,"传出话来'咬死不是谋杀'。120 个行会会员每人咬一口,谁没咬到嘴唇和牙上都是血的份上就不许松口"。这个案例在后来的许多研究著作中被引用,包括马克斯·韦伯的《中国的宗教》。

③ 参见刘敏(1945):《四川社会经济之历史性格与工业建设》,第 102—108 页,载于《四川经济季刊》第 2 卷第 1 期(1945 年 1 月),第 99—108 页;以及全汉升(1935):《中国行会制度史》,第 201—203 页,第 205—210 页,上海:食货出版社。

管对四川合法与非法的输出物品(蚕丝、桐油、皮毛、猪鬃以及鸦片)的需求支撑着四川的经济,但是军阀的争斗和割据阻止了现代工业的发展。在中日战争的前夜,构成四川现代工业领域的是为数不多的几个设立在重庆附近的、由军阀支持的工厂。[①]

当重庆军阀刘湘于 1933 年打败了最后一个对手——他的堂叔刘文辉时,四川省重新统一了。在同一时期,徐向前和张国焘的共产党红四方面军在四川北部立足,毛泽东的红军正行进在前往延安的长征路上,包围着四川盆地。来自共产党的威胁迫使刘湘向南京中央政府请求军事援助。蒋介石长久以来就希望将国民党的权力扩展到四川,利用共产党的存在为借口而趁势制服刘湘,从而将四川牢牢地置于中央政府的控制之下。[②]

政治局势变化的同时,经济危机也悄然来袭。此次经济危机的诱因是全球经济的大萧条和人们记忆中最严重的旱灾。[③]政权更迭、经济危机在 30 年代中期交织在一起,四川全省发生了剧烈的变动。数月之内,省内管理机构和制度都依照全国性的线路重新改组,税收和货币改革启动,新工厂和军械库开始建造。1935 年,蒋介石在夹江附近的峨眉县呆了很长一段时间,很多举措都由他亲自监督。蒋介石出现在四川的很大一部分原因是他预料到抗日战争的爆发:远远早于 1937 年,建设委员会和全国经济委员会已经决定,四川将成为持久性的抗日战争期间主要的资源供给基地。当南京和武汉于 1937 年 12 月和 1938 年 2 月相继沦陷之后,重庆成为中国战时的陪都以及大后方的

---

① 参见 Wright(2000:702 - 4);Bramall(1993);Kapp(1974);张学君、张莉红(1990):《四川近代工业史》,四川人民出版社。

② 参见 Kapp(1973:88 - 105)。

③ 同上,93 页。Bramall(1993:282 - 91)。

主要军械库。全部工业设施被拆卸后溯长江而上,运到重庆后重新组装。这些在其他地方需要几十年时间的一系列改变在重庆浓缩为短短的几年。在很多方面,四川的军阀政府延续了晚清自强运动的传统,极为强调地方自我管理和省级自治、军人对民众的统治,缺少以大众为基础、受意识形态驱动的政党。与之相反,1935 年接管四川的国民党代表了一个明确的现代政府,有着强有力的中央规划的发展纲领,与斯大林的苏联、墨索里尼的意大利,或者之后的——共产党实施的发展类型非常相似。[1]

纸匠与清朝的国家

有三个因素影响清朝对夹江纸业推行的政策:贡赋与税收中的财政利益、保证城市市场纸张正常供应的期望以及对社会秩序的关切。1684 年,清朝征服四川后不久,清政府就恢复了四川的科举考试,并要求夹江槽户提供"文围卷纸"。这种强制性要求一直延续到 1905 年清朝废除科举才取消。[2] 就贡纸本身而言——10 万张大型的书写纸和 1 万张土连纸——这并不是一项繁重的任务:一个单架槽的作坊一年内就可以产出这一数量。但它引发了河东和河西槽户连年的诉讼纠纷,纷争一直延续到乾隆年间。1776 年,四川布政使司解决了这一案件。他判决贡纸由河东大槽户生产,而河西的小槽户要支付 4.6 两白银给河东的"神袱帮"以显示纸张是由双方按照律法供应的。[3] 这一贡

---

[1] 参见 Kirby(2000;1984);Zanasi(2006)第一章;Bian(2005,第七章)。

[2] 夹江工业在清初就引起了国家重视,这只能说明这种重视早在明朝就有了,但目前尚无明确的文献资料可以佐证。

[3] 刘作铭:《夹江县志》,1935 年,第 31 页,重印本,夹江:夹江县地方志办公室,1985。

赋额是如何确定的，我们不得而知；但税额如此微小以至于后来的资料断言"纸张生产并未缴税"。与之相反，纸商必须支付各种税收。这些税种在 19 世纪末和 20 世纪初猛然增加。从 19 世纪 50 年代开始，过境夹江的商品（包括纸张）也同样要缴纳过境税。[1]

清政府官员在他们有限权力内尽最大努力确保纸坊的原材料供应。夹江县山丘上有很多石碑记载了竹林所有者和以伐竹为生（做燃料或出售）的贫困移民之间的冲突。为了保护自己的财产，竹林所有者组织了"禁山会"，雇人看守和组队巡逻竹林。县令支持他们的举措，鼓励竹林所有者以他们认为合适的方式处理偷渡偷盗者：

> 特授四川嘉定府夹、洪、峨三县加三级记录，五次为禀请示禁以安农业事案。据地方保党正首事罗姓等禀称情正等，保党大半居山，全靠栽竹木抄纸营生，小春杂粮为活。屡被无耻之徒每遇竹木长发、夏粮成熟之际，纵使少男妇幼以借捡柴割草为名，乘间窃伐竹木，扳折小春宣苗。一经事主捉获，男则控称诬良，女则告奸诈害。敢怒不敢言，种种不法殊堪痛恨，理合禀恳常示。严禁地方而安农业，四民沾恩……倘敢不尊业主标记，不听口示，妄禀诬告，定严查就。[2]

由于文献证据稀少，我们无法判断这是不是富裕槽户的圈

---

[1] 同上，95—59 页；110 页；113 页。

[2] "一碗水"石碑碑文，1855 年，由夹江县文化局提供的碑文复制件，原碑已经不复存；也参见谢长富（1988）：《夹江县华头乡志》，第 61 页，第 178 页。

地运动,借机将他人驱逐出山地。这些山地曾经是公众财产或一堵防备流民的共享屏障。无论哪种情况而言,穷人都遭受了双重损失:丧失了传统意义上的拾山权利以及在遭受强奸和伤害案件中的司法听证权利。不难想象,当地所有者将这些石碑作为一种虐待"无耻之徒"的合法凭证,剥夺了他们现在或将来的土地诉求。清政府这种庇护有钱人、漠视穷人的做法,其动机主要在于考虑到一个合适的男女分工、基于家庭的社会秩序。在四川的其他地区,从事造纸业的多为外来的"棚民"——年轻男性砍掉"荒"山上的竹子,一旦自然资源用尽便迁移到下一个地区。这些棚户,像矿工和其他未婚的男性工人一样,被视作社会秩序的潜在威胁。相反,夹江的造纸人是永久性的居民(尽管他们的祖先到达这里时也是"棚民"),他们工作、生活在稳固的家庭当中。1898 年的县志中写道:

> 　　按《通志》载,夹江敦礼尚朴,士淳民简,以今考之,犹信。其农工商贾日用饮食,大致无甚悬殊。惟是山多田少,五谷兼营,三时鲜暇,冬隙始出负贩。本邑所产竹纸白蜡之类颇易行售,即于各处易货而归,稍获盈余,籍资生计,故农民率终岁勤动,不敢少闲。又邑产丝棉女工,亦收布帛之利,男耕女织,视他邑为较劳。①

通过正当的男女分工来保证社会稳定性,对这一点的强调也见于民国时期的地方志当中,这在早期的文本基础上有所扩展:

----

① 嘉庆十八年(1813 年)的《夹江县志》,第 31 页。

> 工作之苦莫过于造纸之家。经过手续之繁多亦莫
> 过于造纸之家。前篇云男耕女织，视他邑为较劳。而
> 造纸则更甚于耕织也。农者自耕耘以至秋收得以休
> 息。工者白昼勤劳黑夜亦可休息。惟造纸之家不分春
> 夏昼夜，亦不分老幼男女，均各有工作，俗呼为和
> 家闹。①

其他的民国文献则称赞槽户的节俭，好像节俭本身就是良
好社会秩序的保证："一般人均以造纸谋生，造纸者所食为糙米，
菜为生萝卜和盐。生活艰苦，因人人有职业，劫案尚少。"②

清代的工艺控制和自我管理

在造纸人竞争群体的诉讼中，我们同样会发现对这一产业
的积极态度。在清代，槽户形成的宗教性组织以"神袱帮"或"蔡
伦会"闻名。每年农历九月十三，每一个帮会都会游行，抬着神
像穿街走巷，然后在神像所在庙宇举行宴会。在马村乡，此类性
质的庙会一直持续到 20 世纪 40 年代，但游行很早就销声匿迹
了。庙会在冬天抄纸季节之初举行，给富裕纸户和纸商提供了
一个商谈销售和贷款的机会。③ 镇上大多数的小槽户无法负担
参加聚会的费用，他们只在庙中简短停留来跪拜蔡伦像。

马村附近迎江乡山上的一座古佛寺（已废弃）中，一方石碑

---

① 参见刘作铭(1935)的《夹江县志》，第 31 页。
② SCYB 1936[9：1]，《建厅调查夹、洪、峨三县纸业近况》，第 122 页。
③ 对张文华的访谈，1998 年 9 月 19 日；对轻工局的访谈，1996 年 9 月 5 日；对廖泰陵
　的访谈，1996 年 5 月 14 日。

记载了 1836 年一次迎江蔡伦会和其他乡镇蔡伦会的纠纷。出于某种不明原因（也许是因为神像放置在迎江乡），迎江蔡伦会声称他们地位高于其他乡镇的蔡伦会，因而可以指定他们的蔡伦会会长，并要求他们缴纳现金和粮食。那些违背自己的意愿而被任命的会长们拒绝走马上任，因而遭到迎江人的殴打。碑文上也提及了斗殴、盗窃竹子以及县级的童生考试中的作弊，尽管不清楚这些事件如何与核心问题形成关联。这里让我们感兴趣的不是冲突本身——毕竟我们不能靠石碑上的信息重构这一事件，而是两位后继县令谈及"朦胧"的诉讼当事人的方式：

> 纸之为用广，纸之为利普。世以此为业，即世以此为利。食××恩报，止得不奉蔡翁而为神乎。嘉庆初年乡中前辈已塑有翁像于古佛寺。至道光之初，又刻翁像一尊为行神，以便抬历各乡××祝之。兴后遂安置于观音寺。迄今春祁秋报，两处不废，累积神本银百有余金，凡一切分公。尔等造纸为业，兴设蔡翁神会自是保本祁福之至意。人孰无心？岂不念生计之所由？始尽礼报赛。何处有会，即在何处庆祝。地虽异而会则同。

虽然碑文措辞处处以对先祖和蔡公的道德责任为准，但它可视为一篇关于财产权的论述，可以被理解成对于一个群体的成员而言"何者为合适"的意识。[1] 造纸对于夹江山区的人们是

---

[1] 西欧也存在类似的观念——将技艺视为共同财产，由自我管理的团体掌握，个人只能通过家族传承或拜师学艺来获取，详见 Rule(1987)和 Somers(1996)。

一种合法的、适当的职业选择，因为这是蔡伦祖师爷传给他们祖先，他们祖先又传给他们的。这暗示着若干权利，例如创建自我管理组织的权利；同样，这也包含着各种义务，最明显的义务就是感谢和祭拜作为衣食来源的蔡伦。正如第二章讨论的亲属话语那样，将技能解释为远祖或先师的赠礼，改变了所有权诉求和控制诉求的时间限制。所有权和控制权诉求如果在时下，或许会由个人、家族或群体所垄断；但上溯至远古，则是人人得以共享的。

在县令的判决之前，有一份由当地文人写的碑序，将造纸放在更广阔的文化背景中去理解：

> 且三代止已采篆竹，未有纸张。大事书板，小事书策。其时虽云明备，然政事崇简，故板策足以给之。秦汉而下，世变多故。……板策之集累不若纸张之轻便。非天生一蔡翁，聪明神化造为纸张，板策之重将不堪应给者。翁为汉朝太监××官居侍郎，其行事载于《后汉书》，此不殷赘。

在这种叙述中，造纸成为官僚秩序中的一环：蔡伦作为朝臣和行政官员，发明纸张减轻官僚们的工作，将他们从潮水般的竹简木牍中解救出来。纸匠为政令通达提供必需的介质，令整个国家得以顺利运转。虽然县令詈骂这些好讼和固执的纸匠，但他也承认纸匠职业的合法性和必要性。通过强调他们保护神的矛盾特质，他承认了纸匠创建自我管理组织、表达自身利益需求的权益。

民国初年利益代表模式的变迁

"蔡伦会"可以理解成杜赞奇所说的"权力的文化网络"。杜赞奇认为乡村社会中的领导权威"只能经由具有共同象征性价值观念的机构性框架来表达",通过对文化符号——通常取自于民间宗教——精妙的操纵,当地领导者在其中运作其权力。[①] 尽管在各方面都有争议,但只要作为其基础的共享符号仍被清帝国支持,文化网络就依然保持着整合能力。然而,步入 1900 年后,晚清政府和民国政府着手进行针对基层管理的官僚化、强化税收和治安权力、通过压制"迷信的"崇拜活动和扩展现代教育等措施,来实现中国农村文化转型的一系列改革时,权力的文化网络就轰然崩塌了。[②] 夹江和中国其他地方一样,传统的整合模式在衰落:寺庙被关闭,土地被没收充公;地方精英寻找新的方式增进自己在地方管理、治安活动和教育中的利益。

晚清和民国政府在进行国家建设的同时,也力图增加税额,简化税收征缴。这些财政改革带来的效应,常常使税收合法性受到动摇。一方面,税收投入的项目,如治安维持、数据收集和现代教育,难以显见地用于农村人口;另一方面,国家也没能有效地规范这些急速增加的官方和半官方税收代理人的行为,这就导致了杜赞奇所说的"政权内卷化"——税收的增加并非经由常规国家财政部门的有序扩展,而是经由中间人和代理人,他们自留的税收份额越来越大。[③] 人们可以推测,民国初年的四川正

[①] Duara(1988:25)。

[②] Duara(1988:1-4,58-61)。

[③] Duara(1988:73-77)。

是"政权内卷化"的一个极好例子。不仅因为四川军阀的贪婪臭名昭著——其中一些军阀提前征收数十年后的土地税，一个甚至征收到 2008 年，也因为权力结构的不断变化令军阀无法建立一套常规的官僚体制，税收征集常常不得不依赖于临时的官僚代理人。

华头乡的一个事件可以诠释这一进程。到 1910 年为止，夹江的每一个乡镇已经至少将一个当地的寺庙转变成一个初小；到 1935 年，由寺庙改建的初小（在原来的寺庙中）上升到 79 所。[1] 1933 年，省政府颁布法令，要求每一个乡镇应该至少兴建一个高小。因此华头乡政府没收现存的一间寺庙，对纸匠征收"架槽税"，对商人征收营业税。这些税额远远超过这所高小（就读学生从来不超过五个）所需费用。纸匠们为了抗议这次横征暴敛，复活了早已停办的"蔡伦会"。他们把洪川神像（一个和灌溉有关的当地神祇）挪出寺庙中的中心地位，代之以从晚清就已收之于偏室的蔡伦神像。持续了数周之久的愤怒游行后，县长罗国钧研究了这次事件后，代表纸匠向省政府请愿。[2] 同样的，纸匠们也树立了一个石碑来纪念这次事件的官方裁决：

> 查我乡自民国以来，废弛清制，经费虽拙，当属敷用。然及至今年，贪鄙之辈充任官员，借公营私，鲸吞巨款，竟于民国十一年，蒙算槽纸两捐，病商害民，槽户深感负担过重，恳请当道邀来蠲免，未获其愿……乙亥

---

[1]《夹江县乡土志》，地理卷，夹江：出版时间不详，大约在清末；刘作铭（1935）：《夹江县志》，第 47 页。

[2] 对谢长富的访谈，1998 年 9 月 22 日。谢长富（1988）：《夹江县华头乡志》，第 67，277 页。

冬，县长罗公国钧出巡来场，周咨博访，洞悉民隐，遂毅
然以转请蠲免为事，应准取消槽户给银捌佰元……将
前案打销得达圆满目的。诚为我数千槽户纸商延一丝
生机，罗公之福不朽矣……民众受其大德无以为报，于
是泐诸于石，以志铭感不忘……

华头乡的案例表明了政权加强自身力量的努力所导致的减
损其合法性的效应，然而它更显示了，在造纸地区，传统的抗争
模式仍有巨大的生命力。在"蔡伦会"丧失官方支持的 30 年后，
华头纸匠们依然围绕在他们的守护神周围，用旧帝国时代的生
计权利和道德权利的修辞话语来进行抗争。夹江其他区域的纸
匠则采用新的现代国家话语进行抗争。从这个意义上而言，华
头纸匠是特殊的。然而，就抵抗国家增加税收的强度及成功程
度而言，他们又是普遍的。

1905 年废除科举后，之前的纸张贡赋被一种叫做"架槽税"
的税赋取代，占产值的 5％至 15％。1917 年夹江、洪雅和峨眉发
生大范围抗议后，陈洪范将军为这些县的槽户永久免除赋税。
20 世纪 20 年代的报告中，只提到造纸厂需为所有商品缴纳过境
税，其他税种并未提及。[1] 在 30 年代，纸商们不仅要缴纳过境
税，还需缴纳跟苏打、石灰和漂白剂相关的赋税以及个人所得
税。统而言之，这些税赋在工厂产值所占比重不足 0.13％。[2]
1943 年钟崇敏的报告列出了税赋的种类：（1）教育附加税，
（2）氯漂白剂税，（3）营业税，（4）战时消费税，（5）收入税。造

① 宿师良(1923)：《夹江纸业之概况》；SP 1925.《四川夹江县之纸业》，第 40 页。
② 建设厅 1937[1353a:6]；梁彬文(1937)：《四川纸业调查报告》，第 29 页。

纸业的赋税相当重：营业税和战时消费税占产值的 8％，收入税占总收入的 20％。头两项税赋由本地收税人在关卡收取，占杂税税额比重不超过 0.16％，反过来，这些杂税在县财政占的比重也很小。第三和四项税收基于每担纸的假定价格，在 1943 年低于真实市场价格 20％，几年后实际税额由于通货膨胀进一步削减。第五项的收入税，由于无法衡量纸商收入，从未系统征收过。小商人很容易就被忽略，大商人则和财政局对一次性收入讨价还价。① 曾经做过纸商的人认为唯一或多或少被系统征收的税种是过境税。过境税在城门和河流码头征收，但哪怕是过境税，纸商们也很容易就能避开。②

那时人们嘲笑贪官污吏"自古未闻粪有税，而今只有屁无捐"，所以造纸业如此低的赋税意味着两种情况：当地政府不同寻常的克制（考虑到四川军阀和官僚贪婪成性，这种情况不可能出现）或造纸业代表的成功游说。③ 尽管纸匠和"蔡伦会"在民国年间继续抗议收税，但是纸商及其组织逐渐接过代表造纸业的重任。夹江纸商通常分成八个帮，以其最终市场命名。其中西安帮、太原帮和兰州帮由北方游商主导，而成都帮、重庆帮、兰州帮、宜宾帮和昆明帮则是夹江本地人主导。这些商帮并非正式组织，而只是来自同一个城市或在同一个城市贸易的商人的简单聚集。④

除了上述的商帮，夹江还有两个造纸帮会：白纸帮和红纸帮。白纸帮代表商人利益；红纸帮规模较小，代表色染店和其工

---

① 钟崇敏、朱守仁、李权（1943）：《四川手工纸业调查报告》，第 46—47 页。

② 对任治均的访谈，1996 年 5 月 9 日；对任治钧、徐世青的访谈，1996 年 9 月 23 日；对廖泰陵的访谈，1996 年 5 月 14 日。

③ 刘少全（1992）：《夹江的纸业与国际交流》，第 29 页。谢长富（1988）：《夹江县华头乡志》，第 160 页。

④ 请参见王树功主编：《夹江县志》，第 226 页。

人利益。成都也存在同样的分野，白纸帮（以夹江帮闻名）代表批发商利益，红纸帮代表当地染色店和零售店利益。夹江白纸帮结构松散，所有纸商无论是否正式加入都被视为帮系成员。白纸帮不收会费，但可能就某事临时募集资金，会员应依财产数量进行捐赠。帮会理事从富有的纸商中选取，候选人需财宏势大才能执行帮会决议，与县长进行谈判。[1] 相对于白纸帮，红纸帮规模较小但结构紧密，由工友帮和老板帮构成。工友帮向全体染工开放，凡是完成三年学徒期并为他人主持过一次宴席的染工皆可加入；工友帮也不收常规会费。要加入老板帮，则需宴请全体会员，此外，还要支付常规会费。多年来，老板帮投资田产房产，积累了大量的资金。[2]

清朝末年，当地政府收到政令，将传统帮会改造为同业公会，同时组建一个多功能商会。商会既要作为咨询实体提供政务建议，也要协助征收赋税，收集数据信息等工作。[3] 在夹江，这些措施都流于形式：尽管规定要求选举官吏和监事会，新的纸业同业公会依然按照旧的纸业行会模式运行。例如，理事们通过非正式方式从一小部分有钱商人中选出。夹江所有纸商都自动视为会员。虽然行会缺乏正式结构，权威丝毫不减：一个受访者称，会长的话"比衙门的裁决还管用"[4]。

这个协会之所以能成功保持造纸业低税收，在很大程度上与正式的诉求表达以及私下游说分不开。我们已经知道，富有

---

[1] 对任治均的访谈，1996 年 5 月 9 日。

[2] 对任治均和徐世青的访谈，1998 年 9 月 23 日。

[3] 王树功主编：《夹江县志》，第 420—421 页。关于晚清的商会，参见 Chen（2001）；Fewsmith（1983）。

[4] 对任治均的访谈，1996 年 5 月 9 日。

槽户——例如石子青——如何寻求画家、政客和文人的资助。纸商同样交游甚广。例如，彭劭农在其漫长的一生中（1876—1968）经历了种种角色：秀才、日本留学生、袍哥会高级成员、反清革命党、国民党官员、记者和晚年成为共产党名誉党员。起初他很快就升任国民党高级干部。1911 年后，他在省政府担任重要职位，直到 1919 年对军阀失望而辞职。后来，他在成都开一间纸店，不过仍作为《工商日报》的总编活跃于政坛。在《工商日报》期间他日益"左"倾，成为国民党中的"左"派。[①] 另一个杰出的纸商是谢荣昌。他作为夹江驻成都的发言人，曾因反对战时对纸张贸易实行价格控制的提案而游说当局。[②] 虽然成都和重庆的众多纸商很少像谢荣昌和彭劭农那样朋友遍天下，但是因为商业交往的缘故，他们很多都同知识界和政界有联系。

1936—1937 年和 1941—1942 年的粮食危机

具有讽刺意味的是，造纸业的最大威胁来自绝大多数纸匠都已经蠲免的田赋。四川的田赋在清初就固定在一个较低的水平，所以相对于其他地区的农民而言，清代四川农民缴纳的赋税最低。1911 年后，军阀政府力图弥补如此低的基础税率，所以他们提前征收数年甚至数十年的税赋。在河东，刘文辉的二十四

---

① 彭劭农（1874—1968），1931 年加入地下中国共产党，1949 年以后继续其仕途生涯，他成为四川省工商联的一名领导成员以及全国人大代表。1968 年在家遭"红卫兵"抄家以后，93 岁的他去世。他有两个儿子、一个侄子、一个外甥都在延安加入了中国共产党。请参见王树功主编的《夹江县志》，第 679—81 页，第 696—700 页。

② 建设厅 1936[1353a；1]；建设厅 1939[4042；1，2]；黎玉冰、雷应澜：《纸业巨商谢荣昌简历》，载于《夹江文史资料》，第 1—9 页，夹江：政协委员会，1986。

路军一年收三至四次税;而河西一年多达六次。对于多数槽户而言,由于他们只有少量耕地,直接的税赋仍然是很低的。关键在于高额田赋的间接影响:一方面,赋税的增加降低了农村购买力,削减了农村的纸张需求量;另一方面,它抬高了粮价,增加了造纸成本。由于以粮食为发放标准的工资和在车间里的粮食消耗占将近一半的生产成本,高粮价将直接转化为高纸价。高粮价对纸张贸易的影响在 1936—1937 年的饥荒中体现了出来——这在四川是史无前例的,清代四川似乎与饥荒一词无缘。四川北部的大旱,加之以与中共四方面军的频繁战争,使得整个四川极其缺粮。1937 年 8 月,纸张贸易协会会长黄永海上书省政府:

> 杂粮之出产甚微,竹料亦以减少十分之六七,价涨至三倍有奇。米价亦高出数倍。纸则反跌,数月来食米之家绝无,仅有能食杂粮两次者亦甚少。余者日食一次麦粥过日。加以全川受灾,销场更狭。县属纸贩纷纷停贸易。[1]

黄永海继而要求:(1)"拟请就川灾公债早日拨款办理农贷,俾农民资金有着,不致陷于无力再生产之绝境";(2)技术援助;(3)命令所有政府机构和学校只能购买本地产纸;(4)取消苏打、漂白剂税以及教育附加税;(5)免去营业税。这份请愿书绕过刘湘主政的省政府(此时已经被蒋介石架空),直接呈交蒋介石。蒋介石(或其下属)反应非常迅速,立即做出批示:"查所称

---

[1] 建设厅 1937[1353a;6]。

各节,尚属实情,自应予以救济,免致十余万农民生计失所。除批示外,合行抄发原呈令仰该省政府迅拟救济办法,呈后核夺!"①果不其然,在饥荒令百万灾民丧命的当年,给仍有玉米饱腹的槽户减税,省政府很难明白个中缘由。不过省政府还是晓谕四川所有政府机关和学校,停止使用进口纸,但对具体实施措施,并没有详细说明。②

　　造纸业迅速恢复,但原因不在于政府举措,而在于 1938 年的那场大丰收。1941 年至 1942 年,槽户再次被迫关闭纸坊。这次是因为中央政府决定以实物形式征收田赋,用以满足抗战时期军队和城市人口对粮食需求的日益增加。③ 由于每家都有 28 公斤的粮食配额,夹江的税赋仍然非常低。许多槽户由于耕地太少,根本没有被列入收税范围。④ 问题的关键还是实物税收减少了市场上的粮食供应,抬高了粮价,增加了生产成本。因此,成都和重庆的纸价一路飙升,最后,新闻行业和国家机关都要求对纸张贸易进行价格控制,甚至将纸张贸易国有化。1942 年,县长王云明呈文省政府:

> [夹江县]为吾川之最大造纸工业区,年产量值一万万元以上……统计丰年产谷总量不过四十万市石……以全县拾五万人口计之,则每年消耗粮量当在柒拾万市石以上。本县产谷仅足敷七八个月之需,其

---

① 建设厅 1937[1353a:7]。

② 建设厅 1937[1353a:12]。

③ 参见 Eastman(1984:50)。

④ 王树功主编:《夹江县志》,第 298 页;谢长富(1988):《夹江县华头乡志》,第 160 页。实际上的征收量少于这个比率。

所差之数素即仰赖洪雅、梅山等县输入……故在二十
九年度采购军粮,即以夹江县造纸工业区仅购三千市
石,所购谷数为全区最少之县。三十年度征实以条粮
为标准,计全县四千零三十一两,征购总额竟达八万
一千余市石。衡以业主收益征达十分之四,担负之重
冠于全川……现值三十一年度行将开征之际。若仍
照去年总额摊派,民力既有不胜而造纸工业必将
破产。①

王云明说,对于战争而言,纸张的生产和农业一样重要,既
然夹江得天独厚,适宜产纸,那它就应该产纸。国民党宣传部持
有同样的观点,并强调"川纸在抗建期间供应后方关系至巨"②。
但是,战时对粮食的需要压倒了纸张,王县长的要求被拒绝了。
最终,夹江又一次被政府政策的不完全执行拯救了;在接下来的
七年里,夹江被允许拖欠税款将近 1 000 吨,是其税赋总额的
23%。③ 税务系统的全方位腐败令很大一笔征收上来的粮食回
流到农村市场,只是其价格高出许多。

帝国主义与"中国手工业的崩溃"

1936—1937 年和 1941—1942 年的粮食危机使造纸业的
未来笼罩在一片凄风苦雨中。自从明代"一条鞭法"将绝大多
数劳役和实物赋税转化成白银支付后,农民都能顺利地将商品

---

① 建设厅 1942[9338:1]。
② 更多关于报纸如何调动人民抗日的内容,请参见 Hung(1994:151—86)。
③ 请参见王树功主编的《夹江县志》,第 298 页。

交换成货币并用货币购买粮食。但是，现在农民被重新定义成农业生产者，其首要任务就是为军队和城市工人生产粮食。与此同时，先前的城乡互补的专业化生产模式逐渐被二元经济模式（城市/主导—农村/从属）取代。富有同情心的官员们在上书中称，夹江槽户不是也绝不会是农民，这样的言论听起来像是狡辩，像是为摆脱所有农民都不得不背负的沉重负担所作出的挣扎。

在农民身份重新被定义为农业生产者的同时，也出现了改良手工业的呼声。当时，手工业已经有没落的倾向。费维恺（Albert Feuerwerker）在多年前曾说过，中国关于传统工业的观点是固执的悲观主义："传统工业的崩溃意味着国家现代化和工业化的开始。"[1]从 20 世纪 20 年代至 40 年代，四川杂志上充斥着关于夹江和四川其他地区造纸业的报告。[2] 20 年代的报告依然将造纸业奉为"四川伟大的手工业之一"，称颂它为农村繁荣做出的贡献。然而到了 30 年代，报告笔锋一转，变得日益悲观起来，呼唤对造纸业进行大刀阔斧的改良。鉴于这些年造纸业的迅猛发展，这种舆论转向是极为讽刺的。这种悲观主义论调一方面基于进口纸的增多（从欧洲、日本和沿海地区流入），另一方面则基于一种零和格局的假设——他人之得必为四川之失。甚至一些敏锐的观察者，像吕平登也说"自从外国纸张开始输入，四川的

---

[1] 参见 Feuerwerker(1983：55)。

[2] 作者在接下来几页援引的文献大部分由银行研究机构发布（中国银行，刊登在《四川月报》；四川银行，刊登在《四川月刊》和《四川经济季刊》），目标读者是负责银行业务的政府官员。作者发现，在 1933 年至 1947 年期间，关于造纸业的文章大约有 50 篇，涉及的地区不仅包括夹江，也涵盖了凉山、铜梁、广安、合川、大竹和巴县等地区。

造纸业已经开始没落"①。

从进口和出口的数字汇编中可以看出,纸张进口量呈上升趋势,从 1891 年的 6 吨到 1931 年的 1 116 吨;但纸张出口量也同样呈上升趋势,主要出口到东北,那里祭祀用纸的需求量大。整个 20 年代,出口额是进口额的 2—4 倍;1933 年,日本侵略东北引发了抵制日货运动,纸张出口额飙升为进口额的 24 倍。②甚至这些数据只是对四川纸张出口额的保守估计。海关的统计数字只记录了经由重庆和万县大宗货物的进出口情况,也就是说,实际上所有进口数据都纳入统计范围,但有些出口数据却被遗漏了,像小纸坊通过海陆运输出口的手工纸常常被忽略。机制纸的进口额绝对不超过四川手工纸坊出口额的 5%,而且手工纸和机制纸的用途也不同,没有任何证据表明机制纸取代了手工纸。进口纸主要用于平板印刷和凸版印刷。这是在民国年间快速兴起的行业,主要用于重庆、成都和其他城市中心的 50 余家杂志和报社。现代印刷并不能立刻取代传统的木版印刷,木版印刷在成都和岳池依然比较繁荣。③手工造纸业并未被搁置一旁,相反,槽户们似乎从西洋印刷术所带来的不断增加的需求中获益匪浅。20 年代,夹江槽户学会了制造新闻用纸。当抵制日货运动排除了绝大部分竞争者时,他们迅速变成四川报刊用纸的主要供应方。

① 参见吕平登(1936):《四川农村经济》(商务印书馆,第 334 页)。1910—1920 年,日本的廉价纸取代了欧美的进口纸。1931 年后,抵制日货的运动终结了大部分纸张进口贸易,那时沿海地区的现代纸业刚刚兴起,还不足以取代进口纸的位置。
② 幹慈森(1936):《最近 45 年来四川省进出口贸易统计》,重庆:民生事业公司经济研究所。
③ 四川新闻出版局史志编纂委员会(1976):《四川新闻出版史料》,第 52 页,第 129—131 页,第 165 页,成都:四川人民出版社。对四川主要的印刷中心岳池印刷业的讨论,参见 Brokaw(2006:540-544)。

槽户——改革的阻挠者

回头来看，1928—1945 年可说是夹江手工造纸业的黄金时代。军阀混战率先在四川西部结束，继而在全省告终。随后，夹江造纸业迎来抗战爆发后对纸张需求的急剧扩张。1943 年，造纸业达到发展巅峰，估计有 60 万人口以造纸业为生，约占夹江县总人口的三分之一。[1] 尽管仍在急剧发展，大多数观察者仍坚信手工造纸业正处于危机之中。一些报告表示出勉强的赞赏（"使用着如此传统的生产手段，却能提供足够广阔内地使用的纸张；我们只能惊讶于隐藏在我们农村中的潜在力量！"），但三四十年代的主旋律仍是手工生产的落后和不可避免的衰落。一份 1935 年的报告是这样说的：

> 该县所有纸厂，均创始于清初年，其制法，虽依各地土习，但以各守秘密，父传其子，故现各厂，竟有经营此业至一二十代之久，第如以其他人员，往各厂探询其组织，须至亲好友，亦不能探得其秘密矣，故此点足证明该县人民保守性之烈，而其拙于进步之原因，亦以此故，际兹政府，积极提倡实业，如不先打破此项陋习，决难成功。[2]

同时代的其他资料则将农村槽户描述为保守、简陋、零星不

---

① 钟崇敏、朱守仁、李权（1943）：《四川手工纸业调查报告》，第 49 页。
② SCJJYK 1935[3:2]，《夹江纸业调查》，第 89 页。

能合作和不求改良。① 其中,对生产"迷信纸"槽户的谴责最为尖刻。儒家认为在祭祖上使用纸钱是不合适的,因其反对将孝道和赤裸裸的金钱挂钩。② 国民党改良者认为,纸钱的使用再次验证了中国乡氓的不理智。为了迫使槽户转而生产"文明纸",省建设厅将迷信纸的税额提高了80%。在解释这项惩罚性税收的文件中,官员们甚至将生产迷信纸的罪过加在共产党头上:

> 窃查梁山、大竹、达县、铜梁、广安、夹江、洪雅等县产纸区内,近来有多数槽户大量制造迷信用黄表纸,以国原利"匪",特浪费原料,虚耗人力……查尽来印刷纸张缺乏及应增加产量以供需要,迷信用纸系无谓消耗,有限制产用,改制印刷用纸之必要。③

文件中另一个反复提及的主题则是无耻商贩对无知纸匠的剥削。正如前文所说,造纸业的现金流来自于商贩提前支付给纸坊的现金或原材料,纸商每个月收取0—10%的利息。对于纸匠而言,这样的贷款好过市场里冷冰冰的现货交易,但是评论员则有不同的看法。40年代的资料显示,商贩利用了"造纸槽户都是农民,没有经商的才能,没有裕如的资本,没有合作的习惯……",在贫穷的逼迫下,"使槽户一天比一天逼着走向末路的

---

① SCJJYK 1935[3:1].《夹江改良纸业》;华有年(1944):《夹江的纸业与金融》,第418—419页;刘自东(1945):《(民国)三十三年夹江经济动态》,第201页,载于《四川经济季刊》第2卷第2期(1945年),第199—202页。

② 在夹江,一场葬礼通常要烧掉144 000张迷信纸,此外还有纸糊的肖像,衣物等。如果烧纸少了,可能遭到亲戚,朋友,邻居的嘲笑。(详见斡端生(1948):《夹江县乡土志略》,第17页。)

③ 文件并没有提及生产"迷信纸"对共产党的益处。事实上,20世纪40年代起,夹江就不再生产"迷信纸"了。

鞭子"。① 在这些观察者看来，预货"饿瘦了槽户，吃肥了纸商"。1945 年的一篇文章质问道："在此年关节临时，纸商们诱惑的预货魔掌，又向槽户伸出了。到明年，不知又有多少槽户停工！"②

自上而下的改革

刘湘成为"四川王"之后，曾经在 1935 年首次尝试系统地改良夹江造纸。他命令夹江县和其他七个县的县长在四年内完成造纸业的改革，否则将受到处罚。根据当时的环境，县政府应该建立实验车间或实现工厂的集中化，为此省政府承诺提供资金和技术支持。③ 尽管夹江纸同业公会不断提出要求，但资金从未到位。同时公会自身也缺乏实施改革的方法。随后抗战爆发，国民政府迁都重庆，改革的需要变得越来越迫切。纸被当作抗日战争的一种武器，用以动员群众和鼓舞士气。理论上，纸张应来自机械工厂，其中一些应该在抗战初期就已从上海沿长江搬迁而来。但是，机械生产的工厂需要大量投资和技术先进的工程专家，战争期间这两者都极为缺乏。综上所述，机械工厂花了数年时间才开始运作。经过艰苦奋斗的六年后，1943 年机制纸的产量也仅占四川省纸产量的 20%。相反，手工制纸不仅发展速度快，扩张成本也低。工业生产的另一个缺点是需要软木浆，

---

① 华有年(1944)：《夹江的纸业与金融》，第 415—419 页。

② 刘自东(1945)：《(民国)三十三年夹江经济动态》。

③ SCYB 1935［6：3］.《省府实行振兴川省造纸工业计划》，第 159—160 页；SCJJYK1935［3：4—5］.《建厅实施纸质工业四年计划》；SCJJYK 1935［3：2］.《夹江纸业调查》，第 89 页。

这在树木砍伐严重的四川盆地并不容易获得。[1] 竹子和其他草类(稻草、甘蔗)在四川很丰富,生长地也相对接近纸张需求量最大的城市。但是,竹子和其他草类中坚硬的纤维并不能研磨成软木浆,也不能很好地用亚硫酸盐制浆,这恰好是两种较为廉价和简易的化学成浆方法。20 世纪 50 年代,中国采用了工业规模的技术将稻草和竹子制成纸浆,但到了七八十年代,纸质还是很差。相比之下,手工竹浆纸在经过数百年的涤炼后,技术臻于完美,其强度和韧度与最好的木浆纸不相上下。简而言之,手工纸匠掌握的工艺知识对现代造纸业有着巨大的潜在价值。

刘湘改革的主要成果是汇集了许多提案,其中一些是具有造纸业背景的人提出的,一些则由自称专家的人提出。改革的提议五花八门,从廉价可行的方案(水泥浸池,使用更剧烈的化学剂)[2]到天马行空的方案(撤销所有用竹浆制纸的工厂,代之以用木浆制纸的工厂)。[3] 这些提议几乎全都认为手工生产技术是低效和浪费的,这往往显示出他们对当地情况一无所知。例如,有人建议,蒸锅前挑出多结节的竹料,但这项工作需要众多的劳动力,一旦付诸实践,夹江纸业最终将因价格问题而被市场淘汰;[4]另外有人提议,用成竹代替嫩竹,错误地认为成竹具有更

---

[1] 凉山、阿坝、甘孜有大量的软木原材,但直到 20 世纪 50 年代汽车干道修成之后才可进入这片区域。

[2] 李季伟:《改良夹江造纸业之我见》,第 18—20 页,载于《四川善后督办公报》第 1 卷第 1 期(1934 年 9 月),第 17—20 页;段之一:《四川手工造纸业的技术改良》,载于《中国工业》第 12 卷(1943 年 10 月),第 37—40 页;邱先:《振兴造纸工业与手工造纸之改良》,载于《西南事业通讯》第 3 卷第 1 期(1942 年 1 月),第 19—20 页。

[3] 蒋汇策:《四川西南地区经济建设建议》,载于《四川经济季刊》第 2 卷第 3 期(1945 年 7 月),第 68—97 页,此处见第 93 页。

[4] SCJJYK 1935[3:1].《夹江改良纸业》。

多、更好的纤维。① 不少提案都主张用木浆取代竹浆来作为生产纸张的原材料，然而实际上木材的供应极度短缺。

改进技术只是讨论的一部分，争议焦点更多集中在是否用信贷和生产合作社取代规模小、投资不足的家庭经营纸坊上。农业合作——内战时期由强烈的国际运动和国际联盟推动——享受民国政府几乎全部的政治支持。国民党和国内部分地区的军阀政府也同意农业合作。农业合作模式上更接近法西斯意大利和纳粹德国的社团主义，而不是社会民主主义或是自由主义。② 民国政府的社团主义支持者把农业合作看作是打击地主恶霸、商人精英、扩大农村政权力量的途径，而非某种自组织形式。在他们看来，农民自私、肤浅、封建迷信，无法进行自我管理。③ 但是农业合作，例如技术改革，是需要资金的。1935 年，成立槽户合作社的提议被搁置了；直到 1945 年在四川省合作金库的经济支持下，第一个合作社才得以成立。④ 合作社名义上有 1 568 名成员，占夹江县纸匠总数的 60%。实际上，很多人根本没听说过这个合作社：这不过是江氏兄弟和夹江县其他乡绅的一个骗局而已。他们让槽户不明所以地签约后，就能从合作金库中获得贷款和原材料补贴。⑤

抗战末期，"农业合作"的提法被"全面淘汰手工业"这一说法取代。在一篇讨论战后四川前途的文章中，经济学家刘敏主

---

① 蒋汇策：《四川西南地区经济建设建议》，载于《四川经济季刊》第 2 卷第 3 期（1945 年 7 月），第 68—97 页。
② Alitto(1979)；Hayford(1990)；Fitzgerald(1997)；Zanasi(2007：157 - 63)；Zanasi (2006：109 - 115；133 - 173)。
③ 参见 Fitzgerald(1997：431 - 32)。
④ 四川合作金库 1941。
⑤ 对张文华的访谈，1998 年 9 月 16 日；王树功主编：《夹江县志》，第 704—705 页；建设厅 1945[5117：1]。

张："要发展四川工业,还必须和自足自给的旧经济形态作坚决的斗争、和手工业及其行会制度作坚决斗争,扫清工业发展的道路。"他认为,发展现代经济的一个途径是像英法美等国的革命那样打破旧体系的枷锁。可是,中国不仅要克服过往的重担,还要打败经济帝国主义,传统手工业在这场战役中并不是一无是处。权衡利弊之后,他总结出,"封建经济的优势已不存在,……我们只是说它已不是主要的斗争对象,至其仍为新工业发展的次要对立物,则是当然的"[①]。另一篇发表于 1945 年 7 月的文章虽为造纸工人遭到贪婪商人的剥削而感叹,但仍建议在夹江建立一个完全取代数以千计槽户的造纸厂。[②]

自下而上的改革

四川的新式精英认为,工业改革应该分三步走。首先,工程师和相关专家到造纸地区研究和记录生产方法。其次,寻找改进生产的方法,最终将新方法传播给生产者。最后,需要进行大量的推广努力,这从未落实——不但因为当地政府缺乏建设示范工场的资金,而且因为负责相关项目的专家并不希望自己掌握的生产技术落入当地人手中。由于缺乏切实可行的推广方案,工业改革仅仅停留在为纸坊绘制地图的层面上,专家从槽户口中套取生产知识,然后移交给一众行外专家,仅此而已。从槽户的角度看,我们就不难理解为什么他们对这样一个类似产业

---

① 刘敏:《四川社会经济之历史性格与工业建设》,载于《四川经济季刊》第 2 卷第 1 期(1945 年 1 月),第 99—108 页。

② 蒋汇策:《四川西南地区经济建设建议》,载于《四川经济季刊》第 2 卷第 3 期(1945 年 7 月),第 68—97 页。

间谍的项目毫无兴趣。像石子青这种富有而且交友甚广的槽户
偶尔宴请从城市来的专家,向他们提供(尽管不一定是准确的)
关于生产成本、营业额、利润率诸如此类的详细信息。① 但这种
象征性的顺从对于许多槽户来说未免过分了：

> 民国二十二年,垫江职业学校曾派毕业生二人,请
> 求夹江县政府及建设科介绍槽户实地练习,槽户某以
> 县政府及建设科之介绍不得不慨然接受,殊不几日责
> 难之声四起,迫某谢绝,练习二生遂无法练习。又求县
> 政府另行介绍与槽户某,此人为保存其祖传秘密暨免
> 除同行责难起见,乃再再加以难堪,使二生不能不自动
> 离去。②

尽管槽户对政府夺取工艺技能的企图感到愤怒和抗拒,但
他们本身并不反对技术改革。清末的一份资料显示,夹江是四
川首个引入现代造纸技术的地方："夹江某商,日前游历沪汉,颇
得造纸新法……特筹资购回机器暨药水若干种,设厂制造,所出
之品,坚韧洁白,与洋纸无大异。"③1932 年,归国留学生苏汉湘
从德国订购机器。④ 三年后,县政府拥有了两台"购自省外"的造
纸机器,开始计划建立一个现代造纸厂,⑤但这些项目都销声匿

---

① 梁彬文:《四川纸业调查报告》,载于《建设通讯》第 1 卷第 10 期(1937 年),第 15—
　30 页;张肖梅(1935):《四川经济参考资料》,第 102—107 页,中国国民经济研
　究所。
② SCYB 1934[5;6].《夹江制纸工业概况》。
③ 参见张学君、张莉红(1990):《四川近代工业史》,第 179 页。
④ SCYB 1932[1;3].《各地造纸业的概况》。
⑤ SCJJYK 1935[3;2].《夹江纸业调查》。

迹了。尽管如此,变化仍在消无声息地进行着:槽户转向生产大幅面纸,成纸更厚更韧,引入氯漂,使用明矾、松香等添加剂增强纸张的抗水性。20 年代,夹江槽户学会了制作新闻纸;[1]到了 40 年代,夹江纸大部分为现代印刷方式用纸。尽管生产技术上的改变较少,生产者还是能够跟上瞬息万变的市场需求。不过这些改变都与政府无关,外界也几乎没有注意到。

---

[1] 宿师良(1923):《夹江纸业之概况》,第 8 页;任治钧(1986):《夹江手工纸的产销概况》,第 3—4 页。

第五章 社会主义道路上的造纸人，
1949—1958 年

1950 年初，春节前夕，石定亮——未来的马村公社党委书记——从石堰来到夹江。他曾经是一名抄纸工，但现在赋闲在家。当时石定亮的父亲让他等仗打完了再出来，可是石定亮想要进城买些肉过年。到了夹江后，一个北方口音的士兵将他拦住了："别动，再动我就开枪了。背后扛的啥？"石定亮双膝跪地，取下背上的布鞋，捧到士兵面前。和许多乡民一样，石定亮脚上穿着草鞋，进城才换上布鞋。士兵说："我还以为是把枪呢，对不住，对不住！"石定亮没进城就战战兢兢地折回家了，心里一阵纳闷，这没见过的士兵是什么人呢，怎么不打他，不抓他去当兵，还给他一个乡巴佬道歉呢。

抗日战争结束后，国家机构迁往南京，通货膨胀日趋严重，造纸业也随之陷入低谷。中国人民解放军挺近四川时，商人吓坏了，纷纷转入地下，商业活动逐渐销声匿迹。1949 年底，十个造纸工有九个待业在家。[1] 1949 年 12 月 16 日，中国人民解放军没有遭遇抵抗，轻松占领夹江。夹江县的收成向来不好，新政府一上台立即向槽户发放 100 吨救济粮、100 万元贷款[2]以及苏

---

[1] 工业厅 1951[171:1]，133。
[2] 这些举措令"旧币"严重贬值，请参见王树功主编的《夹江县志》，第 220 页。

打、漂白粉和竹料等援助物资。要知道，当时不管是政府还是军队都严重缺粮，政府在四川其他地区推行的也是严苛的征收政策。造纸工能获得优待完全是因为当时人民政府对纸张的需求像粮食一样急迫。东部沿海的多数造纸厂皆因战争而毁，而朝鲜战争的爆发又切断了中国所有的纸张进口来源。[1] 与此同时，政府需要大量纸张向民众来宣传其执政目标，动员民众参加政治运动。正如四川造纸业代表团在重庆会议上听到的那样："在抗美援朝保家卫国的号召下，纸张是必要的战争武器之一。我们需以最大的热情与毅力来完成这一最有历史性、战争性、国际性光荣的生产任务。"[2] 在四川，这项"光荣的生产任务"几乎不可避免地全落到了槽户的身上。在川西地区，现代纸厂的产量只占总产量的9%，而夹江纸坊的产量占总产量的86%，剩下的5%来自四川乡村手工纸坊。[3] 接下来的数年时间，机器纸厂的产量都不达标，但手工纸坊总是能轻松超额完成。机器纸厂甚至使用手工制作的纸浆。乡村手工纸坊打好浆后，垒成砖头的形状晾干，再运到城里，因为机器纸厂的纸浆储备量赶不上机器造纸的速度。[4]

工业改造与社会主义国家

中国共产党上台执政时，手工业在规模上仍然超过现代工业。从1952年官方公布的数据来看，6.6%的国内净产值源自工艺品行业，9%的国内净产值源自工业。手工业吸纳了740万

---

① Veilleux(1978:7-13)。

② 工业厅1951[19:5]。

③ 工业厅1952[106]。

④ 工业厅1951[19:1]，40。

就业人口,现代工业吸纳了 530 万就业人口。但这组数据可能低估了真正的规模:刘大中和叶孔嘉估计,1952 年手工业从业人员为 1 350 万名,而工厂从业人员为 350 万名。[1] 官方数据也表明,乡村手工业盛于城市手工业:登记在册的工匠有 60% 在农村工作。[2] 这个数据不包含 1 200 万"季节性家庭商品生产者"(专指那些较为专业的农村生产者)以及数不清的农副业生产从业人员。[3] 然而从一开始,人们就隐隐觉得农村手工业有违常规,最终必将消亡。从 1954 年到 1956 年,登记在册的农村工匠从 470 万直降到 220 万,降幅超过 50%。"季节性商品生产者"也被迫从事农业生产劳动。"大跃进"之后,许多农村工匠都被纳入国营部门,但这只是暂时性的。当这些在"大跃进"运动中仓促而建的"工厂"分崩离析之后,多数农村工匠没有回到原来的手工业合作社,却进入了农业合作社。1952 年,乡村工匠为 1 000 万名至 1 200 万名,到 1964 年,只剩还不到 50 万名。

按照中国共产党的说法,"手工业"就是"传统、技术落后的生产方式",手工业存在本身就"表明国家经济落后","而在经济发展的历史进程中,社会主义国家必须克服这种经济落后的局面"。[4] 手工业应该慢慢地转化为现代机械化工业,这一过程可能要历经数十年,经济上也应该由手工业自行负担。与农民一样,手工匠被劝诫要"自力更生"而不是要靠国家救济。对还未

---

① 请参见 Liu & Yeh(1965;88;209);Emerson(1965;83;128)。1953 年,朱德在全国第三次手工业生产合作会议上发表"把手工业者组织起来,走社会主义道路"的讲话。讲话指出,中国手工业生产者约为 1 900 多万人。

②《中国手工业合作化和城镇集体工业的发展》,图表 4,第 1 卷,第 708 页,北京:党史出版社,1992。

③ 王海波(1994):《新中国工业经济史》,第 386 页。也参见 Eyferth(2006;7-11)。

④ Schran(1964;152-153)。

实现机械化的手工业来说,最合适的组织形式是手工业生产合作社;手工业生产合作社只有积累足够的资金,才能转化为公有制。尽管手工业传统对城市体系如"单位"制度的形成产生过影响,但是中国共产党从来不把手工匠人当一个阶级来看,[1]对他们也不抱有同情之心。农民和手工匠人都被视为小生产者并倾向于"经常地、每日每时地、自发地和大批地产生着资本主义和资产阶级"[2]。刘少奇在 1953 年的一次演讲中对手工业者和无产阶级做了明确区分:"当手工业小私有者组织在社会主义的手工业生产合作社里,就实现了社会主义改造。但他们还不是工人阶级,不加入工会。手工业生产合作社的社员做了对国家、对人民有利的事,是光荣的。他们的社会地位应明确,他们是劳动人民,劳动人民文化宫可以去,也可以入夜校,看电影……"[3]去文化宫,行;加入工会,不行。[4]

造纸业重组:规划与当务之急

从西南区工业部和川西行政公署工业厅发布的文件,我们可以看到新中国成立头几年造纸工业的规划如何演进。[5] 这些

---

[1] Perry(1997:44 – 48)。

[2] 刘少奇:《关于新中国的经济建设方针》,第 27 页。这一观点最初由列宁提出,刘少奇引用。

[3] 刘少奇:《关于手工业合作社问题》,第 105 页。

[4] 《中共中央关于迅速恢复和进一步发展手工业生产的指示》,1959 年 8 月,载于《中国手工业合作化和城镇集体工业的发展》第 2 卷,第 184—194 页,此处见第 185 页,北京:党史出版社,1992。

[5] 西南大行政区包括四川、贵州、云南和旧省西康,川西行署区涵盖了成都盆地大部分地区。1954 年后,中华人民共和国恢复到以省建制的模式,将先前跨省行政区、省级下的行政专区全部撤销,详见 Solinger(1977,第一章)。

文件既有国民党政府推行的广泛连续的政策，也有一系列强力、实践性强的政策。和之前的机构不同，工业厅（后来先后更名为手工业局，第二轻工局）①派人常驻夹江县，与附近成都市的规划人员保持持续性的沟通。当夹江县山区的交通足够安全时，工业厅工作人员立即深入造纸地区，采访造纸工匠，收集造纸技术和所有制结构的准确信息。1951 年夏天，工业厅成功掌握了造纸业的最新信息，包括作坊数量、染缸数量、竹林占地面积以及就业情况。工业厅当即为造纸业的转型起草详细的计划。

粮食-纸张关系。自中国人民解放军将救济粮送进造纸地区起，"以粮换纸"一直是国家为造纸业拟定的政策主线。工业厅的首要目标是多收纸少收粮，至于技术进步或所有制改革，那都是第二层考虑。这就意味着从纸张生产的种类到销售渠道，国家都必须加强控制。20 世纪 40 年代末，许多四川的造纸商都转向生产纸钱和廉价书写纸；新闻用纸占纸张总产量的比重降至不足 1%。政府认为，纸坊不仅纸张生产质量不合要求，也不愿把纸卖给国家收购单位。20 世纪 50 年代初，私人用纸需求迅猛增长。中高等院校、行政单位的采购部门都背着国家贸易机构直接向作坊买纸。工业厅指责造纸人"如果生产者单纯为了追逐高利，忘了社会的需要和国家的任务，是一个严重的偏向"②。要是造纸商拿了国家的粮食或资金贷款，这种指责就更显刺耳。工业厅认为，既然接受了国家救济，作坊就更有义务按

---

① 造纸业的行政管理历史太过混乱，难以厘清。首先，造纸业受川西工业局组织的"造纸指导委员会"监管，后来，委员会发展成县级的手工局。1976 年，委员会改名第二轻工局（指非机械化的集体工业；机械化的国有企业属于第一轻工业体系）。第二轻工局既隶属于供销合作社体系，又隶属于轻工局管理体系。"大跃进"和"文化大革命"期间，第二轻工局并入了工业局。

② 工业厅 1951［19：4］，61。

政府定价把纸卖给国家收购单位。1953 年，国家禁止私人贩卖纸张，但国家的管控能力显然阻止不了黑市的迅猛发展。与此同时，纸张成为国家专营物品，粮食实行统购统销，禁止私人买卖粮食，关闭粮食市场。以上种种举措，一方面加强了国家对造纸业的影响力，造纸商开始依赖国家粮食局；另一方面，国家也担起了让夹江县三分之一甚至一半人口填饱肚子的职责，而历史上夹江是依赖市场上来自邻县的粮食。这种向农村"返销"粮食的做法不被看好，夹江县当局一直面对要减少依赖外来粮食的压力。然而，夹江县的情况并非特例：鉴于农村地区大量的非农业劳动力，1956 年前国家收购的粮食有一半都销往农村地区。国家鼓励这些地区发展经济作物、畜牧业或是手工业。①

专业化和集体化。第二个当务之急与粮食-纸张关系直接连在一起，那便是克服传统造纸业"一般槽户多系半工半农、分散落后"的局面。② 这就要求将槽户与农民有所区分，前者要不断加强专业化才有资格获得国家的粮食供给，而后者则被认为能自给自足。但是，只要在农村家庭当中造纸和农业糅合在一起，这种区分就不可能实现。意在用于产出纸张的粮食被拿来养活家里非自立人口：年岁太大或者太小的人口，没有技能无法在造纸作坊中工作的人。在某些个案当中，宝贵的国家粮食被用来养猪。政府之所以强调合作化和集体化并不是因为它能提高劳动生产率——手工造纸业还谈不上规模效益，在集体作坊里把几个纸槽并在一起并不能带来什么——而是因为这能加强国家对粮食、劳动分配的控制，同时也可以杜绝家庭作坊中典型

---

① Lardy(1983:48 - 50)。

② 工业厅 1951[13]。

的"偷工减料"现象。①

　　技术变迁。中国共产党领导人坚信，除了外向型的手工艺品如景泰蓝和刺绣，"手工业要向半机械化、机械化发展"。正如毛泽东在一次对手工业工作指示中说的那样："机械化的速度越快，你们手工业合作社的寿命就越短。你们的'国家'越缩小，我们的事业就越好办了。"②这可看作是毛泽东在给手工业合作社下命令，让他们抓紧时间进行机械化改造。但这并不是毛泽东的本意。如果合作社能从国营部门拾得一些废弃的器械或是自力更生添置机械，政府就会称它们为机械化工厂，这可是众人觊觎的称号，这些工厂也会被纳入国营部门，但这一切都得靠自己来完成。机械化改造并不是夹江造纸业的发展方向。一旦机械化，国营部门为数不多的资金补贴就要被打散，原材料和市场的抢夺也会更加激烈。③ 但手工造纸业已经逼近技术临界点，倘若机械化不到位，要推动造纸业的继续发展，能做的非常有限。因此，毫不奇怪，出现在工业厅文件中的技术革新措施几乎如同马后炮的想法。工业厅专家们抓住两个重点：提高纤维产量和缩短生产周期。为了完成目标，专家们决定采用腐蚀性更强的化学物质，用烧碱代替土碱。这样一来，竹子更易制浆，浸泡和蒸煮时间也缩短了，但纸品品质下降了。当然，这样的代价是可以接受的。④

_____

① 工业厅 1951[13]，16—18。

② 毛泽东：《加快手工业的社会主义改造》，第 283 页。

③ 工业厅 1951[93；6]。

④ 传统上，竹纤维产量占竹产量的 15％；比如，100 公斤的嫩竹能取 15 公斤的竹纤维。造纸合作社的目标是将竹纤维的产量提升至 30％至 40％，使用药效更强的化学剂（令竹纤维溶解更彻底）和缩短洗浆时间（洗浆会导致短纤维流失），可以达成这一目标。其结果就是纸浆酸性更高，短而脆的纤维所占比重更大（工业厅 1950[19；3]，47）。

技能移植。工业厅还有一个议程——有计划地改变造纸业的空间布局。夹江县现有的造纸业规模已经超过其自然资源的承载力：造纸使用的三分之二的竹料和几乎所有的谷物、土碱、烧碱都是从周边城镇调度来的。从国家规划者的角度来看，与其把谷物、竹料成包成捆地运往技术发达的夹江县，不如把夹江先进的造纸生产技术移到四川省外谷物、竹料丰富的地区。所以，不像其他造纸地区在扩展，夹江县的造纸业规模先是保持不变，然后再慢慢缩减。[1] 但是，国家的规划者们忽略了一个问题，那就是移植工艺技能知识与从苏联引进技术是不一样的。接下来的章节我也会谈到，哪怕年轻人满怀激情跑到遥远的省外教当地人造纸，技术移植仍然行不通。

造纸地区的土地改革

中国共产党在四川省根基薄弱，当时只能以军事征服者的身份进驻。共产党在初始阶段统治四川靠的也不是行政机构，而是人民解放军。[2] 整整一年，中国共产党对川西的权力钳制都很薄弱，作乱的不仅有流窜的国民党旧部、袍哥会，还有逃往深山的民兵。他们纠集成队，取名"反共救国军"。在夹江，此类"盗贼"中有三分之一是在造纸业崩溃之后失去了经济来源的槽

---

[1] 传统上，竹纤维产量占竹产量的 15%；比如，100 公斤的嫩竹能取 15 公斤的竹纤维。造纸合作社的目标是将竹纤维的产量提升至 30%至 40%，使用药效更强的化学剂（令竹纤维溶解更彻底）和缩短洗浆时间（洗浆会导致短纤维流失），可以达成这一目标。其结果就是纸浆酸性更高，短而脆的纤维所占比重更大（工业厅1950[19:3]，47）。

[2] 参见 Solinger(1977:31 - 34)。

户。[1] 解放军一方面阻断他们粮食供给，同时对外逃者予以赦免，抵抗者的人数这才慢慢开始减少。到 1951 年初，政府官员已经可以在河西地区安全通行了。为了巩固权力，中国共产党开始了"清匪反霸"运动。据一位参加了斗争的民兵的描述，斗争的主要经验是枪决每个村或堡的"四个最大的掌权者"。[2] 在马村乡的第十堡里，石子青（1938 年逝世）的儿子石国梁被划分为"特大地主"，后被枪决。据当地知情人透露，石国梁为人和蔼可亲，绝不可能反对新政权。但石国梁和大多数富裕槽户一样，也曾参与地方政治，也持有武器自保。[3] 华头镇的情形也一样。在寻找反派典型时，新政府误读了民众情绪，他们逮捕了曹始兴。曹始兴是 1933 年反学校税运动的领袖。和石国梁在石堰一样，曹始兴在华头也颇有民望。[4]

在打垮或者震慑了潜在竞争对手后，中国共产党开始在造纸地区组建群众组织。石定亮回忆道，1950 年初，朋友张廉明鼓励他参加一个"组织雇工"和"组建商会"的会议。石定亮问："你说的'工人'和'工会'是什么意思？""工人""工会"这些词在那里还不常见，大家都说"请人"而不说"雇用工人"，拿工钱的抄纸工也觉得自己是"卖工的"而不是"工人"。尽管如此，马村还是有数百个抄纸工和刷纸工加入了工会，石定亮也不例外。1951 年初，石定亮的亲戚石炳成要求他帮忙组建农会。石定亮再次疑惑了："我们不是工人吗，怎么能加入农会？"石炳成解释道："农

---

[1] 请参见王树功主编的《夹江县志》，第 429 页，第 446 页。关于西南地区的反共活动，请参见 Brown（2008：113 - 25）。

[2] 对石东朱的访谈，1995 年 10 月 28 日。

[3] 对石东朱的访谈，1995 年 10 月 28 日；对石胜凡的访谈，1995 年 9 月 26 日；对石定民和张文华的访谈，1998 年 9 月 15 日。

[4] 谢长富（1988）：《夹江县华头乡志》，第 70 页；对谢长富的访谈，1998 年 9 月 21 日。

民和工人是兄弟，我们有共同的目标，共同的斗争。"石定亮半信半疑，但最后同意了。他成了马村农会的第一批成员。

石定亮的困惑表明他确实用心学习：不管是不是兄弟，农民和工人都属于两个不同的阶级，组织自然也要分开。刘少奇——中国共产党在劳工问题方面的主要发言人，在 1950 年的一次讲话中指出，在城市以外建立工会是"错误的"。农村革命要在农会的领导下进行；手工匠人可以单独组会，但必须接受农会指导。夹江县也只有马村是"试点"：新政策在这里试水——造纸工允许组建工会。刘少奇曾说过这种政策迟早会出问题，很快他的预言就成了现实：工会成员从《工人日报》得知工人才是"国家主人"，他们的地位比新建农会的那些成员还高一级。工会和农会剑拔弩张，直到 1953 年工会解散，这种紧张的局面才消失。①

虽然工会纷纷宣称，起码有些造纸工匠是可以达到"工人"身份的——当时人们已经懂得"工人"身份比"农民"身份更有利。但是，土地改革清楚地传递一个这样的信息：不管从事什么工作，只要是农村人就是"农民"身份。中国当时被定义为"半封建、半殖民地"社会。这一理论认为，封建主义主导中国农村，而殖民主义（既刺激又阻碍资本主义发展）则主导中国城市。因为土地是封建制度下的主要生产资料，所以个人的阶级属性可以依据他与土地的关系来定义。② 毛泽东已经认识到，最初他将农村社会划分出五种阶级成分（分别为地主、富农、中农、贫农和雇农）并没有准确地捕捉到农村现实：在他的调查报告中，特别是

---

① 对石定亮的访谈，1998 年 9 月 18 日；对石东朱的访谈，1996 年 4 月 24 日。

② 毛泽东：《怎样分析农村阶级》。在这篇文章里，毛泽东了承认了农村地区工人阶级的存在，后来就用"雇农"指代农村工人。

在 1930 年的寻乌调查中,他坦言道,许多农民收入的很大一部分源于大宗商品生产、小型贸易、劳动工资和服务业,这让封建阶级关系更加复杂。[1] 此外,还存在一些人,他们的阶级属性是不能用与土地的关系来界定的。从 50 年代起,土地改革指导方针就为这些人预留了空间,其中包括赤贫者、知识分子、传教士、流浪汉,等等。指导方针也提及三个不同种类的工匠:小手艺生产者,手工业资本家和手工业工人。[2] 实际上,这些阶级经常被视为最初的五个阶级框架的不必要补充。华头镇发布的一则公告就是明显的例子。公告上写着:"非农""非封建"这类标签只能用在集市所在地,镇里的其他地区则不得使用。

> 按照划分成分的政策规定,采取自报公议民主评定。张榜公布,三榜定案。全乡划出地主、富农、小土地出租、佃富农、中农、佃中农、高利贷者、摘利生活者、自由职业者、贫农、雇农;街道评出:工商业兼地主、工商业、商人、小贩、贫农等阶级成分。[3]

虽植根于马克思列宁主义思想,但坚持将农村阶级关系定义为封建性也有现实因素的考虑。革命早期即"新民主主义革命"阶段,中国共产党大力笼络城市中的从业人员、店主、小企业家和其他行业的"民族资产阶级"。为了防止土地斗争蔓延

---

[1] Mao Zedong(1990:99,109 - 112)。

[2] 中央人民政府:《中华人民共和国土地改革法》,第 3,5,7 页,载于《土地改革重要文献汇集》,第 2—10 页,北京:人民出版社,1950;收录于同书中的《中央人民政府政务院划分农村阶级成份的决定》,第 37,56—58 页。关于土地改革文献的英文译本,参照 Hinton(1966:727 - 740)。

[3] 谢长富(1988):《夹江县华头乡志》,第 74 页。

到乡镇和城市,阻碍经济复苏、冷落上述阶级,土地改革法规明令禁止没收工商财产。但地方积极分子和土改小组的利益点略有不同:为了调动群众对土地改革和阶级斗争的热情,土改小组需要将可征收、可再分配的财产最大化,所以为了达成目的他们会将造纸作坊看作地主资产而不是商业资产,哪怕这样做违反了国家政策。这种伎俩在偏远的华头乡很容易得手,因为华头乡的监管力度不强。而在离城市较近的马村乡,要达到同样的目的,他们则需要编造更冠冕堂皇的(因此也更复杂的)理由。

土地改革法规允许双重分类:个人会有一个永久的"家庭背景"标签("家庭出身"或"家庭阶级成分")。这个标签可以反映出土改中个人家庭的社会经济地位。另一个则是反映个人当前职业的"个人阶级"标签("本人阶级成分")。二元分类的做法常见于城市,"地主家庭出身的学生"和"小农家庭出身的工人"是常见的分类。[1] 但在农村,双重分类的做法较为罕见,一般假定家庭背景和个人阶级成分一致。不过,双重分类可以合理地解释为什么在封建社会中会有个体工人、工匠和资本家。大作坊坊主常被称为"工商业者兼地主",所以"作为资本家他们应该被保护,但作为地主他们应该被打倒"。理论上讲,他们的"资产阶级"财产——作坊、工具、纸浆、纸——都是受保护对象,耕地和竹林则是被没收的对象。但在实际操作中,土改小组迫于压力更强调"封建性"层面。只有这样,他们的财产才能被没收并进行再分配。没有财产再分配,民众的革命热情会减退。

工人也会被贴上双重标签。主要靠工薪生活的家庭几乎全

---

① Kuhn(1984);Billeter(1985)。

部被划为贫农;但家庭中赚工薪的主要劳力可单独申请"手工业
工人"成分,这些人在土地分配时会被排除在外(但其他家庭成
员不会)。政府鼓励抄纸工和其他长期雇工申请这个成分,可能
是为了减少有资格参与分配被没收财产的人数。显然,有些工
人并不了解申请该成分带来的后果。有人对从前的雇工石荣青
说,"手工业工人"这一成分比农民更"光荣",只有这种成分的工
人才被允许受雇挣工钱。随后他选择了这一成分,发现自己因
此失去了获得土地的资格。①

在马村乡,土地改革工作开始于 1951 年。土改小组由士
兵、外省学生(有些受访者称他们来自广东)、邻乡积极分子组
成。成分划分的主要依据为:年收入超过 40 担(2 400 公斤)粮
食或雇用三个或三个以上劳工的家庭为地主;年收入 20 担到 40
担不等或雇用一至两个劳工的家为富农;年收入 10 担到 20 担
不等或经常雇用短期劳工的家庭为中农;年收入不足 10 担或靠
工薪生活的家庭为贫农。② 石堰地区 150 到 200 个家庭中,有七
户被划为地主,六户被划为富农。最大纸坊坊主石国梁拥有八
个纸槽,他和拥有五个纸槽的石海波一起被划"手工业者兼地
主"。原则上,"手工业者兼地主"的阶级成分可以保住他们的工
业资产,但实际上,他们都被迫放弃了作坊的绝大部分,只留下
了自家劳动力能使用的很小的一部分。③ 即便如此,从地主没收
的财产也只有十个纸槽,堡里的大部分竹林,一些房屋和农舍,
些许家具、衣物、铺盖。这些回报对持久的艰苦斗争显然是微不

① 对石荣青的访谈,1996 年 4 月 19 日。
② 对石东朱的访谈,1996 年 4 月 24 日;对谢宝清的访谈,1996 年 5 月 2 日。
③ 资料来自 1996 年 4 月 24 日对石东朱和石海波的采访。有一种方法可以征收实
  业家名义上受保护的财产,就是让他们偿还债务,还清欠工人的工资。

足道的。石堰尚且如此,那些所有权更为分散的地区,回报之少就更不用说了。

　　表 3 显示的是土改前夕夹江纸坊所有权的阶级成分。1951年,4 750 户作坊共有 4 543 个纸槽,平均每户不足一个。这是因为有些小作坊会和其他作坊共用一个纸槽,绝大多数(87%)的作坊主都是贫农或中农。看纸槽在各个阶级中的分布情况就可以了解财富的分配情况。根据 1951 年的另一份资料,夹江县地主持有 7% 的纸槽,富农持有 12% 的纸槽。换句话说,13% 最富有的造纸人拥有 19% 的纸槽。马村乡所有权分化程度更高,13% 最富裕的槽户拥有 39% 的纸槽。即便如此,这也已经是相当扁平的财富分配结构。不过我们也必须得考虑到这一点,土改在启动之前已经有了均贫富的效果,富裕的有产者为避免被没收而卖掉或者分割财产。

表 3　依阶级成分的作坊分布

乡镇	地主	富农	中农	贫农	总数(户)	纸槽数(个)
河东						
雁江	4	14	36	50	104	122
复兴	—	1	3	32	36	48
马村	27	28	150	212	417	453
中兴	26	24	186	149	385	383
迎江	4	16	101	168	289	334
河西						
永兴	12	8	59	111	190	175
木城	5	14	66	58	143	125
南安	40	61	462	432	995	925
华头	42	89	400	304	835	796

乡镇	地主	富农	中农	贫农	总数(户)	纸槽数(个)
河西						
月莲	36	87	456	331	910	815
麻柳	23	36	152	186	397	315
歇马	7	7	10	25	49	52
总数	226	385	2,081	2,058	4,750	4,543
百分比	4.8	8.1	43.8	43.3	100	

资料来源：工业厅四川档案 1951[13]，1—2。

　　土地改革的成果往往在群众大会上庆祝，通常以公开处死地主或其他"阶级敌人"为高潮。[1] 民国时期，河东河西的政治暴力形式明显不同，但这并不是说河东更和平：石定亮回忆道，马村乡民兵掏空树木做迫击炮，轰炸与之相邻的张堰县里的强盗。杨孝成——中兴镇镇长、中兴袍哥会的最高头领，一个欺骗性的槽户合作社的副主席——在一个群众大会上被处决了，尽管他的追随者们大声地、持续地抗议。不过，跟华头河岸（稚川溪——译者注）边召开的另外一个群众大会相比，这样的对抗无非是小巫见大巫而已。在那个大会上，四个乡镇的 7 000 多名男男女女奔赴而来，搭建起一个灵棚来纪念那些旧社会的牺牲者：他们受害于地主的剥削，国民党的统治，征兵，无偿劳役，饥荒，盗贼和奸污。大会以公审并处决一个有名的匪徒头领而结束。[2]

---

[1] 四川地区相似的例子，请参见 Ruf(1998:86 - 87)；Endicott(1988:25 - 26)。
[2] 谢长富(1988)：《夹江县华头乡志》，第 74—75 页，第 278 页。

向集体造纸过渡:1952—1956年

对"地主"财产进行再分配之后导致大多数槽户只拥有作坊的一部分:1/3个篁锅,半个池窖,几面晾纸墙。在农会积极分子的带领下,从前的雇工和贫农开始将劳力和设备都汇集到互助组。第一批互助组成员主要是亲戚和邻居,以非正式的方式换工,和他们过去做的一样。石堰的远益合作社由七名贫农和中农组建,全是石氏"定"字辈和"升"字辈的成员。远益合作社乐于接纳新成员,慢慢地合作社有了20到30名技术娴熟的工匠,几个纸槽,一个篁锅和大片的竹林。1953年,第一批"互助组"改为"手工业合作社",在规模和结构上都和当时农业上"初级生产合作社"一致。手工业合作社的生产设备是公有的(虽然成员也可以退社)。成员推举一位领导来分配工作,同时还配有一名会计和出纳。每个合作社包括家眷大约有150名成员。技术娴熟的工匠就专注造纸,而技术不熟练的家庭成员就照顾田地,在蒸煮竹麻的季节打下手。①

早期合作社并非按地域来组建。比如远益合作社,最早建于加档桥(石子青建立的市场街),逐渐吸纳了周边大部分槽户。不懂技术的人并没有入社(当时那片地区还未成立农业合作社),那些懂技术又不想入社的人也可以不加入,全凭个人意愿。但自从1956年的地毯式集体化运动后,这种灵活的组织形式就消失了。农业方面,高级生产合作社取代了先前的私人生产者

---

① 对石定高的访谈,1995年11月3日;对石定民的访谈,1995年11月7日;对石东朱的访谈,1995年11月7日,1995年11月13日;对石兰婷的访谈,1995年11月8日。

组织、互助组和初级合作社。高级生产合作社和之前的组织形式不同，它是按地域划分的，囊括了该地区的边边角角。所有农村居民都要入社，每一个地方都必须，而且只可以属于一个合作社。这一体系中的成员身份取决于居住地，而非职业或自由选择。从行政管理的效率和社会控制意义上，合作社的地毯式覆盖和地域性划分是人们所希望的，却难以与工农业功能分离的原则组合在一起。为了解决这个问题，政府依次尝试了两种方法：一种是设置两个功能不同却涵盖同一地域的行政机构，分别管理槽户和农民；另一种是设立一个单一的、双重目的的管理机构，同时管理这两个群体。

1956 年，夹江县 108 个手工业合作社并成 31 个大型"造纸生产合作社"。一般一个村庄一个高级合作社，每个合作社平均有 140 名工人。[1] 所以，有这样造纸合作社的村子如今在同一地理范围内有两个合作社单元，各自有其社长、经济预算和管事人。用槽户的话说，就是"工农分了家"。[2] 由于造纸收入远高于农业，所以每户家庭只可以挑一个人进造纸生产合作社——这个人经常是给家里带来最多收入的人。一个无意之中的后果是，将"工人"和"农民"分开的那条线出现在村子里和家庭中；另外一个后果是，性别之间的不平等加剧了，因为绝大多数能干的男人加入到造纸合作社，而高级农业合作社则包括了妇女、儿童、老人以及没有技能的人。"分家"也给管理人员造成困难。造纸生产合作社和农业生产合作社不得不争水争地，争竹子、燃料、劳力和管理人才。[3] 此外，在村子这一规模上的造纸合作社

① 1952 年，"堡"改为"村"。（详见 1996 年 5 月 2 日对谢宝清的采访）
② 佚名：《夹江纸史》，第 10 页。
③ 对谢宝清的访谈，1996 年 5 月 2 日。

大而无当：每一个大造纸合作社都包括四到五个作坊，散落在不同的山上，社长发现自己不得不花很多时间走窄窄的山间小路从一个作坊跑到另外一个作坊。不足一年以后，这些大型造纸合作社在 1957 年被拆开成 60 个小型的"工农混合社"。比如，远益合作社的作坊从四个砍到两个，有 80 个工人和二三百成员。[①] 正如"混合社"这个名字所表明的那样，社里包括有技能的造纸人以及没有技能的工人，这些人在田里劳动，或者根据季节性的需要在作坊里干活儿。在石堰人的记忆中，他们认为这种"混合社"要比专门的造纸合作社好，尽管他们仍然觉得规模还是太大。

踏入国营部门

在疯狂的"大跃进"席卷中国之前，"混合社"算是最后一项理智的举措。尽管"大跃进"在说法上着重小型的、本土的技术以及均衡发展，总体上"大跃进"的政策对手工业生产并不友好。正如李思勤（Carl Riskin）指出的那样，"大跃进"期间建立的行业"在成型阶段依靠整合地方工业和手工业设备设施……再分配或者说'原始社会主义积累'，……是'大跃进'中工业'两条腿走路'的主要资源基础"[②]。在夹江县，60 个"混合社"合并为 16 个国有"工厂"，共有职工 2 500 人。这些"工厂"徒有其名，生产方式还和从前一样，全靠手工。唯一的改变是工人待遇：有一个短暂的时期，工人的待遇几乎就像是城市产业工人一样，每月有

---

① 对石兰婷的访谈，1995 年 11 月 8 日；石定民，1995 年 11 月 7 日；石东朱，1995 年 10 月 3 日；1995 年 11 月 13 日。

② Riskin（1971：263；1978：78–83）。

30 到 40 元的固定工资,充足的粮食配给以及特别的营养品,也发橡胶靴和防护服来隔离苛性碱。此外,和城市职工一样,工人可以每周休一天假。政府承诺给他们假期、养老金和免费医疗保障——这些承诺都没有变成现实,因为不久以后工厂就关门了。① 土改以后在造纸地区被废除的工会又得以复苏。同时,一小部分技术熟练工人暂时被纳入国有部门,剩下的造纸工人则被更固定地整合进农业性劳动单位中。不懂造纸的人和约 80% 没有进入工厂的造纸工都作为一般农业劳动力加入人民公社。

登记入档的造纸工的数量——在不同资料中被称为"造纸人口""工业人口"或"非农人口"——在集体化时期急剧下降。1951 年,在工业厅的报告中夹江县的非农业人口占其总人口的 51%。另一份出自同一年的文献称夹江县有 43% 的人口"以造纸维持生计"。② 这些数字包括兼职造纸工、给家里打下手的劳力、在运输和相关行业受雇的从业人员。第一次详细清点造纸作坊的工作——发生在 1951 年——得出的结果是,夹江县有 14 006 人或者说 8% 的人口是全职且长期在造纸业工作。③ 为了验证这一数字的准确性,工业厅估算了"剩余劳动力"的规模,得出的数字也是 8%。④ 所谓的"剩余劳动力"就是当地农业所能承受的最大限度的超额人口。这 8% 的人口在当时被视为造纸工业不可或缺的核心,他们也被默认为会全职从事造纸工作。1955 年,合作社专职造纸工降到总人口的 4.8%;在专业造纸合作社阶段,这一数值降到 2.3%。1957 年的"混合社"社员迎来

---

① 对谢宝清的访谈,1996 年 5 月 2 日。
② 关于"城"与"乡","农"与"非农"的详细定义,请参见 Martin(1992)。
③ 工业厅 1951[13]。
④ 对谢宝清的访谈,1996 年 5 月 2 日。

短暂的上升期,登记入档的造纸工达4.2％。但在国有造纸工厂阶段,这一数值再次下降,仅剩1.4％。数值虽然下降了,但并不代表这些消失的人们不再造纸。比如在华头镇,只有四分之一的造纸家庭加入了专业造纸合作社;其余的都加入了标准农业生产合作社,在那里造纸只是一项"集体副业",一直在进行。[①]在整个集体化期间,对手工纸的需求都很旺盛,并且工业管理部门也支持高级合作社来生产纸张。不过,作为"副业合作社",他们得到的粮食配给仅仅按照口粮标准,不像给专业化造纸单位的人那么多粮食工资。

合作社下的生活

造纸本就需要家家户户展开广泛的合作,所以造纸工感受到的集体化或许远不如农民那样强烈。对雇工来说——大部分石堰人都是如此——集体化不过是换了一批老板;对小作坊主来说,集体化不过扩展和深化了习惯上的互助形式。工作上的常规日程基本上没有改变:每天的工作内容是一样的,六七个人围着一个纸槽工作,只不过现在纸槽都集中在一个屋顶下。计件工资仍是结算工资的主要方式,任务还是和以前一样按性别、技能、年龄来分配。一些较大的私人作坊短暂的一段时间被拆分了,之后又得以回复。因而,人们经历的集体化主要是在所有权上发生了一种变化,于每天的劳动过程并无多大影响。在石堰人的记忆中,50年代初是个富足的年代——如果以1945至1949年之间缺衣少食的日子为参照的话,当然如此。由于纸价

---

① 对张学林的访谈,1998年9月22日。

高,纸坊的工资自然也高出农业合作社许多。一个抄纸工每天只要做 1 000 张对方纸,一个月就能拿 24 元到 30 元,这样的工作量对他们来说轻而易举。刷纸工和打浆工的月工资在 18 元到 24 元左右,非熟练工人大约有 20 元。这样的工资标准在一块钱能买六七公斤一级大米或一公斤猪肉的年代是很高的。[①]比货币工资更重要的是国家粮食供应。国家粮食局每月发给合作社抄纸工 17.5 公斤糙米,刷纸工人和打浆工人 15 到 16 公斤糙米。合作社将部分补贴以奖金形式发放,剩下的并入非造纸人口的最低粮食配置分给全体社员。造纸工也像城里人一样,需要花钱买政府的补贴粮,但价格低,以至于民众会认为粮食是工资的一部分而不是商品。[②] 川蜀地区,大米、猪肉和酒向来是美好生活的象征,在 50 年代初,很多造纸工粮食储备充足,每天都能吃上米饭,还可以养一两头猪,甚至有余粮酿酒。加档桥市场街上涌现许多茶馆和葡萄酒摊;临近的杨边村村民素来以精明自居,最爱请四川戏曲剧团来村里表演,请电影放映队来村里放露天电影。[③]

对技能的提取

造纸地区土地改革和集体化不仅重新分配了土地和作坊,也重新分配了技能和知识。经验最丰富的作坊坊主——他们往往也是最富的人——面临着巨大的压力,他们必须将自己的知

---

① 对石定民的访谈,1996 年 11 月 7 日。
② 和城里人一样,造纸地区领国家粮食补贴的人也有一本"粮本",上面记录着个人的粮食配给量和透支情况。
③ 对石兰婷的访谈,1995 年 11 月 8 日。

识与邻居和国家代表人分享。尽管土地改革说是客观的、非个人化的，实际上对人的奖惩都依据当事人态度而定。对富裕的作坊主来说，一件能提高自身筹码的可行之事便是明确地表明自己接受新政权并乐于帮助穷邻居，比如将自己的某些技能教给他们。在石国梁身上，用技能换取宽大处理这一原则得到官方认可，哪怕这认可来得太晚了。在石国梁被处决之后，县政府修正了判决，不是因为认为判决太过分或者不公正，而是"因为一个有如此宝贵知识的人应该被派上用场，而不是被枪决"①。

阶级界线的另一侧是雇工和小槽户，他们都是土地改革的受益者，因而认同社会主义国家制定的目标。特别是那些雇工，他们要么是积极分子，要么是领导者。他们与工业局展开密切合作，尤其在传承技术知识方面。然而，新政权之所以能较多地获得当地知识在于这样的事实：社会主义似乎消除了知识保密的必要性。过去的槽户将技艺和知识看作"铁饭碗"：只要他们独有某一类纸的制作方法，他们的生存就有保障。然而，现在社会主义国家给出了更加稳固的生存保障，其形式为长期劳务合同以及稳定的粮食供应。如此，保密和竞争就都是旧时代的事了：在社会主义社会，每个人的生活都稳稳当当，因而知识也可以自由流通，造福大众。

1950 年，夹江县政府召开槽户代表会。政府告知与会代表，国家会为造纸提供粮食、原材料和技术支持。为了回报国家，包括作坊主、纸商、工人在内的所有相关方必须努力改变效率低下的局面。如果造纸人想要让国家供给粮食、漂白剂和苏打，他们就必须提供准确的需求信息；如果他们想要技术指导，就必须让

---

① 对石定民的访谈，1995 年 10 月 16 日。

外来的观察者进入作坊。整个 50 年代，工业局的专家（在 1953
年引入市场控制后，工业局成了造纸业的主要行政支持者）详细
地记录了纸张的生产方法。收集的信息随后被筛选归类；在对
比了不同地方不同作坊的生产技术之后，工业局挑出了最优生
产方法。这项工作的大部分都是在"样板作坊"内完成的。省政
府下令，所有的造纸地区都必须建立"样板作坊"。① 知识一旦被
提炼、被检验、被记录之后，就可以传递给更多的受众。传播最
常见的媒介就是调查报告。调查报告供内部行政管理使用，常
用标准化语言编写，注重细节，清单表格详尽。此外，带有越来
越详细的平面图和剖面图的技术报告也经常刊登在省级和国家
级行业期刊上。期刊提供的技术解决方案似乎都很好地依据造
纸区的当地条件进行了调整，大多设备都很廉价（建造一架用水
来推动的纸臼可以用 80 元；改进过的篁锅盖能大大地减少蒸竹
麻的时间，只需要 20 元），而这些可以用石头、木头、竹子和其他
当地原材料建成。②

但是，"样板作坊"的技术并没有被夹江地区的作坊采用，原
因下面会提及。技术传播的方向主要是从夹江向外辐射的。工
业局号召夹江人走向四川边远山区，帮助当地人们建立造纸工
业。1958 年到 1961 年，石兰婷在凉山的马边县度过"大跃进"的
多数时间。她后来成为石堰的妇联主任。马边县人口稀少，竹
林资源丰富，居民大多都非汉族（主要为彝族）。马村有 100 多

---

① 夹江模范纸坊于 1951 年建立，1966 年停产，期间数次因资金缺乏、管理不善而被
迫暂停营运。

② 参见杜时化：《手工竹浆的制造及其改进方法》，载于《造纸工业》1957 年第 7 期，第
25—29 页；陆德恒：《手工纸生产中的技术革新》，载于《造纸工业》1958 年第 6 期，
第 12—13 页；四川省手工纸生产技术经验交流会：《手工纸生产中使用代用原料
和改进生产工具的经验》，载于《造纸工业》1958 年第 4 期，第 14—15 页。

个志愿者响应政府号召，前往省界帮助那里的"兄弟姐妹"，石兰婷就是其中之一。她依然记得在遥远的山区辛勤工作多年，但和夹江不同的是，那里食物充足，她的粮食甚至吃不完，要知道当时夹江人都在饿肚子。50 年代末这种人口迁移政策在"文化大革命"期间再次出现，这又是一场强调民众动员和志愿工作的运动。1976 年，王玉兰被派到陕西协助建立造纸厂。和石兰婷一样，她也认为造纸基本技能的传授本身不难；她称，所有人在几个星期内就可以学会刷纸和抄纸。她们认为真正的问题在于种田的男女青年无法适应造纸的单调以及作坊中的严格规矩。[1]她们和其他当地居民一样都认为，造纸工作所需的能力扎根在造纸区的"水土"中。[2] 传播活动没有顺利开展，这一经验似乎也为这个说法提供了佐证，或许我们可以学术性地用"历史上形成的规范和社会结构"来代替"水土"这个语汇。

但是夹江地区造纸技术在根本上没有改变。其中的一个原因是，夹江的造纸作坊已经接近手工造纸的技术临界点。除了"吊帘子"装置，夹江没有引入任何新技术。"吊帘子"就是把纸帘架挂在车间天花板上，这样可以减少抄纸人员的背部压力。但即便如此，抄纸工仍嫌这种做法太碍事，并且没过多久又换回先前的方法。

专家说了算

夹江地区的造纸工和许多其他农村人口一样，也受到来自

---

[1] 对王玉兰的访谈，1995 年 10 月 24 日；对石兰婷的访谈，1995 年 10 月 23 日。

[2] 对于河西纸质劣于河东，也有类似的解释，因为不同的"水土"，河西槽户无法从事精细、谨慎的工作。

国家权力和 20 世纪科学知识的双重洗礼。社会主义中国热衷于在列举和分类中生成它设定的描述对象：农民、工人、地主。国家在夹江县推行政策针对的是个体，连每个人摄入多少热量都要接受管理。同时，个人也按职业和阶级划分成不同类别。之前由个人或家庭策划的事宜现在都由国家接管，比如市场营销和工作任务调度。先前"埋藏"在造纸匠手中的知识，如今国家指派的专家以"公众利益"的名义要求获得。在很多方面，这是 20 世纪技术官僚精英将知识和权力聚集在自己手中的常见情形，或者是发生在急剧现代化国家里的故事。[1] 不过，从当事人的实际感受而言，生活水平的真正改善，却并不是发生在革命、土改和合作化时期，而是发生在 80 年代的改革开放以后。50 年代除了政治运动，社会关系基本上保持不变；性别和辈分规范上的变化也很缓慢。最重要的是，日常工作也没有改变，睁着眼睛的大部分时间还是在作坊上班，工序也和先前一样。

当然，记忆会根据当下重构，90 年代末的访谈对象也可能淡化了变革的剧烈程度。但是，他们都道出了一个重要事实，这个行进在现代化路途上的国家也有不足之处：一个进行现代化的社会主义国家秉持这样的观点，社会生活最终取决于对生产过程中剩余价值的创造和提取，它施加了强大的控制力，却让工作的实际情况全然不发生改变。社会主义国家有足够的能力大刀阔斧转变工作体验，[2]却常常保留资本主义结构或旧式组织结构，或照搬资本主义的管理和控制模式。产生这种结果的原因是系统性的：迈克·布洛维（Michael Burawoy）和帕维

---

[1] Mitchell(2002)；Scott(1998)。

[2] Kotkin(1995)；Siegelbaum & Suny(1994)。中国事例，请参见 Rofel(1999)。

尔·克罗托夫(Pavel Krotov)认为,由于供应不稳,生产设备不均且陈旧,工人不得不靠自己来处理工作中出现的各种问题,所以国家规划部门不得不放权,让工人对生产拥有更强的控制力。他们还指出,为了顺利完成计划,管理人员只能放宽配额要求,让权给工人以完成计划。①

夹江造纸坊停滞不前的原因有多个,每一个本身都足以造成这样的结果。最明显的莫过于国家对手工作坊投资的不重视。政府要求作坊"自力更生",在国家投入不足的情况下改造自己。夹江县和其他地区发明的廉价、实用、符合本地水土的技术本可以转变地方造纸业。实际上,它们也的确改变了这一产业,不过整整晚了 30 年才派上用场,改革开放后的家庭造纸作坊兴高采烈地使用钢制高压蒸锅、机器打浆设备以及其他在"样板作坊"中发展和改进的各种技术。在集体化阶段,造纸工虽然了解这些技术却无法应用,因为所需的材料他们没有。手工造纸所用工具几乎一律用石头、木头和竹子做成;就连刀和斧头都短缺。就算农村合作组能有高压蒸锅和打浆机,这也需要烧碱、煤、柴油等材料,这些都是供应缺乏的配给物资。

中国的发展策略虽然付出了巨大的社会代价,但它最终还是将中国变为一个工业大国,所以对其指责太过缺失公允。当时中国的国际环境恶劣,受限诸多,又想在最短时间内实现工业化,将重工业和国防业的发展置于手工匠人和农民之先,当然也不无道理。但是,在做出不发展夹江造纸业的决定时,钢铁短缺、材料不足都不是主要的因素;起更大作用的似乎是一种僵化的逻辑——它将技术发展水平与一定类型的所有权,将

---

① 请参见 Burawoy & Krotov(1992)。

所有权类型与地位和权利资格连在一起。正如毛泽东强调的那样，手工业很快让位于机械化工业，手工匠人也将演变成工人。造纸人和国家规划者都将这理解为，这意味着任何形式的机械化都可以让集体作坊升级为国营所有权，它们的工人能被包括进新兴的城市供给体系当中。造纸工认为机械化就像一个魔法棒，让他们摇身一变成为工人。工业局的干部也从权利资格的角度来考虑机械化，因而这会潜在地推高而不是降低生产成本。在工业局的文件中反复出现的担心之一便是，机械化的苗头会让大家蜂拥进入造纸业。1958 年之后这种情况确实发生了。

工业厅进退维谷。一方面上级要求将落后的手工生产转变为现代工业，一方面又不能让手工匠人进入国有部门。工业厅希望夹江县能实现"民主化""合理化""企业化"，在国家不插手的情况下，手工业合作社能自力更生。这是一个自发的"自我泰罗制化"过程（即科学管理——译者注）。造纸合作社增大职业分化，加强劳动纪律，免去松弛时间，最后慢慢重组劳动过程，劳动生产率也随之提高。重组之后，机械化自然会出现，就像最后的奖励。但实际情况显然不是这样：造纸工一方面热切地想要实现工业化，另一方面却不愿意不断进行自我剥削和去技能化来推助工业化。最后，造纸业还在原地踏步，仍然是手工集体化形式，造纸工对劳动过程的控制也是沿用以前的工艺。很快他们就发现，他们为此付出的代价是大范围去工业化。

第六章 "大跃进"、困难时期与农村的"去工业化"

从 1959 年到 1961 年,天灾加上人祸,在农业方面导致了严重的困难。[1] 四川省所受到的影响,又尤其严重。[2] 在夹江县,"大跃进"的政策也一如常见的模式:在农业上的夸大其词、试验和浪费,在工业和基本建设上极端的劳动力投入。[3] 农田犁了半米深,满满覆盖着肥料(主要是拆毁房屋的房土),粮食种植密度是以前的两倍。[4] 这些田地里的农作物长满了叶子和茎秆,却不结粮食。公社想着"科学化的"密集种植可以带来大丰收,因此减少了粮食种植面积,在大食堂为公社成员提供无限量的食物。人们还可以在无人售货台随便拿水果、饼干、酒和香烟。[5] 农村地区超过三分之一的人口被分配到了基础设施建设和国有工业"高昂的生产战斗"中去。[6] 每个镇都动员上千工人建设炼钢炉,

---

[1] 参见 Kane(1988);Banister(1987:59 - 60;83;85)。

[2] 参见 Bramall(1993:297)。曹树基(2004)在《1958—1962 年四川人口死亡研究》报告中指出,四川全省非正常死亡人口多达 940 万,占灾前全省人口总数的 13%。

[3] Potter & Potter (1990: 68 - 82);Domenach (1995);Yang (1996: chap. 1)。

[4] 张文华(1990):《夹江县马村乡志》,第 38 页。

[5] 这些售货台是人们对那个时期仅存的几段美好回忆之一。很长一段时间,人们消费任何东西都要付钱,他们估摸出总价钱,然后把钱放在台上的盒子里。孩子们偷拿了几块饼干都算得上是一件非常丢人的事。(资料来自 1995 年 11 月 2 日对石荣轩的采访)

[6] 请参见王树功主编的《夹江县志》,第 503 页。

这消耗了大量的木头和竹子，却只产生出了没用的铁块。夹江县的一个基础设施项目——"大跃进"灌溉渠，在第一次注水使用时渠道就发生了塌垮，另外一个项目——茶坊水库，在 1961年时决坝，对三个镇造成了严重破坏。①

与农业相比，国有造纸厂和"以造纸为副业的集体"还相对清醒一些。造纸厂工人不用参与钢铁生产和基本建设，因此可以像原来一样继续工作。工厂的领导者们制定夸张的产值目标，每个纸槽每天要生产5 000张纸，这是平常最高实际产量的四倍。领导们解释说，如果他们不过分提高产值目标，上一级管理者照样会这样做。② 在石堰的第五国营造纸厂向上虚报工人数量，来获取工资和粮食供给，透支工厂的银行账户。他们可以这样做是因为信用额度是和上报的产值相关的。透支额和多余的工资都被分到了工厂职工手中。一位从前的会计说，这样的做法很常见，并不会带来多大风险，"查？查个屁！当时查不出来"③。

1959 年，夹江的粮食产量比上一年减少了 15％，主要是由于种植粮食的土地面积减少。同时，稻米征购量从 1958 年的每个人头 103 公斤涨到了 1960 年的 136 公斤，大量粮食从四川运到了其他省份和苏联。④ 粮食供应量从 1958 年的每人 254 公斤降到了 1961 年的 121 公斤。人口的死亡率有了显著的上升，这在该县表现得尤为突出。⑤ 在最高峰时，这个县的人口死亡率差

---

① 请参见王树功主编的《夹江县志》，第 143 页。
② 对石东朱的访谈，1995 年 10 月 31 日。
③ 同上。
④ Walker（1984：8 - 81）；Bramall（1993：325）。
⑤ 请参见王树功主编：《夹江县志》，第 82 页。

不多是全省平均数的两倍,而当时四川省又是全国的重灾区之
一。[1] 当平原地区和邻县的粮食转让中断时,造纸区的粮食分配
体系就成了"大跃进"的第一个牺牲品。国营造纸"工厂"的2 500
名职工大多能免于饥荒:和其他国营部门的职工一样,他们仍然
能得到粮食供应,只是额度减少了很多。但是,绝大部分的造纸
工人已经被融进农业劳动力,像其他的农民一样,他们也不得不
自行谋生。当国家不再供应粮食时,饥荒就持续产生了:1959
年,有稻糠吃的人就已经算幸运的了;1960 年,人们把玉米棒子
和树皮磨成面粉吃。马村乡的集体单位引入了一种非常严格的
分配定量:给予婴儿每天二两带壳稻米(毛粮),儿童四两,老人
六两,劳动妇女(定义为"半个劳动力")八两,男劳动力一斤。一
些粮食专门留给患有饥饿水肿的人,这救了很多人的命。[2] 当
然,挨饿的程度也要视具体的社会地位而定,戴着帽子的地主和
富农,相比社队干部而言,自然就处于显著的劣势。我访谈过的
一个人,其父亲和祖父阶级成分不好,在饥荒初期就死掉了。情
况也并不完全如此:石堰第二生产队的一个队长是一个非常实
在的人,他是队里第一个死掉的。[3] 在饥荒结束时,一些山里的
乡镇劳动力损失严重。

纸张生产仍在继续,直到人们不再有力气去工作。1960
到 1961 年,造纸厂完全没了纪律;作坊被抢劫一空,所有能卖
的东西都被拿到平原去换取食物。同年,槽户们开始砍伐竹子
卖给平原上的农民。那些挨饿的槽户们还被动员去抵抗蝗灾,

---

[1] Bramall (1993:293)。

[2] 对石定高的访谈,1995 年 1 月 7 日。王树功主编:《夹江县志》,第 270 页,第 567 页。

[3] 对彭春斌的访谈,1995 年 11 月 12 日。

而饥荒毁掉的竹子比蝗虫毁掉的多多了，这只是"大跃进"时期诸多讽刺中的一个。1960 年，在男女老少搜遍了全山的蝗虫卵之后，这场为期四年的抗蝗战斗被宣告胜利结束了。那时，造纸者们已将大片竹林连根拔起，在山坡上种上了玉米和红薯。

到"大跃进"后期，夹江造纸地区的人口密度差不多和从事农业的平原地区相同。在造纸业最集中的十个镇，平均人口密度是每平方米 242 人，在农业镇是每平方米 273 人。马村（275 平方公里）、中兴（312 平方公里）和龙沱（354 平方公里）与那些肥沃平原上最发达的乡镇人口密度差不多。三年困难时期对造纸地区的影响要远远大于平原地区。夹江西部一些造纸的乡镇在饥荒前最后一次和饥荒后第一次人口普查期间，人口减少了四分之一（24%），而从事农业的乡镇只减少了 4%。[1] 人口损失在一定程度上也与距县政府所在地的远近相关，华头乡和麻柳乡那些偏远、难以到达的地方，人口损失特别多。但是，距县政府仅仅需要步行几个小时的南安乡，也失去了四分之一的人口。这与造纸人口的规模具有更深的关联。1951 年，华头和麻柳分别有 43% 和 34% 的人口从事造纸业，三年困难时期失去了40%；龙沱和南安，以前有 47% 的人从事造纸业，分别失去了31% 和 26%；中兴（28%）失去了 22%。[2] 从中国 20 世纪 60 年

---

[1]《夹江县乡镇概况》，1991。作者无法得到各乡逐年的人口数据，人口损失的数据来源为内刊发布的 20 世纪 50 年代（大多乡镇人口统计都集中在 1953 年前后）和 60 年代（大多为 1964 年）的人口统计报告。关于这些数据及其局限性的详细信息，请参见 Eyferth（2003）。

[2] 马村乡槽户人口占全乡总人口的比例更高，但其损失人口却只占总人口的 8%，算是一个例外。马村乡靠近县城，与县政府官员关系不错，又是模范造纸村（非官方认证），这或许能够解释为什么马村的死亡率较低。

代的人口增长来看,尽管遭受了巨大损失,受灾害影响地区的人口仍然可以很快恢复。而对夹江山区来说,人口直到 20 世纪 90 年代才得到了全面恢复。从 20 世纪 50 年代到 1990 年的人口普查表明,尽管夹江的农业人口很快超过了三年困难时期前的水平,但造纸山区的很多乡镇人口增长却仍然很慢。总体来说,造纸乡镇在 30 多年里人口增长了 35%,是夹江东部地区增长率的一半。那些独立的乡镇增长更少:在华头乡,1951 年到 1990年间人口只增长了 19%;木城乡增长了 9%;龙沱乡增长了7%——这足以表明这里的长期贫困状况。

恢复……

1961 年,石定亮(前工会和农民协会的积极分子,后来升至马村公社党委书记)和其他几位公社领导共同向中央政府写了一封请愿书,请求因为对造纸业管理不善而接受惩罚。造纸业的倒闭不管怨谁,都不该是公社领导,在造纸作坊转变为国有"工厂"时,他们就已经失去了控制力。但是自责却是唯一的可令人接受的、能引起别人关注的方式:指责别人可能会让人以为他们反对省里或者中央的政策。马村公社的党员们已经向县城、地区和省政府求助,却徒劳无功,因此才采取了这种极端手段。县级政府同情他们的遭遇,但表示"他们没有实际权力";在强硬派李井泉领导下的省政府无视他们的来信。在他们把请愿书寄到北京两个星期后,一队来自北京、成都和乐山的领导人车队突然来到马村公社。石定亮做的第一件事就是赶走围观群众:"他们许多人肚子都很大(饥饿引起的浮肿),我们不想让领导觉得我们是在示威游行。"在接下来的讨论中,石定亮与指责他夸大事实的工业局的同志们展开了争论。最后，会议要求石定亮起草一份补救方案。他强调三点：对全职槽户的粮食供应应该提升到每人 39 斤，纸张价格应该提高到每万张纸 150 元，每个造纸者应该允许有一分自留地。① 这些建议被采纳；在马村公社试运行一段时间后，这些做法扩展到了夹江、洪雅和峨眉的所有造纸区域。②

石定亮的补救方案与中央政府的政策相符合，旨在复兴崩溃的经济，改正"大跃进"时期所犯的错误。公社的六十条条款规定，公社应该在最近几年内不再经营新企业。所有不能达到正常生产目标、群众不欢迎的企业无一例外都应该停止运营，转由手工业合作社和生产队管理，或者转型为个体手工业。③ 这些条款还规定，农村的手工艺品必须"直接服务于农业生产或农民生活"。1961 年出台的几乎不为人知的关于手工艺品的三十五条条款规定，在之前手工业基础上形成的国有和公社产业都应被解散，资产返到低一级单位中。因为"农村人民公社的手工业工人，同农业的关系特别密切，除了某些手工业集中地区，一般不建立生产合作社。这些手工业工人，可以继续参加生产大队或者生产队的手工业生产小组。除了某些必须常年生产的以外，都应该实行亦工亦农的原则"④。后来的规定详细说明了专门的手工艺品合作社应该集中在县政府所在地和集镇。在农

---

① 原则上，每个地区的自留地面积不能超过总耕地面积的 7%。也就是说，马村人均自留地面积只有数平方米。

② 对石定亮的访谈，1996 年 4 月 22 日；对石东朱的访谈，1996 年 11 月 7 日；佚名：《夹江纸史》，第 12 页。

③ Selden (1980：522 - 23)。

④ 详见中共中央文件：《关于城乡手工业若干政策问题的规定》，又称《手工业三十五条》。

村,标准模式还是在生产队管理下的"半工半农手工业生产"。①

尽管将"大跃进"时期那些大型的、效率低下的产业分散化十分有必要,但是这些规定远未能帮助手工业恢复到"大跃进"之前的状况。除了集镇上的编篮子、造工具这类小合作社以及农村的个体手艺人,所有其他手工艺者都被合并到农业劳动力当中。供应城市市场的农村商品生产——直到 20 世纪 50 年代,这在中国农村很普遍——还没有被禁止,但是已经失去其合法性。造纸业像其他手工业一样,还在继续进行着,其规模受到大幅缩减。在夹江,当"国营造纸厂"被解散之后,造纸作坊都转由生产队管理。② 最初,人们都很乐见这种变化,认为这种"大跃进"后的农业生产组是前期"混合合作社"的延续,农业和工业能够灵活地结合。与这次重组相伴的,是粮食补贴和资金注入,意在共同复兴崩溃的产业。第二轻工业局(曾经的手工业局)在"大跃进"时期主管造纸业,现在被要求赔偿因国有工厂而带来的损失。仅仅第五造纸厂就有差不多价值 33 万元的造纸设备;"大跃进"过后,仅仅剩余了不到十分之一。作坊被拆毁,竹林被砍伐,晾纸墙倒塌了,纸浆都烂在了缸里。并非所有的损失都得到了恢复,但是省轻工业部向造纸生产队提供了 12 万元的无息贷款。③ 更重要的是,槽户们又能得到充足的粮食配给。1961年,废除了在造纸地区对"工业"人口特殊的粮食供应制度。县粮食局还给在造纸区的每个人提供生存口粮,轻工业局还引进

---

① 中央手工业管理总局、全国手工业合作总社:《关于 1963 年进一步开展整社和增产节约运动的指示》,载于《中国手工业合作化和城镇集体工业的发展》第 2 卷,第 307—311 页,此处见第 308 页,北京:党史出版社,1994。

② 请参见王树功主编的《夹江县志》,第 221 页。

③ 佚名:《夹江纸史》,第 12 页。

了和产量相关的奖售粮，每一万张一级"对方纸"可以给予 200 斤粮食，二级纸 150 斤，三级纸 100 斤。除此以外，生产队还对于高质量纸生产给予棉布奖励。这相当于每个工人每天可多收入 1—2 斤粮食，足以让造纸业像以前那样吸引人了。由于粮食配给量和销售价格的提高，造纸业很快恢复了。1962 到 1965 年的三年间，造纸工人又可以赚取足够的粮食来养活自己、饲养牲畜了。

在三年困难时期，夹江许多地区的造纸厂都不再归集体控制。1958 年之后，集体制度已经彻底崩溃了；被委婉地叫作"伙食堂下放"，实际上就是完全将任务下放到家庭。[①] 在河西，大部分人都从来没感受过集体发挥作用：集体化在 1955 年才在河西执行，接着就是匆忙的重组，再接下来就是三年困难时期。在河东，集体制度发挥更好一些，但是，很多生产队还是恢复到了家庭生产，被称为"包产到户"或"包产到组"。1962 年，夹江 41％ 的农业生产都变成了家庭生产。[②] "土地是集体的，竹林是集体的，生活各管各的。"在这样的口号下，生产队将造纸作坊租给家庭或家庭小组，收取管理费，让他们自己经营。轻工业局的同志注意到了这些做法：像谢宝庆，一位轻工业局的前领导，承认河西 80％—90％ 的造纸生产队都实行家庭或小组生产，但是河东大部分作坊还是在集体控制之下。[③] 同时，纸张贸易也不再掌控在国家手中。随着城市经济的恢复，城市商店和工作单位派采购员到夹江，直接向生产者购买纸张，造纸区生产队的代表们也

---

① 对石定高的访谈，1995 年 11 月 7 日；对张学林的访谈，1995 年 12 月 4 日。

② 请参见王树功主编的《夹江县志》，第 91 页。

③ 对谢宝清的访谈，1996 年 5 月 2 日；对杨远金的访谈，1998 年 9 月 22 日。

开始在黑市和灰色市场上销售纸张。[1] 1962 年,国有贸易公司仅仅购买了 197 吨纸,是历年来的最低购买量;相比之下,差不多 200—300 吨的纸张是由黑色和灰色市场的商贩购买的,他们比国有采购者每张纸多付 30% 的钱。[2] 奖售粮必须在这样的背景下理解:不仅用于帮助产业恢复,国家还想通过这种途径重拾对造纸产量的控制。

……再次衰退

1965 年以后,造纸地区的人民生活又一次开始快速衰退,像从 1962 年以来发展的速度一样。主要还是因为粮食问题。为了响应国家的自给自足政策,1965 年以后取消了"大跃进"以前针对农村地区的返销制度。动力主要是源于毛泽东,他认为不仅整个国家,从每个省到每个社区,都应该尽力在粮食和其他产品方面自给自足。[3] "大跃进"之后,农业政策经常被说成"粮食第一"政策,但是,正如杨大力所言,在"大跃进"之后,种植粮食的土地比例确实下降了。由于三年困难时期的影响,国家粮食采购比例从 1959 年的占收成的 40% 下降到了 1970 年的 20%。粮食征收量的减少使一些粮食富足地区的人民可以拿出一些土地去种植油菜、甘蔗和其他经济作物。相比之下,那些历史上专门种植经济作物和从事手工艺生产的地区却不能从市场上购买粮食,不得不去自给自足。总体发展趋势是专门化程度降低,区

---

[1] 参见 Chan & Unger (1982)。

[2] 佚名:《夹江纸史》,第 56 页。对谢宝清的访谈,1996 年 5 月 2 日,1996 年 5 月 6 日。

[3] 请参见 Lardy (1983:49 - 50)。

域间交流减少。①

1953 年，夹江县 33％的家庭被称为统购户，就是那些粮食生产富足，可以供国家采购的家庭。29％的家庭能基本做到自给自足，38％的家庭粮食短缺，还要靠国家粮食供给（统销户）。② 1959 年，国家规定要实现粮食自给自足，通过调整县界来更好地实现这一目标：从事造纸业的悦连乡被转移到峨眉县，北部和东部的五个粮食富足镇被并入了夹江。此后，夹江不能再依靠邻县来实现粮食供应：如果夹江县还想继续从事纸张生产，那么就不得不让平原上的农民分一些粮食给山上的造纸者。③ 尽管在 20 世纪 60 年代，夹江的平原地区粮食生产出现富余，但是粮食征收的政治、经济成本也变得异常高。国家粮食采购量在 1962 年占收成的 31％，到了 20 世纪 70 年代，这个比例就低于 20％了。④ 随着粮食征收的减少和县区、集镇城市人口的增加，能进行再分配的粮食量已经所剩无几了。越来越多的人批评说，对造纸者的粮食补贴是浪费：这些争论还在继续，毕竟这些人还是农民，应该有能力养活自己。⑤

为推进执行粮食自给自足政策，对造纸者的奖售粮在 1965 年后期被取消。同时，出现在夹江的半合法的农村市场被关闭，非法市场交易也被压制。⑥ 给造纸者的口粮配给量也大幅度减少，在夹江的大部分地区最终被取消。配给量的依据是每人每

---

① 请参见 Yang Dali（1996：109 - 14）。

② 请参见王树功主编：《夹江县志》，第 269 页。

③ 对谢宝清的访谈，1996 年 5 月 2 日，1996 年 5 月 6 日。

④ 请参见王树功主编：《夹江县志》，第 124—125 页。这一数据比当时全国粮食采购平均水平 13％到 17％更高。

⑤ 采访轻工业局，1996 年 5 月 7 日。

⑥ 佚名：《夹江纸史》，第 57—58 页；王树功主编：《夹江县志》，第 356 页。

月 28 斤稻米,兑换小麦和少量粮食有固定的比率。① 当地人说,28 斤大米对抄纸工和打浆工来说太少了,尤其是其他食物还很匮乏,几乎所有的热量摄取都来自粮食。但是,因为孩子和老人比成年工人吃得少,人均 28 斤倒也足够了。其实,国家粮食局的粮食配给量从来没达到过 28 斤,他们按照假定消费需求和当地产量来分配粮食。这两个数字都是依靠人口数和预估收成在生产队的层面上计算的。

到 1965 年,许多生产队仍然可从县粮食局得到二分之一到三分之一的粮食——照惯例都是由国家供给,运输好几个月到县里。此后,公社、生产大队和生产队就要承担巨大的压力,来做到当地的自给自足。比如说,碧山村(邻近石堰)的大部分生产队都得到了六个月的粮食供给,这使得村里一半的人可以在集体造纸作坊里工作。1965 年,这些生产队可以自给自足了,国家就不再供应粮食了。② 面对粮食供给突然减半,人们开始砍掉竹子,在山上种植粮食作物。

自 20 世纪 60 年代到 70 年代,生产队要实现自给自足一直面临各种各样的压力。最普遍的是,国家给生产队定下不切实际的超高粮食产量指标。如果社员反对,就会有人告诉他们说,通过开垦山上的荒地可以很容易地达到目标。同时,口粮定额一开始有定数,后来逐渐减少。1968 年以后,新的生产队成员(新出生的孩子和嫁进来的妻子)不再被加入到分粮名单中。因此,在石堰,人均粮食消费量从 28 斤减少到了差不多 25 斤。除此之外,大部分四川农民认为最可接受的主食即大米越来越多

① 消耗定额在接下来几年有小小的波动。
② 对石春进的访谈,1995 年 11 月 29 日;对石升严的访谈,1995 年 11 月 30 日。

地被小麦、玉米和白薯——最难吃的食物——替代。情况在
1976 年变得更为严酷，上面规定只有"纸农生产队"（其集体收入
中 70% 以上源自造纸业）可以获得粮食补贴。[①] 因此，纸张生产
越来越集中于河东的马村公社和中兴镇，以及河西的南安、龙沱
和华头镇。仍然从事造纸业的人数很难再计算，尽管纸张产量
从 1965 年的 2 739 吨降低到了 1977 年的 511 吨，这表明了工人
也相应地从 20 世纪 60 年代中期的 5 000 到 6 000 人降低到了 20
世纪 70 年代中期的 1 000 人。

随着粮食供应的减少，农村地区反对挣钱的斗争趋向愈演
愈烈。那些得到国家粮食供给的槽户被指责为"吃亏心粮"和
"屁股坐歪"，意思是他们作为农民应该把全部注意力放在农业
上。这些指责发生在精简城镇人口和国有工业部门劳动力的背
景下，这两部分人口在"大跃进"期间都大幅度增加。目标（几乎
已经达到了）是将城市人口从 1.2 亿减少到 1 亿，非农业劳动力
从四千万减少到三千万，其方式便是将最近从农村来到城市的
移民移出城市，将新雇用的国有单位工人转回到手工业和农业
当中。尽管生产队在执行这些政策时被明确告知，这不是一场
"政治斗争"，不应该有"斗争会"，"不戴帽子，不抓辫子，不打棍
子"，但是"精简"很快还是演变成一场严重的运动，最终融入到
抵制资本主义以及清除腐败同志及思想懒散同志的"五反四清"
运动中去。[②] 20 世纪 60 年代中期的文件反映了手工业合作社
采用的一系列广泛策略：各种形式的分包，低报收益，支付给成

---

① 王树功主编：《夹江县志》，第 270 页。对石定高的访谈，1995 年 11 月 16 日。
② 中华全国手工业合作总社：《全国手工业合作总社关于整顿、巩固、提高手工合作
社的指示》，载于《中国手工业合作化和城镇集体工业的发展》第 2 卷，第 291—296
页，此处见第 295 页，北京：党史出版社，1994。

员"多余的"红利和工资,向黑市销售国家供应的材料和成品,等等。① 这些文件也反映了国家领导人对顽抗的手工业生产者与日俱增的愤怒。中国共产党总是将手工业者称作混合阶级,在小业主的自私本能和无产阶级工人的社会主义倾向间左右摇摆。农村手工业生产者对国家控制的顽固抵抗清楚地表明,手工业者由于他们的"地方性和分散性",非常容易有"分裂主义、地方主义、官僚主义……个人主义和资本主义倾向",这些倾向发展到极致就会造成"恢复资本主义的犯罪活动"。②

对手工纸的需求

手工造纸业的衰落必然会带来机械化造纸业的发展吗?1957 年,手工纸仍然占了全国纸张总产量的四分之一,但是,随着现代化造纸业的发展,机械化生产的纸张代替了手工纸的很多用途。③ "市场需求"是个难以捉摸的概念,消费——和生产一样——在理论上都是国家规划的。在中国,消费多少及什么样的纸都是国家计划和政治中的很大一部分。在 20 世纪 60 年代,全国 105 个纸厂都被强制生产纸张,用来印刷 8 亿册毛泽东的著作。纸张生产的其他目的都被搁置了。④ 在小范围内,"文化大革命"爆发以后,夹江 1 200 吨的纸张库存在几周内被一售而空,因为学生们需要纸来写"大字报"。⑤ 在政治斗争之外,国

---

① 建川 1960[80 - 3111],1 - 12;建川 1963[074 - 17].
② 建川 1963[074 - 17],6,7 - 9。
③ 请参见 Veilleux(1978:28;46)。
④ Veilleux(1978:1)。
⑤ 请参见王树功主编的《夹江县志》,第 228 页。

家计划者将重点放在新闻用纸、纸板、不吸水的书写纸和包装用纸上，这些纸都能用现代化设备大量生产。[1] 其他的一些需求也潜在地存在着，只是没被计划者意识到。手工纸传统上有很广泛的用途：书法和艺术，室内装饰，更重要的是用于宗教目的，除了给过世的人烧的纸钱和其他东西，纸还用于做卷轴、飘带、鞭炮等。几乎所有的这些用途都和资产阶级高雅文化或封建迷信相关联，被忽视或压制了。

在毛泽东时期，中国的人均用纸量是世界上最低的：在 1968年为每人 4.5 公斤，而同期美国为每人 242 公斤，苏联为 24 公斤。[2] 这些极少的用纸主要还集中在城市。从相关材料来看，那些年中国的农村地区就是处在纸量匮乏的状态，山村学校的孩子们在木板上写字，卫生纸都被认为是一种奢侈品。在 20 世纪50 年代，夹江主要生产针对城市市场的书写和打印纸。在 20 世纪 60 年代，机械化纸张生产开始取代手工纸生产，夹江造纸商转向生产"对方纸"，可以用作书写、印刷和其他用途的中等尺寸、中等质量的纸张，高档书法用纸的生产下降。尽管"对方纸"常常在官方文件中被称为"文化用纸"，认为这种纸张应该书写用，但是大家都知道，大部分"对方纸"还是被用于祖先祭祀，在坟墓旁焚烧了。在 1950 到 1985 年间，夹江有四分之一左右的纸张被出口到东南亚，主要是香港地区、缅甸和新加坡，被用作祭祀用纸。据夹江轻工业局的前领导肖志成的描述，夹江纸张销售价格特别低，因此一些外国纸厂买去当作原材料，重新化成

---

① 请参见 Veilleux(1978:71)。
② 同上，第 130 页。

纸浆,生产高质量用纸。①

纸张的国内销售大部分还是掌握在供销合作社和其附属的贸易公司手中。尽管夹江纸总是供不应求,国家对价格的控制还是造成了大量存货。在 20 世纪 60 年代中期,为了刺激生产,纸张收购的价格被提高了,但是在城市市场的销售价还是没有变。这就造成了价格倒挂——纸张只能赔本出售,所以存货也越来越多。这个问题直到姚依林参观夹江,承诺补贴国有贸易公司损失时才得到解决。姚依林是当时的商务部部长,中国最重要的经济规划者之一。

挖竹根

困难时期无规划的竹林砍伐很快转变成了系统化的森林砍伐,因为生产队面临着增加粮食产量的压力。夹江的"荒地"就是竹林;在山坡上种植玉米和红薯之前,人们不得不砍伐竹子,费力地将缠结的竹根挖出来。在 1958 年到 1975 年间,夹江几乎一半的竹林被毁坏。没有了将松散的红壤凝聚起来的竹根,山区在夏天雨季时就更加容易被侵蚀。比如,在龙沱县:

> 在 1 万多亩竹林被砍伐之后,玉米产量并没有明显增加,但是竹子没有了,造纸就没有原材料了。经济损失巨大;龙沱变成了粮食短缺、资金匮乏的贫困山区。在接下来的几年,暴风雨、冰雹和洪水接连而至。

---

① 佚名:《夹江纸史》,第 63 页。对谢宝清的访谈,1996 年 4 月 30 日;对肖志成的访谈,1998 年 9 月 25 日。

滑坡毁坏了街道和桥梁，掩埋了镇政府和供销合作社
所在地。①

在生产队以造纸业为代价扩张农业的任何地方，收入都急
剧下降。以工分计算的造纸业的名义收入还是要高于农业：在
石堰，抄纸工每生产 1 000 张对方纸（一个劳动力一天的工作量）
可以挣到 20—22 个工分，刷纸工和打浆工一天可挣 15 个工分。
相比之下，大部分的农活每天能挣到 10 个工分。但是，随着纸
张销售收入的下降，抄纸工每天的实际价值也从 20 世纪 50 年
代的 1 元降到了 70 年代的 0.73 元。② 更重要的是饮食变化。
对造纸工人来说，大米一直是主食，玉米和红薯是需要时来做补
充的。1966 年以后，国家供应的大米变得越来越少，人们不得不
吃自家种的玉米和红薯。这不仅仅引起生理上的不愉快：在一
个文化中，如果一个人吃的食物是衡量其社会地位的主要指标，
那么（吃不上大米）就意味着降低了身份。③ 由于在宴会和赠礼
方面的礼尚往来原则，吃玉米和红薯的人觉得很难再与平原上
吃大米的人进行社交往来。甚至更重要的，食物还在婚嫁决定
中成为一个主要的考量方面：在平原上居住的父母不愿将他们
的女儿嫁给以粗粮为生的山区家庭。

并非所有的变化都能够被量化，那些不能被量化的也并非
不重要。纸张贸易曾经为夹江山区和镇中心架起了一座桥梁，
为山区带来了保障、支持、技术信息、新闻，还有闲话。但是随着

---

① 马明章：《落实权属，林农换位，生态补偿》，未刊会议论文，1995。
② 对石定国的访谈，1995 年 11 月 16 日。
③ 比如在 20 世纪 40 年代的山东，"吃红薯的"就是一句侮辱人的话，详情请参见
　　Yang(1966:34 - 35)。

造纸业的衰落,夹江山区变成了边缘地带,被当地居民描述为"荒凉""偏僻"。早期在造纸地区和镇中心具有紧密的经济和文化联系时,他们并没有这样的感觉。[1]

在生产队管理下的生活

在 20 世纪 60 年代和 70 年代间,造纸业还在继续,但是工序并没有发生很大变化。除了钢、铁的短缺,生产队(1963 年以来造纸作坊的正式所有者)并没有很大动力来改进生产技术。如果生产更多的纸张不能买更多的粮食,或者至少不知道能不能买更多的粮食,那么生产更多纸或者更高效的生产,又有什么用呢? 如果国家政策的频繁变动真的教给了造纸者一些事情,那就是他们碗中的粮食数量是由从成都或北京下达的行政命令决定的,而不是因为他们工作多努力,效率有多高。另一个不改进生产技术的原因,是生产队里持续的就业不充分。造纸作坊很难扩张,面对着稳定增长的劳动力,生产队领导面临着为他们找到充足工作的压力。任何提高劳动生产率的改变都会减少现有的工作数量,迫使更多的人回到低收入的农业中去。[2]

造纸作坊少有的积极改变之一是妇女工作的重组。尽管妇女从来没在严格意义上被局限在家中,她们还是经常一个人在刷纸时花大部分时间盯着房间和院子的墙。1956 年以后,晾纸

---

[1] 中国其他地区的纸匠同样在经历行业没落的苦痛。山西纸匠被要求埋掉造纸工具,"以显示对一项已经退出历史舞台技艺曾有的尊重",详见 Harrison(2005:168)。

[2] 对石升吉的访谈,1995 年 10 月 3 日。石升吉是黄宗智关于农民家庭和乡村发展"内卷化"观点的最好的案例,参见 Huang(1985:317)。

墙归集体管理了。她们大部分人还是站在居民房屋的内外墙边,但是她们由生产队管理,作为流动劳动力的女工,看到哪里有地方,就可以过去刷纸。[①] 在生产队工作,让刷纸不再那么无聊,妇女们自由了,越来越有流动性。有技术的刷纸工收入还是比抄纸工低,但是要高于其他男性工人。在 20 世纪 60 年代,妇女们被号召“只要男人能做的,妇女也能做”,一些妇女甚至开始学抄纸和打浆,尽管就我所知,她们当中没有谁成为完全专业的抄纸工或打浆工。[②]

“文化大革命”并没有给这个几乎没有学校和学生的地区产生多少影响。石升严,一个马村造纸工人的儿子,后来成了成都“红卫兵”的领导,那时他已经离开夹江很长时间了。马村那些父亲为贫下中农的中学生加入了“红卫兵”,那些父亲被划成手艺人或富农的中学生则加入了“造反派”。[③] 在华头乡,“红卫兵”从当地仓库掠取武器和炸药,搜刮商店,打架,毁坏了两座房子。其他一些年纪小的激进分子就相对收敛多了:当他们想要打倒石堰大队的党支部书记石东朱时,石东朱把他们赶回去工作了,说“只要你们干完活儿了,就能回来批评我了!”那些“红卫兵”很听话,“他们当然听话,”石东朱说,“我是党员,他们不是。我和他们一样支持毛主席,他们怎么能打倒我?”

---

① 虽然住宅空间、建筑工地和材料越来越受生产队队长支配,但这些房子大都是私宅。

② 对石兰婷的访谈,1995 年 10 月 23 日,1996 年 5 月 13 日,1998 年 9 月 17 日;对徐世美的访谈,1995 年 10 月 25 日。

③ 对石升义的访谈,1995 年 11 月 18 日,1998 年 9 月 28 日;对石升亮的访谈,1995 年 11 月 27 日。

夹江的产业化和去产业化

到集体化时期结束之时,造纸地区大部分人经历了他们以前从来没有经历过的事情:农民只能在贫瘠而且土壤急剧侵蚀的土地中谋生。纸张产量从 1951 年接近 5 000 吨下降到了 1977 年的 500 吨。[①] 在河东一些仍然得到有限粮食供给的地区,造纸业得以存活,但是规模大幅度减小。在河西一些偏远的地区,国家控制松散,一些生产队还能时不时地生产纸张,进行黑市交易。造纸地区人民的生活水平急剧下降:举一个例子,当造纸业被逐步淘汰后,人们的工资和粮食配给都减半了:工资从每人每天 1.54 元下降到 0.81 元,口粮从每人每月 60 斤下降到28 斤。[②] 人口统计数据也许能最清晰地见证农村去工业化的影响:从 1951 年到 1990 年,整个国家的人口翻了一番,但是夹江的人口增长率却低于 10%,这表明了这个地区长期的贫穷。

当然,去产业化也只是事情的一个方面。"两条腿走路",农业和农村工业同步发展,是毛泽东发展策略的目标之一。尽管与后毛泽东时代农村工业的蓬勃发展相比,当时的生产大队和公社企业相形见绌,但是那些企业在 20 世纪 70 年代却被外国专家推崇为发展中国家的榜样。[③] 在毛泽东时代,夹江也经历了快速的农业产业化进程,几乎完全集中在县城附近肥沃的平原地区。矛盾的是,平原地区的产业化和山区的去产业化都是由同一个逻辑驱使的:产业发展应该是在"小而全"的单位内的资

---

① 请参见王树功主编:《夹江县志》,第 217 页。

②《夹江土壤》,第 133 页,夹江:夹江县农业局,1984。

③ 请参见 Sigurdson(1977);Riskin(1978;1971)。

源调动。连接这两个过程的因素——毛泽东所说的"关键环节"——就是粮食。① 在"大跃进"造成的困难之后，中央严格限制当地政府对农民的粮食征收量和再分配量。那时，山上的一些生产队以巨大的代价将竹子砍掉，改种粮食，可粮食征收量的减少却使得平原地区的一些生产队能够腾出一些最好的土地，来种茶、蔬菜和甘蔗。② 在这个基础上，他们开始分化出食物加工行业：夹江最早的一批公社和生产大队企业就是面粉厂、榨油厂和酿酒厂，这些都集中在平原地区。这些产业利润不断增加，然后被投入到了砖窑和其他工厂，还是集中在平原地区。③ 同时，粮食分配的减少和对自给自足政策的坚持却迫使居住在山区的人民，以巨大的经济和人力损失，放弃了他们的专业化技能而成为农民。

国家发展策略提出的既定目标之一便是减少地区间的不平等，但是在夹江产生的效果正好适得其反。为了坚持一种形式上的平等——山区和平原都必须做到粮食自给自足——国家却在现有基础上进一步加剧了平原地区和山区的不平等，因为平原生态条件较好，而山区却处于劣势。加剧这种不平等的首要措施就是：政府产业投资都集中在平原地区，大部分都在县政府的周边乡镇，平原地区的道路和电网建设也早于山区很长时间。④ 山区的非专门化是不合理的，因为它叫停了一个充分利用当地劣势环境的产业，却没找到一个提高资源利用率的替换方法。几百年来，造纸工人已经发展出了高效持久的方法，利用贫

---

① Dali Yang（1996：109 - 14）将这一过程描述为"倒退的专业化分工"。
② 请参见王树功主编：《夹江县志》，第 98—100 页，第 109—111 页，第 124—125 页。
③ Donnithorne（1984：67 - 75）。
④ 请参见王树功主编：《夹江县志》，第 210—211 页。

瘠但是不适合农业的土地,生产高价值的工业用品。造纸业为数千人以及后续更多的人提供了工作机会,而农业却没有。"荒地"的开垦减少了而不是增加了能够依靠本地资源生活的人口数量:10亩竹林可以维持一个小造纸作坊一年的运转,但是10亩农田却不能养活一个家庭。因为农业不能像造纸业那样承担同样的人口密度,所以也只有在人口被动减少了四分之一后,全面农业化才成为一个选项。但即使那样,人们的生活水平还是急剧下降了。最终,这一切还是证明了当时政策对造纸业所采取的措施的失败:政府曾经认为,农村产业只能是副业或补充——只能是农业这个"本"以外的"末"。

第七章 家庭生产的回归

1978年初,夹江的造纸业开始出现好转的征兆。从新华社一篇未刊的内参中,李先念(当时主管经济规划的副总理)认识到了造纸人所面临的严酷问题。在1978年4月轻工业部举办的一次会议上,李先念批评了县政府和相关部门:①

> 看了此件之后,感到实在不应该发生这样的情况。林彪、特别是"四人帮"对此有严重的干扰破坏,这是肯定的,但是我们恐怕也往往忽视了发展国画纸的生产。如果这份材料反映属实的话,那么现在对国画纸的生产仍然没有给以积极的支持,而且说得不好听一点,那里是打击生产。是不是有个别人还想消灭这类特殊商品的生产? 例如国画纸的收购价格,规定得太不像话了。这怎么能调动国画纸生产的积极性呢? 夹江国画纸生产如此,安徽的"玉版宣"又如何呢? 希望轻工部、四川省,还有安徽省积极采取措施,认真落实有关政策,救救国画纸的生产吧! 使我们的文化艺术更加繁荣兴旺!

① 佚名:《夹江纸史》,附录二。

对此，人民是感谢你们的。

李先念　1978.4.17

很显然，李先念是在用夹江的造纸业来和邓小平市场改革的反对者算总账，他是市场改革的关键支持者。李先念将手工纸和民族文化艺术联系起来，也在暗示县里"左派"官员的阻扰。几周之内，手工纸的购买价和销售价都得到了提高，原材料供应增加了，也重新实行了奖售粮制度。最后一步很关键，因为只有现金回笼并不能保证增加产量。尽管李先念指出夹江纸是"国画纸"，但是那时大部分的夹江纸实际上还是粗糙的书写纸，叫做土纸或者"文化纸"。夹江的官员也很快依据这一误称而调整造纸业。对"国画纸"的奖售粮是每生产 1 万张纸，给予 200—300 斤稻米；相比之下，作为最普通的产品，对"对方纸"的奖售粮实在太低了（20—30 斤），其影响几乎可以忽略。此外，"国画纸"的价格提高了 26％，而"对方纸"价格仍没有变化。[1]　结果就是如预期的那样，造纸商开始了从"对方纸"转型到"国画纸"。河东的生产队重新开始或者加强了大尺寸、高质量的纸张生产；而河西的生产者却缺乏制造"国画纸"的技艺，也没有人给他们提供指导和说明。

当李先念号召造纸业复兴时，他的设想并非回归家庭生产，而是将造纸业重新集中化。1979 年，建立大型工厂的相关计划被起草出来，机械化的打浆工艺与人工抄纸和刷纸结合起来。尽管资金很充足，但是工厂建设一直推迟到了 1985 年。当工厂

---

[1]　佚名：《夹江纸史》，第 57—58 页。

开业时，它已经不能和新兴的私人家庭作坊相比了。① 这个以及其他两个建立"国画纸"工厂的尝试将新造纸技术和机械引入夹江，因为一些 20 世纪 50 年代成立的大型造纸厂开始更换设备，卖掉了以前的篁锅和打浆机。这些旧设备成了夹江那些小规模、机械化造纸产业的发展基础，这些产业在 20 世纪 80 年代到 90 年代间一时兴起。同时，重新焕发活力的轻工业局开始奋力争取农村造纸产业的技术变革。很快，那些新兴独立的家庭作坊开始采用新的技术和机器，比集体企业还更充分地利用了这些资源。家庭作坊很快采用了篁锅和柴油驱动的打浆机，彻底改革了纸张生产过程。同样，河东的造纸者处在更加有利的地位，因为他们得到了轻工业局的指导。

回归到家庭作坊

在中央领导下，四川成为中国第一个解散农村集体、将土地和其他资产返还给家庭的省份。但是，当地政府还是不想实施新政策。在夹江，和大部分相邻县城一样，集体化结构一直没有发生改变，直到 1982 年中央政府正式批准了家庭生产。② 夹江分配集体土地是按照标准程序进行的。生产队的所有土地都按照土壤质量丈量、评级，分成和人数相同的块数，然后人均分配，叫作"口粮地"。平原地区土地富余的生产队只按照人数分配部分土地，剩下的就变成了"责任地"，通过竞标租出去。种植树木和竹子的土地直到 1982—1983 年才分配，也遵循同样的程序。

---

① 请参见王树功主编：《夹江县志》，第 196 页。
② 请参见 Ruf(1998)；Endicott(1988：134 - 36)。

因为这些土地所种植的树木和竹子密度及成熟度不同，为了补偿这些差异，各个家庭必须为所得土地上生长的树木和竹子付钱，然后这些钱再被平均分配到各个家庭。

相比于土地分配，造纸作坊的分配要复杂得多。造纸作坊的分配发生在 1983 年，在土地分配一年之后。造纸作坊代表了好几代人的劳动和资本投资，在集体化之下频繁的分割和合并，造成不明确的个人资产享有权。另外，集体化解体指导方针规定，作坊应该保持原样，设备应该只给予技术熟练的生产者。在石堰，第一步就是给每个设备定价（通常低于市场价）。然后，每个作坊都以纸槽为单元来划分，每个单元都包含一个纸槽，固定数量的晾纸墙和其他设备。因此，人们首先组建了与纸槽数量相应的小组，哪个小组得到哪个纸槽则抽签来决定。任何对造纸不感兴趣的家庭都可以按照之前定好的价格，将份额卖给其他家庭。这个过程中的一个例外是晾纸墙的分配，晾纸墙是造纸作坊里投资最大的设备。房屋、洗涤池和纸槽，这些设备多多少少都可以从之前集体化的作坊中原封不动地得到，但是晾纸墙都是最近新做的，因为它们每两到三年就需要重新制作。像其他设备一样，晾纸墙也应该平均分配，但是这就会导致出现这样的情况：一个家庭的晾纸墙在另一个家庭里。在实行集体化时，流动的刷纸工在别人家里工作很常见，但是这种形式并不适用于新型的、以家庭为基础的所有制结构。所以，这些晾纸墙都以折扣价格卖给了它们所在的家庭，导致一些家庭情况比其他家庭要好一些。

最终，这些由三到四个家庭——通常是邻居或亲戚——组成的小组，成了拥有一个纸槽的作坊的共同所有者。这样的小组是具有可行性的生产单位，就像 20 世纪 50 年代早期第一批互助小组一样。但是,在几周之内它们都解体了,所有设备都变成了单个家庭的财产。单一家庭的造纸作坊可能只有三分之一个纸槽,五分之一篁锅,半个碓窝(压纸机),和一些晾纸墙。人们并不如预期的那样对集体化解体带着很大热情。因为资产是按人头分配的,所以大家庭总是占优势,但是石堰的大部分人都不知道集体化解体能带来什么。独立的家庭式农业优势很明显,但是造纸作坊的成功并不那么依靠所有制,而是依靠市场准入和原材料与成品纸张的相对价格。在市场处于初期发展阶段,大部分原材料都由国家控制时,那些小型家庭单位的独立生产就不一定是最好的选择。最后,在恐惧和忧虑中,还是当地干部推动了私有化。干部们与村民一样,对于私有化也持有矛盾心理,但是他们感觉到,没了集体力量的支持,他们的职位就变得不太牢固了。就像一位村长说的那样:"我们的工作变得太难了。我们不在意人们同意不同意;我们只想把所有东西都归还给家庭,我们就想把事情结束了。"①

家庭作坊的巩固

由于一些未预见的因素——粮食和纸张市场的自由化,城市对书法纸的需求增加以及手工纸产业的崩溃——造纸业私有化获得完全成功。由于产品需求增加,造纸设备的所有权零散地分布在不同家庭手中,家庭作坊又重新开始采用互助和劳动力交流的传统方式。出于对官僚主义合作组织的不信任,人们离开了分配好的小组,转向亲朋好友。比如,一个家庭有一个纸

---

① 对石定高的访谈,1995 年 4 月 12 日。

槽,但是晾纸空间不够,而其他组里的一个家庭有足够的晾纸地方,但没有纸槽,这两个家庭就会合作。这样就会造成有人把纸浆和纸张运送很长一段距离,但是双方家庭都觉得这种合作只能以牢固的人际关系为基础。在集体化解体之后的一两年后,即使这种形式的合作也很少见了。一些家庭不再造纸,卖掉了设备;还有一些家庭将作坊巩固加强,成为独立的生产者。那时的入门成本也很低:用当地砂岩做成的纸槽和浸泡池大约 150元一个;碓窝(压纸机)200 元;纸帘子、帘架子和其他小设备大约100 元。最贵的就是晾纸墙了,但是设备可以慢慢添置起来。在集体化时期,人们花钱的机会很有限,因此很多家庭都有不少存款;没有存款的家庭可以向资金富裕的家庭借款。1949 年以前的做法又可以实行了:每个家庭可以把钱短期借给朋友和亲戚,常常没有利息。在集体化解体之后的最初几年,农村信用合作社很愿意贷款给造纸者。比如,马村乡信用社就给造纸者提供了从 1 000 到 3 000 元不等的贷款,年利率大约是 8%,比通胀率要低。根据规定,借方需要提供抵押和担保人,但是那时农村信用社资金充裕,在夹江又几乎没有其他投资机会,所以也就没有那么严格地执行规定。[①] 1985 年以后,对造纸者的贷款开始萎缩,因为乡镇企业建设的浪潮兴起,吸引了一切可用的资金。

　　小型家庭作坊充分利用各种途径,互相交流资源,这才造成了家庭造纸业的迅速复苏。各个家庭都互相学习,完善自己残缺的造纸技艺,这就是最明显的方式。就像各个家庭从集体得到了造纸作坊的部分设备,他们的造纸技艺也是残缺不全的。

---

① 1983 年至 1984 年,为了刺激经济增长,银行放松对贷款的控制,放宽信贷,详见
　　Yuan Peng(1994:109)。

在集体化后期，随着造纸业的衰退，培训的机会也越来越少。原来，为了使各个家庭之间的工作分配更加公平，作坊里的学徒都由组长指定。所以，大部分家庭都只有一个人在造纸作坊里学习。在集体化作坊里，新手渐渐都由老师傅培训，但是老师傅对教那些不是他们家庭成员的新手不是很热情。培训很花费时间，在计件制下，把时间花在指导上就等于让自己的工资下降。很多年来，具有完整造纸技艺的家庭变得越来越不常见了。在集体造纸作坊解体之后，人们开始交流造纸技艺，就像交换纸槽和烘干墙一样。各个家庭往往由于造纸技艺互补而建立起合作关系，但是一旦对方都学到了相应的技艺，这种合作关系也就破裂了。①

一个小型技术变革

家庭生产的回归也导致一些省时省力的技术被引进，一些技术在大约 30 年前，集体化早期阶段的试验作坊里就已经发展起来。尽管不是全面的机械化，但是这些新技术还是极大地改变了河东的造纸业，而河西仍然沿用以前的技术，用从集体化作坊里留下的纸槽和篁锅制造"对方纸"。在河东，第一项重要的创新就是高压蒸锅的引进：一个钢制的、能够容纳 1 到 2 立方米的竹子或其他纤维状物品，外围由钢筋混合土加固。蒸锅内的高温高压，加上化学品的腐蚀，使得蒸煮时间从以前的两周减少到 8 个小时。更重要的是，前期的"浸泡"过程（将竹子泡在水中，直到柔软的"枝干"分解，只剩下长长的纤维）不再有必要了。

① 对石升吉的访谈，1995 年 11 月 14 日。

现在,只需将竹子压碎,切成很短的片段,然后浸在氢氧化钠里24 小时就行了。20 世纪 80 年代早期,打浆机也被引进,代替了脚动的锤碎机。打浆机对大多数造纸者来说太贵了,但是用于养猪场切割饲料的批量生产的切草器,不仅数量多,价格也很便宜,可以发挥同样的作用,达到同样的目的(见图 11)。第三种省力的设备就是千斤顶:放在钢架里或者过梁下,千斤顶就可以将一摞新成型的纸张中的多余水分挤压出来,比以前的木制压纸机更节省时间,也更全面。

图 11　柴油或电动打浆机替代了过去的捶碎机,作者摄于 1996 年

尽管家庭作坊都购买二手设备,但是这些新兴设备还是比原来的木制篁锅、锤碎机和压纸机贵很多。1985 年,二手的蒸锅(城里工厂害怕爆炸而丢弃的)要花费 5 000 元,二手切草机差不多要 1 000 元,千斤顶 300 元。大部分家庭都买不起篁锅,但是就像第一章中指出的那样,几个家庭能够共享一个篁锅。虽然新型的蒸锅比传统的篁锅小很多,但是,蒸煮时间从两周减少到了一天，一个蒸锅很轻松地就能满足 20 个纸槽的料子。在石堰，分布在山里的七个蒸锅能够供应 140 个纸槽。蒸料子也成了一个专门化的服务产业：用少量钱（1998 年，使用容纳 2 立方米的蒸锅只需 30 元），一个作坊就可以使用蒸锅和浸池一天，还有燃料以及蒸锅所有者的劳动。填锅和清空这种非技术性的工作都由造纸作坊来做，但是大部分蒸锅所有者还是坚持自己烧火。大部分蒸锅都没有安全阀，所以如果过分加热，蒸锅就可能爆炸。其实，在石堰安装的第一批蒸锅中就有一个爆炸了，炸死了物主和一位路人。除去煤的费用，蒸锅所有者的收入是 15 元——和粗工的日工资一样。收入并不多，但是蒸料子的工作很轻松，也不需要一直监督着。

槽户也开始尝试使用新的原材料。在集体化时期，竹子供应量的减少迫使集体化造纸作坊用干竹子替代新鲜竹子；这样可以产生更多的纸浆，但是弹性纤维却更短更少。为了中和纸浆的脆性，造纸者又加入了从麻类植物、棉花、构树或普通桑树树皮中获取的长纤维。在集体化解体时期，河东的造纸者们发现了一种材料，不仅比竹子便宜，还含有和最好的白夹竹一样的既强壮又柔软的纤维——莎草，也叫作龙须草，生长在四川和陕西的未经开发的山坡上。莎草和竹子一样，可以一年收割一次，有稳定的年产量，是一种既便宜又充足的资源。另外，用莎草造的纸张质量也非常好。

同时采用的另外一种原材料是用木浆纸废纸，常常还有城里印刷店里的边纸。尽管夹江的造纸者不愿意承认这一点，但是废纸还是很快成了造纸业中的一种主要原材料。虽然还需要加入像新鲜竹子和莎草这样的长纤维，利用好质量废纸确实能生产出好纸张。[①] 但是,大部分生产者还是不加辨别地过分使用边纸,不是因为便宜(好的边纸大约要比竹子贵 20%),而是因为用废纸生产纸张更加快捷、方便。

在原材料使用方面,夹江在中国五六个造纸地区中是个例外。其他手工纸产业都以使用一种传统的原材料而自豪:安徽泾县,宣纸的故乡,使用一种特殊的长秆水稻的稻秆和榆树皮,两种材料按一定的比例混合;浙江富阳使用竹子;河北迁安使用桑树皮。相比之下,河东的造纸者们将莎草、新鲜竹子、麻类植物、棉花以及树皮的较长弹性纤维与干竹子或者废纸中的较短的、吸收性强的纤维结合起来。有经验的造纸者能够根据纸张浮动的市场价格改变原材料,保持纸张质量。在河东,几乎没有造纸者再费劲种竹子了;原来的竹子在集体化时期都被砍伐了,酸雨和一场奇怪的疾病还导致了竹子产量的急剧下降。现在,河东所使用的原材料几乎都来自外部地区:来自河西和峨眉的竹子,四川西南和陕西的莎草,成都和其他城市的废纸,以及来自云南的树皮。

造纸者们非常热情地欢迎新技术,主要原因是新技术极大地加速了生产周期,使得他们能够在几天或几周内收回资金,而不是几个月。传统的造纸业依靠竹竿非纤维部分的自然分解,需要三个月,还依靠料子的自然发酵,又需要几个星期。集体化造纸作坊曾经尝试一年内完成三个生产周期,但是一般总能完成两个。蒸锅以高温高压和腐蚀性的化学品,代替了缓慢自然的过程。新的蒸锅所使用的化学物品是原来木制篁锅的十倍,

---

① 不同种类的废纸质量差别非常大,最好的废纸是打印店的边纸(坚硬、洁白、未经打印),其次是工程公司的晒图纸边纸。

用氢氧化钠（NaOH）和硫化钠（Na₂S）代替了碳酸钠（Na₂CO₃），
这使造纸比以前更加污染环境了。因为浸泡时间的缩短，现在
造纸者可以在买了或者收割竹子或其他纤维材料几天后，就
卖掉第一批纸张。蒸锅的容量较小（0.3 到 0.5 吨，原来的集体
化时期篁锅容量要多于 10 吨），这也加快了周转速度。大型造
纸作坊现在每年能蒸出 30 小"锅"的料子，而不是一两大锅。小
型作坊没有那么频繁地蒸料子，但是他们利用废纸加快了周转，
因为废纸能够在几天内做成纸浆，生产成新的纸张。快速运转
降低了造纸者对外部资本的依赖：在新中国成立时期，槽户在开
始时需要巨大的资金投入，而现在，槽户们在一整年内都在进行
着买卖交易。

　　对资金匮乏的造纸者来说，减少资金投入和回收的间隔时
间比节约劳动力更加重要。其实，许多造纸者称新的机器对提
高总体生产力并没有发挥多大作用，这并不完全符合事实。因
为打浆机的使用让每个作坊里一个劳动力从脚动碓窝那里解放
出来，蒸锅的使用解放了准备料子的绝大部分劳动力。我根据
访谈数据估算的结果是，每个人生产一刀纸（100 张）需要 0.8 到
1.2 天，取决于不同的纸张质量。这比 20 世纪 50 年代的 2.3 天
要少多了（见第一章），主要还是因为料子准备和打浆方面所需
劳动力的减少。但是，这样的技术进步有一部分被私有化作坊
不断增加的管理工作需求给抵消了。现在，作坊业主花费绝大
部分时间购买原材料，和贸易商谈判，就像原来集体化时的领导
所做的。那些从机械化中解放出来的劳动力常常直接进入了市
场：户主不再花那么长时间在打浆上（他们的传统工作），而是置
身于市场之中。

家庭、政府和技术变革

在集体化下长期的停滞后,什么能够解释 20 世纪 80 年代技术创新的突然爆发呢?尽管小家庭生产者们想要实验冒险的意愿是主要的推动力,但是我们也得看到,当地政府的行动也发挥了作用,这是很重要的。变革的最初动力很简单,源于一个权力在握的坏脾气老人的情绪爆发。但是如果没有交通和基础设施的发展变化,中央领导人的介入也不会产生多大影响。最重要的变化还是成昆(成都—昆明)铁路的完工,这条铁路经过夹江,将它和国家铁路网联结起来。对当地来说,越来越多的村庄通了电,有了交通;到 20 世纪 80 年代早期,河东大部分居住地开汽车一小时就能到;到 20 世纪 80 年代中期,河东大部分的村庄都通了电。这是造纸业发生转变的至关重要的先决条件。新的技术变革,像蒸锅、强力化学物、混合原材料和打浆机,这些原来都是为国有或者机械化集体作坊研发的,现在却免费传到了各个家庭。在李先念的讲话之后,县第二轻工业局的官员们(他们曾经反对拆散集体,不仅仅因为那样会让他们失去工作,还因为他们相信,就像后来的结果一样,放弃集体控制会破坏夹江造纸产业的名誉)尽力将新科技推广到了河东的造纸作坊里。[1] 后来,这些作坊的造纸者将他们的知识与其他造纸者分享,到 1985 年,传统的篁锅在河东完全消失了。

---

[1] 张文华:《夹江县马村乡志》,第 75—76 页。

石堰的纸张生产:一个案例

　　由于下文中关于家庭造纸业改革的大部分讨论都依赖于在石堰村的实地调查,因此,大概了解一下这个村庄及其经济结构会对读者有所帮助。1995年,石堰村有1 305名村民,365个家庭。这是官方户口簿上的户数。为了供内部使用,村干部还有一个单独的"真实的"(共享收入和共同居住)户数计数,一共是310家。造成这个差异的原因是,主干家庭(那些有父母和至少一个已婚儿子的家庭)经常在他们实际分家以前就登记为两个独立家庭了。根据官方数据,平均每个家庭有3.6人,包括2.0个成人;根据非官方统计,平均每个家庭有4.2人,包括2.4个成人。[①] 45%的共享收入的家庭(310个中的139个)拥有造纸作坊。其余的24个家庭买卖纸张或者原材料,16个家庭在造纸作坊工作挣取工资。这三种家庭加起来占了全部的58%。村里还有21个人在工厂工作,主要是在村属的企业。此外,还有40个农民,27个不从事造纸的手工业者(主要是木匠和砖匠),21个零售店主和小型贸易商,8个村干部,9个没有收入的家庭(主要是和儿子一起住的老人,却登记为独立家庭),还有5个家庭状况不明。[②]

　　石堰所有的造纸作坊都生产大尺寸(通常是4尺,69×138 cm)的书法纸。年产量从几百刀到2 500刀不等,大部分作坊在1 200到1 500刀之间。自我上报的作坊年收入在2 000到

---

① 对石建荣的访谈,1995年12月1日。
② 对石兰婷和石升亮的访谈,1995年12月2日。

3.2 万元之间,完全专门化的作坊收入集中在 1.5 万元到 2 万元之间。[1] 尽管我已经尽了最大努力来核实和重新计算数据,但是这最多也只是大致的猜测。大多数作坊主会记得他们原材料的花销,以及纸张卖了多少钱,但是只有那些最大型的作坊才会记录销售收入。总体上,他们更可能低估自己的收入,而不是高估。尽管如此,在夹江农村家庭的年平均净收入为3 148元时,他们的收入状况还是很好的。[2]

改造过的家庭作坊

20 世纪 80 到 90 年代出现在石堰的纸张生产结构,在很多方面与土地改革前很相似。作坊都是家庭所有,尽管所有的作坊都会雇用劳动力,但是大部分工作还是由家庭成员完成。各个作坊间都相互合作,交换使用设备,互相借鉴经验等。像以前一样,作坊有着基于家庭的结构,篁锅则给作坊增添了第二个组织层面。篁锅为个人所有,但是为邻里间的所有作坊服务,在信息交流方面起着关键的作用。然而,这些相似之处的背后也隐含了一些重要的变化。一个情况是,纸张生产在 20 世纪 80 到 90 年代间以家庭为基础的程度比过去更强。集体化解体之后,所有家庭起步的资产和机会都不相上下。尽管几乎所有家庭的资金都不足,但是大部分家庭都希望慢慢建立起有全方位功能的作坊。因此,几乎没有人愿意去别人的作坊当雇工。在雇主这方面,他们仍然担心"天可能还会变"(意思是,造纸业可能会

---

[1] 这是槽户自己算出的纯收入;销售收益扣除材料成本、蒸煮费用、工资、与工资相关的费用。家庭劳动力成本、投资贬值、贷款的利息支付不属于成本支出。
[2]《夹江县 1994 年农业生产、农村经济情况》,夹江:复印文稿,1995。

再度集中化，雇用劳工的雇主可能像剥削者一样被打压），这就阻止了造纸业主扩大产业。1995 年，村里只有 16 个抄纸工和刷纸工，而在 20 世纪 40 年代，村里人口的三分之二都在几个大型造纸作坊工作。在村里 139 个造纸作坊里，只有 12 个雇用了全职工人：一个作坊雇了 3 个人，两个作坊雇了 2 个人，其余九个各雇了 1 个人。剩下的 127 个作坊还都依靠自家劳动力，也会雇用短期劳动力。在石堰，除一个作坊有两个纸槽以外，其余的都只有一个。①

尽管造纸设备看似公平分配，但是石堰的造纸作坊还是分为两个阶层。20 世纪 80 年代的技术改革使那些年轻、缺乏劳动力和经验的家庭能够以前所未有的方式独立生产纸张。第一，打浆机的应用使得不必再有全职打浆者，作坊的最少工人数从三个减少到了两个。第二，以前需要在作坊进行的一些活动现在外包给服务提供商：作坊不再自己收割和处理竹子，而是购买那些运到家门口的干竹子；原材料的切割和清洗都由雇用的工人来做；蒸煮也成了一项服务产业；没有打浆机的家庭可以从邻居家购买做好的料子。这些都减少了对家庭劳动力的需求，使夫妻二人就可以生产纸张，尽管只能是间歇性的。更重要的是，这些小型作坊可以从加档桥的临时纸张市场购买废纸，这减少了他们在时间上和劳力上的支出。只需要把废纸泡在水里几个小时，加上一把苏打和一些漂白剂，然后冲洗几遍，再放在打浆机里，废纸就被处理好了。这种纸张循环利用可以使得年轻的家庭勉强维持纸张生产：只要他们手里有些现金就能买上几捆废纸，浸泡、打浆，然后抄纸。第一批纸张在几天内就可以做好；

---

① 本书第一章提及的夏家是个例外。

运气好的话,资金在一周内就能回笼。这种生产"生宣"纸的低成本和快速周转[1]是起步造纸产业、学习贸易的一种好途径,还可能建立一些有用的人脉。但是,这却不是一种长期的选择。随着生产者逐渐增长了经验和资金,他们就会转而生产"精料"纸,这需要更高超的技艺和更多的劳动力投入,同时也会有更高的利润空间。

夹江纸业完全缺少标准化,这在中国的造纸区算是一个例外。从20世纪80年代到90年代早期,夹江大部分的竞争对手都还保持了集体化组织的一些形式,这使得他们可以将产品标准化,并严格控制质量。在向家庭生产转变之初以及完全完成之后,夹江的标准化纸张生产已经不再可能,其结果就是纸张生产的眼花缭乱,出现各种奇怪的品牌名称,像"玉版纸""龙须纸"或者"宫献纸"。许多"精料"作坊针对专门的市场生产纸张,专门生产不平常尺寸的、极厚或极薄的纸,高度吸水的书法纸或者不吸水的工笔画纸,撒云母或人造金片的纸,仿古纸,等等。有经验的造纸者几乎能够生产顾客需要的任何一种纸,也能够根据市场需求不断调整自己的产品。夹江造纸者们用自己的多才多艺与不同原材料,采取不同尺寸来模仿安徽的宣纸,或者生产那些第一眼看起来、摸起来好过实际质量的纸张。这就导致了夹江纸张在消费者心中的信任度下降,一些纸商将他们模仿的宣纸叫作"夹宣"——"夹江宣纸"的缩写,但是这无济于事,听起来却更像"假宣纸"。

对高质量纸张的生产商而言,配备一个纸槽的作坊最佳规

---

[1] 严格说来,"生宣纸"指的是大小不定、吸水性强的手工纸;但是在夹江,"生宣"专指用废纸做的廉价纸。随着市面上廉价仿制品的出现,优质纸户转而采用更个性的名称,"生宣"这种统称因"品牌膨胀"(brand-name inflation)而逐渐弃而不用。

模是有六或七个工人，和以前一样。家庭人数增加让作坊走上生产高质量、高利润产品之路，这也和过去一样。在我拥有详细数据的 16 个作坊里，只有一个造精料纸的作坊主雇用的家庭成员不少于 3 人；作坊中的平均人数是 3.4。这明显地多于"生宣"生产作坊的 2.8 人。劳动力的增加也使得作坊更倾向于雇用长期工人，这不同于以前。小型的夫妻作坊比大型作坊更加需要增加劳动力，但是却无力承担。相比之下，一个具有两辈人（通常是作坊业主和他的妻子，他的儿子和儿媳）的作坊可能多雇一个抄纸工。和过去一样，雇用工人的增加使得作坊业主能够调整家庭人员的内部劳动分工：儿子转向技术活，不再做打浆这样的苦差事，业主自己除了混合纸浆，也几乎不做体力工作了，他将大部分时间花在市场和质量控制上。

在后毛泽东时期，家庭作坊的扩张变得越来越难。自 20 世纪 70 年代以来，中国经历了"人口生育率下降最快的时期"[1]。同时，分家的情况也不断出现。过去一般都是老一辈人去世之后才会分家，但是现在大多数年轻人都坚持在他们结婚并有了第一个孩子后建立自己的家庭。在 1982 到 1995 年的 13 年里，夹江的家庭人数从 4.46 下降到了 3.45。[2] 上文中提到过，石堰的家庭规模要比全县平均水平大一些（平均在 4 人左右，以不同的算法而定），平均每个家庭有 2 个成人。但是即使这个规模也难以满足造纸作坊对劳动力的需求。在这种情况下，合理的应对方法就是推迟分家。毕竟，在一个人员充足、高效的作坊里，所有的家庭成员都会比较富裕。这个方法不仅老年人同意——

---

[1] Peng(1994:223)。

[2] 王树功主编：《夹江县志》，第 81 页；《夹江年鉴 1994》，第 88 页。

他们从中获益最多,年轻人也非常认同。同时,他们还都承认早分家已经变成一种居于经济利益之上的文化规范。

这种矛盾在"精料"作坊里尤其尖锐,这些作坊里大部分都有两辈人一起工作。我采访过的那些"精料"作坊业主几乎都抱怨他们的儿子懒惰、浪费、没纪律、赌博。同时,他们还意识到不能给儿子太大压力,否则就会导致年轻人提出将作坊分开的要求。村民们都羡慕那少有的几个多年来几辈人一起工作的家庭,但是也都接受早分家的做法,认为这是不可避免的。村干部经常要去调解家庭矛盾,他们既强烈支持晚分家,也建议父母不要阻碍儿子们的发展。[①] 另外,儿子辈的人在说到未分家的家庭作坊时引用后毛泽东时代对集体生产的批评:他们说,在大型作坊里每个人都"吃大锅饭";不管有多努力,每个人都被平等对待,辛苦工作没有得到回报。[②] 相比之下,小型作坊则被表扬为"充分发挥了业主的热情",不是为家庭集体工作,而是为自己。[③]这种几辈人共同工作的家庭作坊的主要矛盾并不源于遵循客观规则的工作本身,而是与消费相关的问题。父辈们经常抱怨他们的儿子坚持要给他们的小家庭购买摩托车或者电视机。年轻一代认为这些东西很习以为常,也很必要;而老一辈的人却认为投资在造纸作坊里是更紧迫的。

在大多数家庭,通常的"按规定分家"已经逐渐变成一种持续时间很长的过程,儿子们陆续分家出去,财产也一步步地被分割。[④] 在

---

① 对石兰婷的访谈,1995 年 10 月 23 日,11 月 9 日。

② 对石永春的访谈,1995 年 11 月 4 日。

③ 参见 Kipnis(1997:138)。

④ 请参见 Shiga(1978);Cohen(1976;2005)。由于独生子女政策(自 20 世纪 80 年代起严格执行),大部分中国家庭只有一个孩子。但是,在我采访时,很多家庭都有两个或两个以上的儿子,这些孩子大约十几二十岁,和父母住在一起。

这个过程中，家庭的界限模糊了，造成了"分家不明"的状况。[1]
这就更加容易导致矛盾的产生。在我看到的一个个案中，户主
很固执，脾气很暴躁，在 45 岁时就坚决地要分家，那样他就能
"死得没牵没挂"。但是他的儿子们还依靠他销售纸张（他们以
户主的名义销售），依赖他的晾纸墙和其他设备（大部分都是户
主保留的），所以儿子们不同意分家，他达不到目的，就经常和儿
子们闹矛盾。另一种情况是，一些家庭分家很晚，或者在财产分
割或结清经济利益之后还能保持紧密的合作。举个例子，石定
文来自一个四世同堂的九口之家，他与儿子和家人们住在一个
很大的院子里。为了登记户口，家里的九个人分成了三个独立
的家庭：石定文（那时 60 多岁）和他的妻子，还有年迈的父亲；大
儿子石云全和他的妻子、孩子；二儿子石云华和他的妻子、孩子。
石定文和他的妻子、父亲有自己的收入，石定文自己经营一个蒸
锅。他的两个儿子都是成功的槽户，有独立的作坊、厨房和家庭
收支。大多数时候，这个大家庭都形成两个独立的家庭：两个儿
子和他们的家人单独吃饭（尽管会经常互相拜访），三个老人轮
流在儿子家吃饭。在另一个层面上，这个大家庭还共享造纸设
备，成员间互相帮助，因此还像一个家庭一样发挥作用。村民们
将他们家和石堰另外两个四辈之家奉为效仿的典范。他们经常
被称为"孝顺"。"孝顺"原来是指子女对长辈的顺从，现在却用
来形容老人和年轻人一起努力，保持不同代际之间的和谐。

中国人口转型的另一个后果是越来越多的家庭只有女儿，
这就造成越来越多的造纸作坊所有者和带头人是女性。过去，
没有儿子的家庭经常会收养一位近亲侄子，但是现在都不这样

---

[1] 参见 Judd(1994:175)。

做了。在村里五个妇女作坊业主里,一个是寡妇,她的丈夫在蒸锅爆炸时被炸死了;有两个是继承父亲的财产,她们的丈夫搬来女方家生活。在这种入赘家庭里,丈夫和妻子都坚持说他们二人共同拥有和管理作坊,但是其他村民都认为妻子而不是丈夫才是业主,也用妻子的名字来指代他们的作坊。更明显的是,在那样的作坊里经常是妻子打浆,管理纸张质量。在一个更不寻常的案例里,一个女人成了作坊管理者和户主(这两个头衔经常属于同一个人),不是通过继承权,而是依靠她勤劳的工作和才能。车素芝是集体化时期妇女队队长,她自己学会了如何打浆。在 20 世纪 80 年代,她和她的丈夫开了造纸作坊,她丈夫做抄纸工,她打浆、监督工人、管理纸张销售,获得了很大成功。尽管村里 139 个作坊,只有五个是妇女带头的,但是其中两个却是石堰六七个最盈利的作坊。

雇　工

上文已经提到过,在后毛泽东时期长期雇用工人比土地改革之前大幅度减少。1995 年,石堰的 16 个家庭靠给其他作坊工作挣工资。一些家庭里丈夫和妻子都出来工作,独立雇用工人的数目就达到了 20 个。他们所有人都在石堰或邻近的石角工作。抄纸工每生产一刀"国画纸"能挣 2—2.5 元,刷纸工挣 1—1.5 元。根据不同工人的力气和工作速度,抄纸工的月工资在240—375 元,刷纸工在 120—225 元。除此之外,工人还可得到免费食宿。工人每周至少可吃一次肉(一些雇主隔一天就提供肉),还有给男人提供的便宜的白酒和烟。如果家里丈夫和妻子都出去工作,夫妻二人的收入就和一个小型"生宣"作坊的收入差不多，或者更多。另外，他们的工资很有保障：对技术工人的需求很大，那些辞职的工人很容易就能在其他地方找到工作。雇用工人有较高的现金收入，每天的支出又由雇主支付，所以他们比小家庭生产者有更多的可支配收入。

但是，当挣工钱的雇工并非一个有吸引力的选择；实际上，这并不是一个选择，而是外部压力的结果。我采访的六对挣工资的夫妻中，有三对都有两个孩子（那个地方计划生育政策很严格，几乎没有作坊业主有第二个孩子），还要交罚款。一对夫妻在六年里还够了一半的罚款（全部罚款是 3 100 元）；另一对在四年后才还了不到 30 元，全部罚款是 3 420 元。只有家里没有财产可被没收的时候，才能不付罚款。确实，他们家里除那些必要的物品之外，就没有别的财产了，也没上报任何存款。那些设备和银行储蓄之类的有形财产肯定会被没收的。相比之下，工资都直接到了这些夫妻的手中，避免了被没收的风险。只要他们花着挣的钱，就可以推迟支付罚款，直到罚款被取消、被遗忘或者因通货膨胀而缩水。

换工与互助

机械化和服务业的引入不仅减少了雇用劳动的使用，也减少了劳动力之间的交换。传统篁锅蒸煮过程中的正式换工不再流行，但是非正式的换工还很平常。相比于大家乐意讨论的家庭间的市场交易（例如雇用劳工、出钱购买蒸料服务、运输或者其他工作），家庭间无报酬的交易越来越少了。作坊业主总是说，他们不再从邻居那接受无报酬的帮助，也不会提供这样的帮助。但是这总是和事实相矛盾：有时候，人们说他们作坊里的所有劳动力都是自己家里人，但是明明有非家庭成员的女人坐在院子里，静静地收拾着莎草或者准备刷纸。有人告诉我们，这些人就"恰巧在那儿"，让她们搭把手，因为女人（不是男人）在串门时就被期望那样做。许多女人做的工作（清洗莎草就是一种）很消磨时间，不需要力气，也不需要太多注意力；这种工作很随意，很不正式，你都几乎察觉不到那是工作。

晾纸墙的使用，也导致了家庭的自给自足和独立这一问题被提出来。因为市场需求波动较大，家庭作坊不可能使他们的设备满足市场需求。大部分作坊要么一段时间非常忙，晾纸墙不够用；要么一段时间非常闲，晾纸墙又多余。为了解决这个问题，造纸作坊都根据自己需求的变化向邻居互相借晾纸墙空间。这种交流根据传统规范来执行：不收取租金，因为从长期来看，收支总是平衡的；那些觉得受帮助较多的人可以在年末时给予对方现金红包。[①] 同样的互惠规范也应用于现金借款。朋友、亲戚间借几百元钱很平常；他们经常在数月内就会还清，不收取利息。建房子的家庭经常会一次性借几千元钱，同样没有利息（甚至在两位数通货膨胀的时候！），也不用担保。但是这种借款，像其他形式的帮助一样，只有针对特别的问题时才会发生。

这种小生产者坚持独立、自给自足和形式上的平等的现象在中国其他地区也能看到。朱爱岚（Ellen R. Judd）有这样的发现：

> （山东的村民）坚定地强调将他们各自的家庭和其他家庭分别开来。家庭成员，特别是一些老太太，都很

---

① 对徐石妹的访谈，1995 年 10 月 25 日。

看重自身家庭的独立性。每个家庭都应该自给自足，这无疑是一个理想，即使大家都心照不宣地知道这个理想是不可能的……这种形式的主要原则就是每个家庭的成员都应该和每个人和平相处，而不是只和特定的一个人或家庭搞好关系。[1]

在夹江，家庭独立性这一常规与人们不认可的将各家庭彼此绑在一起的常规和实践共存着，其间有着并不令人感到轻松的张力。在整体上，这种组合对夹江造纸者很有利。在各个家庭之间的这种不彰显却至关重要的交换活动使得造纸业在 20 世纪 80 年代得以极为快速的恢复。家庭作坊以不完整的设备和技艺起家，但却互相交换纸槽、晾纸墙、工具和技能，直到大部分家庭都能够基本上让家庭作坊运转起来。那些具有特殊新技术的作坊并没想独占技术，而是分享给了邻居。技术信息以惊人的速度在造纸区域内传播；贸易商或创新的造纸者引进了新纸张类型和版式，新的原材料和添加剂，如果获得成功，别的作坊很快就互相仿效。合作和信息共享仍植根于强调家族团结与不同辈分差别的家庭规范和实践中。

但是随着造纸业的不断成功，家庭作坊的界限也开始变得更加坚固。家庭间的劳动力交换变得不那么明显：女人在邻居家收拾莎草，可以被认为是在玩儿，作坊业主可以不承认那些出于家庭间换工的承诺。大家都羡慕在大家庭作坊里的那种两代人之间的和谐，但是大部分人都觉得那种安排不适合自己。大家普遍认为父子或兄弟之间相处的唯一途径就是将一

---

[1] 参见 Judd(1994:175)。

般性财产分割；只有有特别能力的人才能与直近亲戚成功合作。造纸作坊的主要形象应该是一个设备完全的、独立的单位，其中所有资产（包括技能和家庭劳动力）都由业主和他的妻子，或者（不常见的）业主和她的丈夫控制。这种模式的限制是显而易见的：技术上来说，手工造纸业需要大家庭、常规的雇用劳动力或者制度化的互助形式，或者说，理想上是三者的结合。小型家庭作坊独立性的理想将人们封锁在家庭作坊里，但是这种作坊太小了，不能生产出高质量的纸张，他们也只能通过高度的自我剥削而生存。同时，这也让人们回避了依赖别人的工作，尽管雇工的收入比小生产商的收入要高，也更稳定。

　　按照 20 世纪 90 年代晚期以来的变化，将家庭个体化的理念与世界银行和其他国际组织提倡的"新自由主义"话语，或者在更宽泛的意义上与中国融入资本世界经济这一事实连在一起极具诱惑性。不过，在 20 世纪 90 年代的夹江农村，我们找不到这种关联的蛛丝马迹。相反，我会认为，这些变化源于 20 世纪 70 年代起中国共产党的政策；或者说，这些政策规范在一定程度上创造了农村家庭作为经济主体这一事实。正如朱爱岚（Ellen R. Judd）指出的那样，中国不仅通过户籍制度规定了家庭住址和构成，也通过家庭责任制度指定了每个家庭的详细生产任务，规定了"专业户"的经济权利和责任，以及其他为国家所承认的范畴。[1] 与国家来规范家庭作为生产单位伴行的意识形态重塑，旨在提升工作纪律、节俭、礼貌，以及 20 世纪 80 年代以来的"市场意识"。[2] 国家的"家庭建设"政策作用明显：尽管在夹江有着特

---

[1] Judd(1994:137 – 153)。

[2] 参见 Anagnost(1997:第三章)；关于农民和少数民族缺乏"市场意识"的相关内容，请参见 Wang Xiaoqiang & Bai Nanfeng (1991:23 – 65;154 – 74)。

殊的条件，小家庭作为生产单元有着明显的经济劣势，人们还是普遍地接受这是唯一可行的生产单元，指责多代人的作坊是经济上非理性的集体主义的产物。具有讽刺意味的是，那种被认为自然而必要的小型的、肯冒险的、具有创业精神的家庭，在经济上恰好是非理性的，夹江的槽户们对此知道得再好不过了。

第八章　改革开放时期的纸张贸易和乡村产业

　　如果没有 20 世纪八九十年代纸张销售量的大幅增长，上一章所描述的变化将会是无稽之谈。20 世纪 80 年代，纸张的需求量急剧增长。自由化经营的印刷企业生产出大量书籍和报纸，随着政府机构和公司部门的扩张，办公用纸不断增加，新型城市中产阶级在书籍和其他纸张产品上的花销也在增加。然而，毛泽东时代的政府意图让市民在闲暇时间进行政治运动，从写书法到养金鱼的娱乐活动因此都遭到了禁止，并被标榜为"小资主义"，而改革开放时代的领导人却鼓励人们培养诸如绘画与书法的爱好。[1]　此前书法从未像其他传统艺术形式那样受到攻击。20 世纪 80 年代，书法恢复了从前的功能，成为道德与知识素养的标志。[2]　越来越多的初高中开始教授书法，数百万的孩子和成人开始去学校学习或跟从私人教师上课。与此同时，民间宗教再次复苏，烧纸的需要也与日俱增。20 世纪八九十年代，寺庙和宗祠的大型群众庆典活动伴随着大量纸张的焚烧而蓬勃复兴。宗教仪式和私人典礼通常还会燃放爆竹，这就为手工纸开辟了又一发展市场。手工造纸在某种程度上性价比更高，因为手工

---

① Wang Shaoguang（1995：152 - 58）。

② Kraus（1991：8 - 9；13 - 14）。

纸的强度更大，爆炸声也更大。

20 世纪八九十年代的大多数时期，由于卓越的销售网络，夹江槽户遥遥领先于其竞争对手，其中包括安徽泾县、浙江富阳、广西都匀以及河北迁安这些造纸地区。20 世纪 90 年代中期，夹江人在中国各大城市都开了店，流动代理销售为全国大部分地区的学校、机构和商店供应纸张。据夹江有关人士透露，尽管没有一家生产区保留着真实可靠的销售数据，夹江县手工宣纸的产量仍约占全国 40％。[1] 无论精确的数据是多少，毫无疑问，在 20 世纪八九十年代的中国，夹江就算不是最大的手工纸生产地，也绝对是最大之一。

20 世纪 80 年代早期的"游击"贸易

尽管私人造纸业在某些年代遭到压制，私人造纸却从未被彻底清除。1953 年，造纸行业被国家垄断，但私人纸张贸易仍在继续，只不过是在黑市进行。"大跃进"和集体化解体后，大部分的纸张贸易摆脱了国家控制。20 世纪 60 年代中期，国家重新恢复对纸张贸易的控制，但在"文化大革命"期间再次停止控制。[2] 槽户向轻工业管理部门的专项负责人抱怨国有贸易企业的"刀鞭政策"：供不应求时，他们被迫增加产量；供过于求时，国企又不认购了。[3] 然而，无论是用刀还是鞭，国家都无法彻底控制纸张贸易。在河西，大部分造纸团体都与个体商户秘密签订销售合约，就连合作社也会背着政府垄断控制暗地里卖纸。纸贩子

---

[1] 刘少全(1992)：《夹江的纸业与国际交流》，第 36 页。
[2] 佚名：《夹江纸史》，第 56 页。
[3] 同上，第 55,59 页。

出价比国有企业高 30%。造纸队的一把手能不能从高价中谋利,起决定作用的不是原则而是胆识:"胆子大的"会把纸拿到黑市上卖,"胆子小的"则会卖给国家。

1983 年,纸张的私人贸易合法化。但是,在 80 年代的大部分时间里,纸张贸易都保留了一些黑市贸易的特点。大多数商贩都像打"游击",流动速度快,流动距离远,了无踪迹可循。个体商贩在正规经济体系的夹缝中经营:它们不注册、不缴税,不受国家管制,不受国家保护。与此同时,市场供不应求、利润率居高不下,只要找对人,银行贷款也很容易就能拿到。我所采访的几个商人一年中多数时间都在路上,他们带着纸样品辗转各个城市,完成订单量才返回夹江,几日内就把货用船运出去。20世纪 90 年代,纸商最终接受了做生意的正统方法。与其对纸商的经营模式进行泛泛而谈,不如在此展示几个实例。

石荣轩

石荣轩,1932 年生,曾在集体造纸厂担任队长,后成为造纸队的采购员。在集体化解体以后,他把第一批纸张委托给一个商人代售,却从未收到承诺过的回报。他决定亲自销售,以防再次受骗。数年来,他在崎岖的道路上行进 100 公里路,用自行车把纸运往成都。幸运的话,他能在沿途的集镇上卖掉 20 刀纸(60 公斤),不用到成都就能卖完回家。否则,他会在次日晚上到达成都,然后在人民路上把纸卖给行人。人民路是成都的主要街道,是出售艺术品、书法与古董的夜市场所。如果在成都出师不利的话,他会继续向北走,到离夹江五百里远的德阳市。返回的途中,他会从印刷厂购买 80 公斤的碎纸,转手卖给石堰的造纸作坊。这种直接销售耗费精力但利润可观：在 20 世纪 80 年代初，他每卖一刀纸盈利 12 至 22 元。四年的巡回销售之后，石荣轩把自行车存放起来，开始邮购销售。他保持小额贸易，将纸张出售给成都的四五个零售商。这些零售商通过邮件下单，通过邮政汇款预付 50％货款，然后石荣轩通过汽车、卡车或邮局将货物运出，零售商收到货物后支付剩下的 50％货款。据他估计，每年售出的纸张不过 1 000 刀。

石胜新

石胜新，1919 年生，曾经是大槽户石子青的抄纸工。石胜新无儿无女，他和妻子曾经在 50 年代领养过一个儿子，但养子在 70 年代离开了他们。集体化解体后，夫妻俩发现自己和土改前一样一贫如洗。一生忙忙碌碌，辛酸悲苦；垂暮之年，无依无靠，老无所依。几年来，他们靠卖自制的豆腐赚点小钱过日子。1983 年初，石胜新穿上他最正式的中山装，去夹江的工商银行申请贷款。贫困潦倒，近乎目不识丁的石胜新是一家国有银行最不可能考虑的贷款候选人。然而，他听朋友说工商银行为处理闲置资金，正在寻找短期投资机会。石胜新提出合伙的建议，他负责从化工厂买烧碱，然后卖给夹江的造纸厂。难以置信的是，银行竟然贷给了他"几万元"，但要从中提取 40％的利润。由于他无法提供担保，银行便派了一个职员全程陪同，并支付花销，跟踪记录他的销售情况。这种协议是违法的：银行无权向未经注册的私营企业提供贷款；此外，夹江的纯碱贸易仍受国营物资局的控制。事实上，这也是石胜新的提议对工商银行极具吸引力的原因：作为垄断行业，物资局高价出售纯碱，在这种情况下，哪怕石胜新以较低的价格售出，也能为自己和银行赢得巨额利润。据石胜新估计，他在 1983 年赚了 1 万元，但 1984 年纯碱价格下跌，于是石胜新转向了纸张贸易。像石荣轩一样，他坚持小额贸易，只把纸张卖给文化和教育部门的国有单位或集体单位。据他说，这种单位是最可靠的商业伙伴；私人个体户容易破产或遭员跑路。石胜新跑了好几年的外线，从一个城镇到另一个城镇卖纸。20 世纪 90 年代初，石胜新收养的孙子劝说他在广州开一家纸店以及在卷轴上裱画的小工场。20 世纪 90 年代，石胜新每年从邻居朋友那里大约买入 4 000 刀纸，然后寄给孙子。这家店同时出售来自安徽、广州和其他地方产的纸以及毛笔、墨水、砚台及其他艺术用品。

石威方

在我实地调研期间，1951 年出生的石威方不仅是石堰最成功的纸商，也是村里让人艳羡的唯一一辆桑塔纳私家轿车的主人。由于家庭背景不好（石威方的父亲曾是国民党的包工头），石威方早早就辍学了，做了一段时间的搬运工和流动养蜂人。后来，石威方像与他有共同背景的其他人一样，成了一个裁缝。裁缝是少数几个未被集体化的职业之一，拥有良好阶级背景的人唯恐避之不及。在做了两年学徒、十年的熟练裁缝后，石威方于 1982 年开始贩纸，贩纸在当时仍是违法行为。他第一次去的是成都和乐山，把纸卖给了院校。每次行程之后，他付钱给供应商，然后买更多的纸，再次出发。1984 年，他在马村农村信用合作社获得了第一笔贷款，这些钱足够他到北京、天津和其他北方城市售纸了。他随身只带着一本小型样品簿，从纸店、百货商店、艺术机构以及院校收集订单。收集了几个月的订单后，他便返回家中，然后将纸张寄出。

大多数顾客在收到货物几个月后才付款。石威方与其他纸商不同，他从农村信用社又获得了一笔贷款，支付了供应商的第一批分期付款。几次往返之后，钱开始定期地汇过来；与此同时，农村信用社提高了他的信用额度，他因此可以一次性给供应商付清款项。到 20 世纪 90 年代初期，石威方有了足够的积蓄，他可用现金直接购买货物。与其他商人相同的是，他往往委托别人购买或出售。在某种程度上，石威方和其他商人颠覆了民国时期"预货"的惯例：与提前将钱或原料提供给槽户相反，他们受委托拿纸并在顾客付款后才付钱给槽户，这个过程往往耗时一年甚至更久。然而槽户们却都乐意将纸卖给石威方，因为他出价比大多数人更高，而且被认为是石堰最有偿还能力和值得信赖的商人。20 世纪 90 年代初期，他在北京、天津、兰州开设了库房；并把其他几个专营店承包给妻子的亲戚，这些人仿照当时在国有企业和集体企业流行的模式，每出售一刀纸便付给石威方固定数目的利润，留下剩余的利润。石威方声称他每年出售 1 万刀纸；村里的人们估计他每月就能卖出 1 万刀纸，每年至少赚取 10 万元。在中国农村，有形的财产往往是一家人富裕的最好证明。石威方是村里最早盖起三层水泥楼、最先买汽车的人之一。从他的家通往公路的道路和桥梁，几乎全部修建开销都是他出的，并且他还为自己的两个孩子买了城市户口。

彭春斌

彭春斌，1942 年生人，是石堰附近坊沟村一户富农的儿子。

尽管家庭成分不好,父母还是把他送到一所职业中学读书。1959年毕业后,他来到石堰成了大队的出纳员。随后,彭春斌入赘石家,学会了抄纸,并成为造纸队队长。1964年,他申请了干部培训课程。彭春斌没有像其他人那样隐瞒自己的阶级背景,相反他主动承认,但也因此断送了自己的干部生涯。于是,他辞去了队长和出纳的职位,像石威方一样成为一名裁缝。"四清运动"开始后禁止一切个体私营,他交替做着砌石和抄纸的工作。1970年,在夹江看不到未来的彭春斌主动请求去凉山。凉山是一片荒野之地,是1957年刚被解放军"平定"的彝族人的栖居地。彭春斌在普格县一个军兵站工作了两年,然后回到夹江县城继续当裁缝。在之前的几份工作中,他不得不把收入的一部分交给他之前所在的石堰大队,以弥补他所造成的劳动力损失。彭春斌说,当裁缝的一个好处是,他的大部分顾客都是能接触到第一手资料的干部(普通百姓很少有人需要正式的衣着,或者能支付得起裁缝的服务)。1979年,一位顾客告诉他家庭生产很快就会合法化。彭春斌当时的第一个念头就是投资一家造纸厂,但是深思熟虑一番后,他决定生产纸帘。他的岳母教会他和他妻子如何用竹筒、马鬃编制纸帘,并如何刷树漆。私人造纸兴起时,纸帘会变得炙手可热。由于老一辈的制帘人几乎都已去世,学徒工也少之又少,彭春斌的纸帘顿时供不应求。

1983年,陕西轻工业研究机构派遣一个代表团来石堰学习参观手工造纸技艺,彭春斌的职业又一次迎来了转机。[1] 大多数村民怀疑这些人妄图偷走他们的技术,对这些陌生人十分警戒。

---

[1] 这次代表团的来访属于中国造纸历史研究项目的一部分。这是一项大型的研究项目,政府给予了充足的资金支持。

深谙城里人处世之道的彭春斌邀请代表团到自己家中，并且和他们做朋友。很快他就被请到西安附近一家试验工厂担任抄纸工和制帘工。与此同时，他开始兼职卖纸。1989 年他在吸引了来自全国各地书法家的碑林博物馆附近租了一家纸店。据彭春斌说，西安当时的手工纸市场比北京都大，他的店因此蓬勃发展。彭春斌为自己、妻子还有五个孩子都办了城市户口，他的孩子几乎都在国有企业上班。他在石堰仍然拥有两套房：大山里一套老房子，现已租给朋友；另外一套带有大储藏室的新房子，地处交通便利的加档桥附近。新房一年大多数时间闭而不开，但彭春斌无论何时在家，来访的客人都会络绎不绝。尽管彭春斌对石堰感情深厚，但他生活的重心早已移到了西安。

从"行商"到"坐商"

20 世纪 90 年代尽管许多夹江纸商仍在跑市场，但大多数纸商已经通过在各大城市开店，形成了一种更加固定的贸易模式。这不仅仅是因为安定的生活较路上奔波劳碌、胆战心惊的生活更加舒适，更是因为这种方式让商人们得以从零售中获取之前留给当地人的利润。更重要的是，与顾客距离的增近使商人们得以更好地收取债务，从而解决了之前流动商人们一直头疼的问题。据马村信用合作社的经理杨德华估计，在 20 世纪 90 年代中期，马村乡的人在全国各地拥有近 200 家纸店。最为人称道的说法是，夹江纸商活跃在"除了西藏和台湾"的中国所有省市自治区。[1] 大部分的店铺面积狭

---

① 张万枢：《清代夹江造纸初探》，第 2 页，载于王戎笙、王纲主编的《清代的边疆开发》，成都：西南示范大学出版社，1994。

小,由库房和一个小小的门市组成,纸张和其他物件往往堆到了屋顶。除了卖纸,大部分店铺也卖包括墨棒、砚台和毛笔在内的"文房四宝"。这些店铺通常靠近大学、艺术院校以及吸引游客的地方。除零售给学生、艺术爱好者和游客之外,大多数纸店为机构供应纸张,这些买主贡献了大部分销售额。店主及其家人往往在储藏室里做饭、吃饭、睡觉,在纸堆间几平米狭小的空隙里生活。[1]

警察、税务局及其他官僚机构对他们胡乱收费、索要贿赂,都市人对他们傲慢无礼,这些都让那些我在成都、西安或北京采访过的大多数纸商感到愤愤不平。来自农村的四川人组建了20世纪90年代中国最大的一个外来务工人员群体。他们人数庞大,以至于来自其他省市的人称呼他们为"川军",更有甚者,称他们为"四川耗子"。大家公认四川人努力勤奋、聪明机灵,但同时土里土气、脾气火暴、狡猾奸诈。他们来自农村,家世贫穷,有着难以理解的方言和瘦小的身躯,都市人往往对此评头品足。[2]纸商们往往通过拉拢当地庇护人来寻求保护。这些人通常是退休后对书法痴迷的军队干部、和政府干部等。[3]

商人与槽户的关系

和1949年之前一样,众多小商贩竞相争取各槽户的产品,槽

---

[1] 对石清林的访谈,1996年4月27日。

[2] 在中国,身材被视为财富和地位的象征。当时四川农村男性的平均身高比城市男性的平均身高矮8厘米,比全国男性的平均身高矮10厘米;四川农村女性的平均身高比城市女性的平均身高矮5厘米,比全国女性的平均身高矮7厘米。城市人口为自己"优越"的身材感到自豪,并将外来人口的矮身材与低劣的"身体素质""思想道德素质"联系起来,详情请见《中国人口四川分册》(刘洪康,北京:中国财政经济出版社,1988)。

[3] 对石青成的访谈,1995年10月6日;对彭春斌的访谈,1995年11月11日。

户的数量甚至比小商贩数量还大。大商贩们则一如既往地青睐大生产商，并为他们提供最实惠的价格和最优越的条件。石堰四大纸商（石威方、彭春斌、石青城以及石荣军）主要从一些金字招牌的工厂购买精料。他们和供应商的关系非常稳定且往往有贷款关系：纸商有时会提前把现金预支给生产商。更为普遍的情况是，纸商受生产商委托代销纸张，并从中收取佣金。受访的所有槽户都认为在低端市场信用销售比匿名交易更受欢迎。小商贩违约的可能性更大，因此生产低质量"生宣纸"的小槽户只把小批量纸张出售给小商贩，并坚持现金结算。这种销售往往以互不信任和讨价还价为特点。在纸张贸易中，手工纸没有标准化的生产工序，质量不好把控，因此彼此信任极其重要。纸商们通常从一批纸中取出几张，放到阳光下照射，或从边缘撕下一小片检测纤维长度和抗拉强度，或用湿润的手指触摸纸张以检验吸水性。然而对纸张的最终检验是在绘画中，或通过撕扯、揉搓以及浸润的方法，然而这也意味着这些纸不能再被出售。纸商们从他们熟悉和信任的槽户那里购买纸张，可以有效地减少质量控制的时间；同时也降低了因出售不合格产品而惹怒顾客甚至丧失顾客的风险。

大部分精料纸都是通过延期付款出售。一般的做法是，槽户先运送第一批纸张，然后在几周后运送第二批纸张时收到第一批货的款项。其中涉及的交易金额一般都非常巨大：据精料纸大槽户石升林说，价值 3 000 元的精料纸出货三个月后，他才收到付款。事实上，他是以实物的形式向买家发放贷款，否则的话，他们就要以每月 2%（马村乡信用合作社的低风险贷款率）的利息向银行贷款。每一笔这样的交易不仅为买家节省 180 元的利息支出，也增加他手中的流动资金——在 20 世纪 90 年代这是件举足轻重的大事，因为即使是盈利的企业也常年面临现金短缺问题。槽户能接受大纸商的延期付款是因为他们深谙"三十年河东三十年河西"的道理。尽管石威方和其他大纸商多数时间都欠大多数供应商的钱款,但个体生产者一旦资金短缺总能即刻获得偿付或收到预付款。

乡镇与农村工业化

尽管造纸在 20 世纪八九十年代得到复兴和发展,但纸业却丧失了其之前在夹江经济中的中心地位。部分原因可归结为河东两镇工业的集中发展。河西造纸区没有转而生产宣纸,反而继续生产"对方纸"。20 世纪 80 年代,国内(民间宗教的复兴)和国际(东南亚对夹江"对方纸"的需求不断增加,在那里"对方纸"被用来做成仪式用的纸钱)对"对方纸"的需求量急剧上升。"对方纸"生产商发现,在烟火爆竹的生产以及印刷行业中,"对方纸"可以被用作吸墨纸,因此为"对方纸"找到了新的市场定位。然而,由于来自廉价机制纸日趋激烈的竞争,"对方纸"的价格在 1996 年跌入谷底。那时,对各式各样的"山货"——比如茶叶、草药、木材、蜂蜜以及金针花干芽的需求量与日俱增,河西山区找到了新的创收途径。一年到头造纸的只有几个村庄(其中第一章讨论过的塘边村便是其中一个),大部分的生产商都已转为农业、副业以及偶尔与造纸相结合的模式。1983 年,河西的纸槽数仍远超河东(1100 :700);1997 年,河西的大多数"对方纸"生产商都已停业,大多数常年有产出的纸槽集中在河东的马村乡和中兴镇。①

---

① 刘少全(1992):《夹江的纸业与国际交流》,第 36 页;中国人民银行夹江支行:《夹江纸业生产经营的调查报告》,载于《调研与信息》第 39 期(1998 年 8 月),夹江:复制手稿。

相对于其他工业,造纸业逐渐收缩,越来越集中于少数地区。同时,夹江部分地区经历着不同类型的工业化。乡镇企业的崛起是 20 世纪八九十年代中国农村快速转变的主要原因。纵览 20 世纪八九十年代各种经济形态的发展,乡镇企业发展遥遥领先,为百万农民带来了财富和就业机会。到 1995 年,乡镇企业员工数量达到 1.28 亿,年产值占国民生产总值的三分之一,出口额占国家出口总量的三分之一。① 整个地区迅速由农业落后地区转变为城市化工业区。然而,包括四川在内的中国很多地区的乡镇企业发展,依旧根植于国家主导资源调配的思维逻辑中,而这样一种逻辑往往会导致资源重复以及工厂在个别领域的过度集中。乡镇企业同时会造成土地、能源以及水资源的浪费,并且严重污染环境。黄佩华(Christine Wong)曾描述过乡镇政府为增加财政收入而大力促进乡镇企业产业化的过程:"面对巨大的预算压力,现行的收入分配计划以及一个三分之二的税收都来自工业的税收体系,当地政府除了进行工业扩张外别无选择。"与此同时,税收信号"确保了大部分投资都浪费在重复建设和在社会意义上的非理性项目上"。② 她总结说,财政规划为当地政府与企业创造了利益契合点,"这个契合点有利于促进增长(从当地财务部门支持投资的意愿就能看出来),却不利于提升效率"③。所有这些问题在石堰的乡镇企业中都非常明显。

---

① 国家统计局:《中国农村统计年鉴 1996》,第 329 页,北京:中国统计出版社,1997。
② Wong(1991:694)。
③ Wong(1991:711)。

盲目发展:石堰的乡村企业

集体经济解体后,石堰面临成为"空壳村"的危险,这是一种官方的说法,指一个村庄因为没有收入而丧失行政功能,甚至无法为居民提供基础服务。1985 年村党支部的六名成员,在党支部书记石升义和村主任石隆基的带领下,开始寻找能为村庄带来收入的"项目"。鉴于石堰造纸历史悠久,纸张需求量不断增加,他们最终决定建设造纸厂也就不足为奇。造纸投资少、见效快、利润稳定。计划方案由纸商刘远志起草。刘远志只上过小学,靠自学的工程学和化学知识设计了一个半机械化工厂。工厂配有三架纸槽和一个一体化的纸浆设备,包括高压蒸锅。① 为了筹集钱款,村党支部的所有成员都把自己的个人财产拿出来作担保。正常情况下,这些财产还不足以担保他们所需要的 16 万元的贷款,不过马村农村信用合作社的社长是石堰人,而且是石升义和石隆基的朋友。星火造纸厂在 1987 年初期开始生产;在接下来的两年里,工厂又增加了十架纸槽和一个热风干燥室。由于开销不断增大,造纸厂的生产成本始终高于小型家庭作坊,但星火造纸厂严格的质量控制保证了纸张的售价高于任何一家家庭作坊。

1993 年,星火造纸厂放弃造纸转而生产硝酸盐。经理刘远志坚持认为工厂是健全完善的,放弃造纸是迫于县税务机关的

---

① 和其他几个成功的纸商一样,刘远志出身家庭的阶级成分也不好。他父亲曾在国民党军队任职,后被指控为"间谍"而遭到枪决,他母亲则从川东的开县逃往夹江投奔亲戚。和许多家庭成分不好的纸商一样(如彭春斌和石威方),在集体化时期,刘远志也成了一名裁缝。

压力而做出的决定。星火造纸厂的产品市场——提供给书法家和艺术家的优质纸——有潜在利润可图，然而为了在保守的书法家中建立声誉，星火造纸厂不得不在最初的几年放弃高额利润。乡镇干部在邓小平南方谈话之后的狂热年代里，期盼经济的快速发展。然而，之所以采取如此谨慎的策略，据刘远志的说法，并非出于乡镇干部的喜好，更为根本的原因是，星火造纸厂被划分为加工处理农产品的手工工厂，因此多项征税得到豁免。然而一旦改变生产线，星火造纸厂就会进入高额征税类别，产品税从销售总额的 6％增至 30％。产品税的增加是否会伤害企业的长期发展，税收干部对此漠不关心。刘志远说，他被指控偷税漏税并遭到突然搜查，直到他同意改变策略。他承认曾偷税漏税，但他也说自己并非特例：所有城镇或乡办厂都这样做，税务局对此心知肚明，而"星火"被单列出来，是因为它的产品可以征收的税率高。① 村里其他人则不同意刘志远的这种描述，他们认为刘远志当时同样支持硝酸盐项目，不过是在项目失败后才改变了看法。转型后的星火工厂盈利了两年，但对硝酸盐的高额需求很快吸引了大量竞争者，最终导致市场供过于求。1996 年后，星火造纸厂因入不敷出而停业倒闭，欠下近一百万元的巨额债务。

星火工厂首战告捷，村干部一鼓作气，决定建第二家工厂。石堰很少有人懂得造纸以外的技艺，更没有人知道如何经营一家大工厂。于是村干部便四处寻找能够提供技术蓝图、许可证、国家贷款以及有着密切合作关系的政府单位来购买他们产

---

① 他坦率地承认工厂确实逃税了，但所有的乡镇企业都在税务局知情且默许的情况下逃税。

品的一揽子交易。听说邻村将要获得一个纸板厂的项目,石隆基便派代表团去北京"拉拢"投资者和管理人。北京协商无果后代表团继续北上,来到辽宁省的一个纸板厂,这个纸板厂承诺给他们提供使用过的机器和蓝图。代表团回来后,石隆基获得了省乡镇企业办公室的支持,办公室的负责人是夹江人。随后,银行也表示支持。现在只剩下说服夹江县政府了。为了说动县政府,向其表明决心,村干部们承包修建了一条公路并铲平了 30 亩竹林作为厂址。然而,县政府依然持怀疑态度,并派代表团到辽宁探究事实真相。1987 年下半年,代表团回来报告说,夹江既不能提供这种大型工厂所需的稻草,也没有相应的产品市场。石隆基意识到他不得不寻找一个替代项目,否则就得因浪费金钱、土地和劳动力而承担个人责任。于是,他再一次抵押了财产外出寻找项目,这一次是去上海。然而就在他即将启程前的几个小时,他接到朋友的电话,告诉他乐山区有建造乙炔工厂的计划。石隆基立刻取消去上海的行程,动身前往乐山,与峨眉县的代表团一起竞标这个项目,看谁先到成都的经济计划委员会并获取其信任。感谢他的司机,石隆基第一个到达成都;也感谢他的亲戚,他获得了合同。

石隆基解释说,乙炔厂是一个"定点"项目。也就是说,它包含在国家计划中,产出中的一大部分按合同给一个国有建筑单位。石隆基说,这样一个项目是不会失败的;即使它每年亏损,政府也会出手相救。工厂完全自动化,由外聘技术员进行机器的安装和操作,完全不需要村里的专家。石堰提供了厂址,靠近新修的公路;配备了 37 名车间工人,23 名管理人员和销售人员。1989 年,工厂营业的第一年,在中央政府严厉的财政紧缩措施下,乙炔需求量较低。① 然而,接下来的几年,建筑热潮为工厂带来了高额利润,随后的过度建设造成乙炔供过于求,市场价格又随之下滑。1998 年工厂欠下外债两百万元,② 然而到了 2001年,工厂又开始盈利。

1993 年石堰村获得批准建设第三个项目——一个碳酸钙工厂。碳酸钙,或石灰,被广泛应用于建筑行业。碳酸钙通常取自石灰采石场,但也可由熟石灰制成,是乙炔生产的副产品。由于两座工厂都获得了巨大成功,银行和县政府对石堰干部逐渐生出信任,认为他们有能力掌控更大的项目。新项目的固定投资额是四百万,是乙炔厂的两倍还多。债台高筑的乙炔厂因新贷款暂获安全。③ 1995 年初试营业后,人们发现工厂无法调出制造碳酸钙所需要的高温。村里流传的说法是"我们这方的人吃了回扣"——换句话说,村干部中有人收受贿赂引入了不合格设备。这座占用两公顷农田的工厂自始至终一无所出,现已逐渐衰败。

曾在一段时间内归石堰村所有的第四座工厂位于村外,地处邻村的碧山村。20 世纪 80 年代,村里没有工厂,碧山村一直用小窑加工屋瓦砖头。20 世纪 90 年代,碧山村村委会开始起草计划修建机械化砖厂。该项目遭到了马村乡乡政府的反对,因为他们刚开设了自己的砖厂。一个在乐山县政府工作的碧山村民建议村里要"大胆地干",还要扩大项目规模。正如他所料,扩

---

① 乙炔用来焊接和切割钢材。

② 源于对如下人物的访谈:石建荣,1995 年 12 月 1 日;张学林,1995 年 12 月 4 日;石隆基,1995 年 11 月 21 日;石升,1995 年 11 月 18 日;石升义,2001 年 7 月 28日。《治县的带头人》,刊于《乐山日报》,1995 年 10 月 9 日,第 3 版。

③ 对石升才和石建荣的访谈,2001 年 7 月 27 日;对石升义的访谈,2001 年 7 月28 日。

大规模的计划赢得了县里和乐山区政府的支持，政府承诺给他们安排贷款。村委会开始从村民那里筹集资金并开工建设，然而承诺的贷款却迟迟没有落实。1995年，村委会放弃了曾一直坚守的希望，把已完成一半的工厂出售给石堰乙炔厂以及一名私人投资者，这两方有合作关系。这个项目给碧山村造成的损失不低于2万元。此后不久，乙炔厂把持有的砖厂股份卖给那个私人投资者。碧山村干部称，因为石堰村与马村乡农村信用合作社关系甚好，碧山村申请贷款才会遭到拒绝，最后只能卖掉项目。一旦碧山村开始出售项目，信用社就将其拒绝给碧山村的资金贷给石堰村，石堰村才能以超低价抢到他们的项目。

乡镇企业发展的得与失

20世纪八九十年代，石堰村干部投入大量时间精力扩大村企业。他们在20世纪80年代和90年代初期的成功为他们赢得了声誉，带来了物质利益，也引起邻村的羡慕嫉妒。然而，大多数村民却从企业中收获甚微。[1] 企业利润的具体数字很难统计，但实物的证据——村里两个关闭和衰败的工厂，一个管理混乱的工厂——却清楚表明了企业的成败参半。村干部估计三大工厂总债务高达600万人民币。年复一年，工厂默默地为村里的花销买单：它们补贴了干部收入，为穷乡亲们提供救济，整修了村里的学校，建设了一条公路、两座桥，并且翻新了一座历史建筑。[2] 这些花费总计20万元，并且延续了好几年——按绝对

---

[1] 四川其他乡镇企业观察者也注意到利益分配不均的情况，参见 Ruf(1998:141 - 50)；Yang Minchuan(1994)。

[2]《治县的带头人》，刊于《乐山日报》，1995年10月9日，第3版。

价值计算并非微不足道,但占石堰工业年产值(包括造纸业)的比重却不足 1%。

20 世纪 90 年代,当地政府大力促进乡镇企业工业化一方面是为了增加收入,另一方面是为了给当地人提供就业机会。巅峰时期,村里工厂雇用了大约 110 名工人:星火厂有 40 到 50 名工人,10 名办公室职员;乙炔厂有 37 名工人,23 名办公室职员。其中只有三分之一的工人来自石堰村,剩下的均来自附近的村镇。1994 年是工厂发展最好的一年,吸收了村里 7% 的劳动人口,造纸业则吸收了村里 65% 的劳动人口。[1] 在这些工厂工作,对于石堰村民而言并不是那么有吸引力:因为虽然不如在造纸厂工作辛苦,但工资也更低。办公室工作以及像销售代理、司机、厨师和保安的工作是大家梦寐以求的,但是这些职位也就大约 30 个,且常年不会出现空缺。[2] 在这些工厂工作的另一个弊端是,只有工厂有钱时才能发工资。星火造纸厂和乙炔厂经常缺乏周转资金,连电费都支付不起,更别提员工工资了。

行政和经济上的分化

村办工厂从技术和社会层面都照搬城市模式。工厂外观也仿照国有工作单位:工厂四周高墙环立,只有通过重重的铁门才能进入内部,左右两侧挂着写有厂名和行政归属的牌子。工厂

---

[1] 1994 年,石堰的劳动力人口为 740 人,其中 130 人从事农业工作,15 人从事建筑工作,2 人从事运输工作,10 人从事销售工作,40 人从事服务业和手工业工作。剩下的 543 人为"工业劳动力",其中有 50 人在工厂工作,剩下的 493 人在纸坊工作。(资料来自 1995 年 12 月 1 日对石建荣的采访)

[2] 星火工厂以计件方式结算工资,平均每月支出 300 元,额外福利(医疗保健、津贴、年货)平均每年支出 200 元。车间基础操作工人,平均每月工资为 270 元。

工人,尤其是办公室文员,从着装规范、日常工作到休闲娱乐都
与村民迥然不同。工人们身着白色实验室外套,与城里商店和
工厂员工衣着类似。他们每周标准工作时间是 40 小时,且常常
因停电而缩短,有固定工作时间和双休。工厂员工使用的语汇
也与槽户不同:槽户和农民"干活"或"打工",而工人"工作"或
"上班"。[①] 工人是村里唯一拥有固定娱乐时间的人。受雇的抄
纸工、刷纸工休息时间不固定、休息时间短,吃饭匆匆忙忙、无暇
闲谈说话;与之相反,工人们在工厂餐厅则慢慢享受、细细品味
美味的饭菜,然后在两个小时的午餐时间里或打个盹、打个牌,
或在厂院里互相切磋篮球、乒乓球技艺。停电时有发生,有时持
续数周,工人们于是轮流换班,聊天打牌直到天亮。[②] 工人拥有
大量的娱乐时间培养兴趣爱好,逐渐与村民区别开来,为他们平
添了一种城市气息。这在镇里举办运动会时尤为显著,来自不
同乡镇的代表队在乒乓球、篮球和跑步等项目中进行比赛。石
堰则是派厂里的工人去参赛,因为只有他们有闲暇时间准备
比赛。

　　与工厂关系最密切的是村干部。石堰大多数干部在行政岗
位和工厂均有任职;也正是由于工厂的这种雇员制度,大部分干
部对自己的工作都相当满意。尽管他们在村里和工厂的职能有
交叉,干部们却认为工厂经理、销售或会计的工作比起乡村的日
常行政任务要更加有意义也更有趣。村里的干部在与外界打交
道时,都会带上商人的"头衔",自我介绍时称自己为厂长而不是
党支部书记或村主任。大多数村干部大部分时间呆在乙炔厂,

---

① 其他工作术语和它们与城市工业及农村耕地的关系,请参见 Henderson 等(2000:
　　39 - 48)。

② 田野调查期间,作者住的是星火工厂的厂房,吃的是工厂食堂。

乙炔厂远离大部分村民居住的山区,靠近夹江—洪雅公路,与县城联系方便。1996 年,村委会在废弃的星火造纸厂开设了第二个办公室,在某种程度上离乡村生活的中心又近了一步。所有需要与外界联络的商业活动(类似于工厂需要与镇里干部见面的商业活动)都在乙炔厂进行,然而像户口登记、矛盾协调、征税收税、计划生育这样的常规任务则在星火厂办公室举行。后者只有两种人负责:村主任和妇联主任。他们对自己的工作怨声载道,因为这令他们陷入与本村村民的连续纷争中。村主任事实上已经停止履行自己的职责,而他之所以保留职位则是因为没人想接替他这份出力不讨好的工作。

家庭工厂

石堰的乡镇企业产业化几乎是以家庭为基础的造纸业的完全反面。造纸根植于历史传统,由市场需求所驱动;乡镇企业复制的是城市工业模式,驱动力来自政府干部的资源分配,因此加强和政府支持人的联系远比迎合市场需求更重要。20 世纪 90 年代中期,一种新型、小规模、户营式的机械造纸厂应运而生,似乎缩短了二者的距离。石堰村村主任兼厂长石隆基正是这种新技术的带头人,他曾带领村民寻找工厂"项目"。在工厂最艰难的第一年,石隆基在一次内部权力斗争中遭到罢免。然而,精力充沛的石隆基转而发展适合个体经营的小项目,一个养鸡场和一个小型电炉厂。结果都以失败告终,为此他债台高筑。幸运的是,他的造纸作坊产出的纸张在夹江依旧是数一数二的,销路也顺畅,所以得以偿还部分欠款。1995 年,他在县造纸厂担任技术员的儿子建议他建一个小型机械造纸厂。石隆基从朋友那里借了 5

万元,在儿子的帮助下,愣是用一堆零碎金属做出了一台连续造纸的机器。它与福郡尼尔(Fourdrinier)兄弟于1806年在伦敦专利注册的第一台长网造纸机非常相似。长网造纸机将纸浆放到传送带上,当水分从运行的传送带上流出时,纤维就开始沉淀成片。湿纸经过压榨辊,挤出多余水分,然后进入一个被加热的烘干筒——在这里是一个装着燃烧的煤的钢桶——再编成卷等待裁切。机器的最终产品是廉价的"生宣",价格稍低于最便宜的手工纸。①

很快,石堰槽户纷纷效仿石隆基。石堰建设的第二家机械造纸厂日产量1.5吨,规模是石隆基工厂的五倍,配有从工厂购买的造纸机和蒸锅。高压蒸锅的使用大大增加了原材料选择的灵活度:废纸——生产这类纸的主要原料,可以和由莎草、秸秆或竹子制作的硬纤维混合搅拌。② 类似的造纸厂在其他造纸乡村如雨后春笋般崛起。这些工厂不可能取代传统手工纸厂的地位,因为艺术家、书法家即便会选用机制纸进行日常练习,他们在艺术创作时依然钟情于传统手工纸。③ 然而,这种纸张的确成为廉价"生宣纸"的竞争对手,在长期竞争中甚至可能促使小型"生宣纸"厂挤入早已水深火热的高档纸市场。

专有技术

与传统造纸厂不同,但与村工厂相同的是,这些新型"家庭

---

① 对石隆基的访谈,1995年11月21日。
② 对石春进的访谈,1996年4月22日。
③ 纸匠告诉作者,艺术家对手工纸有种"迷信"般的偏爱,机制纸的质量其实不差。但机制纸纤维朝向一致,纹理平滑,帘纹较少,所以润墨差,不宜重湿毛笔书写。但可适当调整机器,改变纸张抗拉强度。

工厂"四周高墙环立，只有经过主人许可方能进入。石隆基（由于和村里其他干部敌对，被公认为比较反常）在工厂四周围起了像乙炔厂那样壮观的高墙，并且谢绝参观。他破例让我和我的中国同事在不拍照不做笔记的条件下进去参观。其他家庭工厂的主人虽不像他那么警戒，但他们的工厂同样是高墙环立、铁门紧闭。近年来，一些大型手工造纸商也开始在工厂四周建设高墙。原因之一是公路的修建使砖瓦得以运送上山，木材这种最便宜最普通的建筑材料逐渐被取代。高墙林立的工厂一方面更耐得住风吹雨打，也不怕高温；另一方面，能够保护工厂不受小偷侵扰，因为现在工厂的设备比以前更多、更贵。第一批建起高墙的工厂也恰好是最先运用有可能被邻居模仿的独特珍贵制造技术的厂家，这一切绝非偶然。石秀洁（村里五大女厂主之一）的工厂生产出六尺长的纸张（97×180 厘米），两人一组才能抄纸；另一家高墙内的工厂则发明出一种新的干燥技术。与之相反，使用标准技术的工厂依旧四面大开、一览无余。另一个表明人们对技术的专利意识越来越强的例子来自离石堰不远的金华村，那里的党支部书记发现了一种将纸染成各种鲜艳色彩的新方法。然而，他并没有将这项技术与大家分享，而是和给他提供染料、贷款并购买其纸张的商人进行合作，建立起承包网络。承包商购买他的染料，按照他的说明方法制作纸张，然后经由他运送给商人投资者。严格地讲，这些过程不算秘密，然而原材料的控制和销售却牢牢地掌握在他手中，承包的家庭也被告知不得与外人分享信息。①

---

① 对杨德华的访谈，1995 年 11 月 24 日；对石胜富的访谈，1996 年 7 月 19 日。

2000 年以来的变化

2003 年，县政府下令关闭造纸区所有蒸锅，将蒸煮工作限制在县政府所在地外面的固定地点。这地方十分宽敞，四面高墙环立，划分成不同的区域，租给山区里 20 多个失去蒸锅的经营者。槽户把竹子或莎草装车运到蒸煮地点，缴费后进行加工处理。处理完，他们把料子装到租来的卡车或拖拉机上，运回山里的工厂。马村乡和中兴乡大部分工厂都离公路较近；尽管成本增大，利润减少了，他们却依然能够继续造纸。河西几乎所有槽户以及河东那些只有走山路才能到达的作坊只剩下两个选择：他们或者弃用蒸锅，只用废纸做原材料，但这样一来，他们难免会陷入低盈利的境地；或者，他们可以暂时避避风头，等时机成熟后再秘密重建蒸锅，他们之前也干过不少躲避政策的事。然而，在 2003 年，种种迹象都表明，躲避策略很难行得通。有传言说，县政府威胁要开除那些胆敢继续非法使用蒸锅的乡镇党委书记和干部。此外，蒸锅的烟雾和排放物也使其无法遁形。

此项政策的动机是为了减轻造纸厂造成的污染。造纸都会产生污染，但 20 世纪 80 年代之前的手工造纸主要通过生物程序分解木质素，让植物纤维稀松。而新型高压蒸锅采用高强度化学物，产生大量高浓度污水。山区河流因此变成黑色，上面覆盖着厚厚一层白色泡沫，像卡布奇诺咖啡一样。山上的水是平原地区稻田的灌溉用水，自 80 年代起，农民们便抱怨并投诉蒸锅污水造成农作物死亡。县政府对这些抱怨置若罔闻，但即将竣工的"三峡大坝"引起了省政府和中央政府对长江及其支流水质的关注。政府担心，如果污染得不到遏止，水库将会变成污水池。于是，一个减污治污的十年计划得以通过，长江上游的所有造纸厂及其他重污染企业如果达不到严格的质量标准，就要紧急叫停。由于只为单一工厂建立污水处理厂没有可行性，因此县政府决定将蒸煮这一污染最严重的环节，集中到一个地点进行。

从县政府的角度考虑，集中蒸煮还有其他优点。官方指定负责管理造纸业的干部早就认为去集中化走得太远了。他们认为，自从集体经济解体后，造纸业就罹受着竞争惨烈、顾客丧失信心、资源不可持续性利用的问题，而这些问题只有通过生产过程的部分再集中化和管理控制才能解决。这种提案往往必须三管齐下：组织成立研究小组进行市场调研和技术研究；设置政府许可机构认证质量达标纸张，进行质量监控；成立对认证过的纸张具有专营权的贸易公司。干部们同时建议在夹江县建立集中的纸张贸易市场，为夹江纸设置统一商标，并组建纸张研究协会。[①] 除河西"对方纸"贸易在一家国有贸易公司管理下进行了短期的再集中化以外，以上的种种努力均以失败告终。官僚企业终究难敌私营企业的竞争，也失去了对家庭工厂横加干涉的权力。正如一家贸易公司经理所说的，"人们不再听我们的，是因为我们失去了高层的支持"[②]。

在集体经济被取缔以后，造纸业这个有望为国家贡献大量税收的产业也不会被系统地征税了。造纸厂被划为农村副业，不再需要缴纳税收。1994 年税收改革前，槽户缴纳营业税；改革

---

① 中国人民银行夹江支行：《夹江纸业生产经营的调查报告》，载于《调研与信息》1998 年第 39 期，夹江：复制手稿；张万枢：《关于振兴夹江造纸的建议》，载于《委员之声》1991 年第 3 期，第 1—7 页。
② 对黄福元的访谈，1996 年 7 月 16 日。

后,他们缴纳收入所得税和增值税。事实上,由于县政府缺乏监督纸张销售量和商人收入的有效途径,因此县政府与个体商贩共同协商"定额税"。这样做造成的结果是,尽管造纸业在不断扩张,造纸业的税收收入占县财政总收入的比重却由 1991 年的10%缩减到 1997 年的 6%。[1] 通过将蒸煮工作集中在单一易于管辖的地方,县政府成功实现对造纸业的再次征税。

这些变化发生在夹江经济飞速发展的大背景下。自 20 世纪 80 年代开始,县政府就一心一意追求大规模工业化的目标,采取了与过去毛泽东时代非常相似的方式。在三次截然不同的浪潮中,鼓励建设砖窑、建筑用材厂、大型造纸厂以及陶瓷厂。在每一次浪潮中,干部们总是被告知要调动一切可利用的资源发展工业,批准这些工厂的许可证申请,帮助他们为工厂选址、提供贷款。官方谓之的夹江"三大工业",被轻工业局的老干部们讽刺为"三次倒霉"。[2] 他们让夹江平原满目疮痍,到处都是完成一半或废弃的工厂。然而,1999 年左右,趁着内陆建筑热潮的东风,在广东佛山和山东淄博陶瓷工业的技术支持与资金聚拢下,陶瓷厂开始腾飞了。与此同时,瓷砖厂——其中大部分作为乡镇企业起家,在 90 年代最为艰难的中后期仍为集体所有——此时被私有化了。私有企业和县政府之间的联系仍然紧密,因为县政府有了新的角色——瓷砖厂和潜在投资者的推动者及支持者。21 世纪前几年的政策文件号召树立一种"大刀阔斧做事"和"富而要进"的精神,与此同时消除"消极畏难、小进则满、小富即安的小农经济意识,树立富而思进、干大事业、求大突破、上大

---

① 中国人民银行夹江支行:《夹江纸业生产经营的调查报告》,第 6 页。
② 对肖志成的访谈,1998 年 9 月 25 日。

台阶的新观念"。① 文件也要求清除阻碍投资者的官僚主义障碍，将政府职能转变为服务者和推动者。政府承诺给投资商提供低息贷款和补助，"县级党委政府要善于发现和化解社会矛盾，把涉众闹事苗头消除在萌芽状态"，从而创造一个安全的投资环境。② 这一政策收效显著：夹江号称有数百家陶瓷厂，并把自己标榜为"西部瓷都"。夹江山上的红砂石，曾是万亩竹林生长的沃土，如今却成为生产瓷器的最佳材料，采石场也正以飞快的速度在夹江山上蔓延开来。

---

① 参见夹江县长马友梅《五破五立抓机遇》讲话。马友梅反对"恐惧"和"靠本本的旧习惯"等作风，推崇"冒险""挑战""创造"精神，某种程度上被解读为鼓励村民忽视保护环境和其他阻碍经济快速发展的法规。此处引文见《夹江年鉴 2000》，第154 页。

② 《政府要善于发现和化解社会矛盾，把各种闹事苗头消除在萌芽状态》，县委书记李留耕在 1999 年 12 月的讲话，刊于由四川省夹江县编史修志委员会主编的《夹江年鉴 1999》，第 138—139 页。关于承诺补贴和低息贷款，参见马友梅：《强基固本，完善服务，夹江着力塑造"北大门"形象》，载于《夹江年鉴 2000》，第 152—153 页。

第九章 加档桥石碑

　　集体化过后,夹江造纸者生活普遍拮据但仍然相对均等。1983年,全县纸户开始重新运作,但条件较为艰苦,劳动力少、设备不足、经验缺乏、商业交往也不多。随着时间的推移,槽户间开始分化出二元生产结构:大量的小槽户造"生宣纸",少量的大槽户造"精料纸"。二者利润相差巨大:一刀"精料纸"的平均利润是"生宣纸"的两倍,精料槽户的纯利润是生宣槽户的四倍。[①]此外,"精料纸"的市场需求较为稳定,而"生宣纸"的市场需求就千变万化了。但这种差异不是一成不变的,能否赚到钱还是要看槽户的家庭状况。人丁兴旺且能避免拆分作坊的家庭能相应地增加收益。这在90年代后变得尤为困难,那时分家几乎成为社会上的普遍原则。同时,早分家的杠杆效应开始显现,多代共同经营的造纸作坊越来越少见。

　　家庭规模的萎缩直接导致了雇工的增加,但这仅限于小范围。一方面,年轻夫妇更愿意自己办作坊;另一方面,槽户也不希望请太多雇工,一两个足已。这种迟迟不愿请雇工的做法有时候也是出于政治上的考虑,槽户怕"又要变天",才不雇用太

---

① 作者统计了七家生宣槽户和九家精料槽户的生产成本。1995年,生宣槽户的平均年收入为5 728元,精料槽户为18 440元;一刀(100张)生宣纸的平均利润为6.54元,一刀精料纸的平均利润为15.16元。

多人。而且，雇人太多难免招邻居嫉恨。90 年代的石堰村还有一道没有明确说出来的门槛，即家庭劳力与雇用劳力的比例：如果家庭劳力和雇用劳力数量大致相等，那这是家庭作坊；如果雇工工作量比重超过总工作量的 50%，那这是资本主义企业。既然家庭劳力和雇用劳力都不能随意增加，槽户只能转向外包合作，比如找专门从事蒸煮的、找专门从事运输的服务提供者。同时，作坊的机械化程度也在不断提高。由于多数槽户规模小，独立经营，所以找外包、提高机械化水平都比请雇工划算。打浆机就是一个很好的例子：打浆机价格合理，二手打浆机甚至只要 1 000 元，它顶得上一个技艺夹生的雇工。有了它，哪怕作坊只有两个工人都能正常开工。

造纸业差异性逐渐显现，不平等现象愈演愈烈，人们开始奋起反抗。槽户能否成功已经不靠家庭规模（当然村外有一大群亲戚对某些槽户来说是有利的），而靠时机。事实证明，1983 年及更早创办的作坊大多能获得成功。对于槽户来说，没有明确的扩张边界，即超过这条界限作坊就可能出现问题。然而，商业成功和社会义务之间则存在复杂的权衡。新中国成立前，石堰村村民非常看重信用，这也解释了为什么多数槽户更愿意将纸卖给大纸商，其目的在于"践行信用"：像石威方这样的大纸商从不赖账（虽然他也会像其他纸商一样，经常拖欠他受委托销售的款项），并且照顾供应商生意，每年都从他们那儿进货。信誉一旦建立，就会形成良性循环，越来越多的供应商愿意与之合作，利润水涨船高，支付能力也随之增强。好的信誉还可以通过其他方式积累，比如偶尔提前付钱给有需要的槽户，但最重要的是造福乡里：为贫苦乡民捐款，修路铺桥，修缮学校。大纸商和大作坊老板一样，都担心财富会招来邻居的嫉恨、偷窃或是诽谤中伤,但石威方和石堰其他纸商都称从来没遇过此类事件。不过,他们确实听说邻村有富人被偷被抢。说起日益凸显的犯罪现象,大多数人都会将它和外来人口及城市影响联系起来。① 多数石堰村村民认为,亲缘关系的弱化导致了犯罪现象的发生和社会局势的紧张。1993 年,石氏家族新续辈分字,并刻在石碑上,置于村子正中间。如果石氏后裔按字辈取名,这个新字辈起码可以用到 25 世纪末。届时,石氏将是一个行辈分明、根源清晰、结构规整的家族。

石　碑

1992 年,石定升的母亲去世。作为村里最成功的纸商之一、党员及乙炔工厂的书记,石定升照惯例邀请了亲戚和邻居参加葬礼。守丧期间,众人一并追忆了其母(当然她不姓石)为石家做出的贡献。此后,讨论的焦点转向了父系亲缘凝聚力的削弱这一问题,在场大多数人都有这样的感觉。比如,分家提前,儿子不尽赡养父母的义务;儿子儿媳苛责父母,甚至拳脚相加。年纪大点的人还记得,以前在"清明会"上不孝子女都会被鞭打,这些人情绪似乎也最为激动,当然并不仅限于他们。不管是年轻人还是中年人,当下大部分人都认为应该长幼有序,但这种观念日渐薄弱了。导致这种现象的原因并不是清朝初期就定下的二十字字辈表快排完了:大多数健在的石姓人属于第 11 代至第 14

---

① 实际上,村庄里的犯罪活动很少,作者只听说过一起盗窃案。有家作坊的碎浆机被偷了,但看起来不像是外来人入室盗窃,更像是由于某场争端引发的复仇行为。失主母亲是石家人,但他本身不是,这或许并非巧合。(资料来自 1995 年 10 月 12 日对杨远金的采访)

代子孙，即定、升、贵、权四辈人；最早的（第 15 代）子孙生于 90
年代初，①为"太"字辈。即使石氏家族不重新立字辈，它也可以
用到 22 世纪中叶。但是，家族里越来越多的年轻夫妇跟风，给
孩子取名都用单字，有的甚至用港台明星取名。

　　石定升和朋友决定效仿基祖三兄弟，建立委员会，重新挑选
二十个字给家族排辈。委员会成员除石定升之外，还包括"定"
字辈的几位长者：前"土改"积极分子兼人民公社党委书记石定
亮，前石堰大队党支部书记石定高，牵头的是小辈石贵忠。石贵
忠年纪较轻，是个纸商。委员会首先要取得马村乡乡政府的同
意，乡政府对此项计划的答复是"不支持，不反对"。看起来，乡
政府好像并不支持，但当年赵紫阳也用了同样的六个字（"不支
持，不反对"）默默地表达了对家庭联产承包责任制的支持。这
六个字，换个说法就是放手干。接下来，委员会开始筹集款项。
在石堰、石窖、碧山、金华和张岩五个相邻的村庄里，超过 500 户
石姓家庭捐款。洪雅县的石氏宗族是 150 年前从七里坪迁过去
的，他们也送来了捐款，如此一来他们同马村石氏宗族的联系便
加强了。最大的几笔捐款（都是 100 元）来自石堰村、石窖村的
书记、村主任和几个成功的纸商。大部分家庭的捐款数额都在
20 元到 50 元之间。

　　同时，石定亮从夹江南下 40 公里，来到绵竹铺探寻石姓家
族的起源和历史。在石定升和石定高的协助下，石定亮重新拟
定了一份字辈表，并撰写一篇短文以示纪念。随后，委员会定了
一块石碑，高三米，宽一米，厚一米（见图 12）。石碑的三面刻上
了捐款者的名字，第四面则刻上了新旧字辈表（新字辈表以"科"

---

① 此处受访者匿名，字辈名已经过处理。

"学"两字打头）和石定亮的撰文。① 文章第一部分（详见第二章）讲述的是石氏始祖们如何携家带口从湖北的孝感迁到四川盆地，又是如何在途中不幸去世，遗孀又是如何给他的儿子们选了"汪""冯""石"三个不同的姓氏"为避兵患"。然后，文章重数了随后的几代子孙。到"贤""学""彩"这石姓三兄弟时，他们迁到了祖屋的山上，也

图 12　加档桥石碑，作者摄于 2001 年

就是今天的石堰村。他们开山伐林，便开始造纸。碑文接下来写道：

　　嗣后清康熙五年，吾石氏祖贤、学、彩三兄弟，离别绵竹铺同怀纸技，移居今祖屋山。始置林地诛茅成宅，垦茶荒亦兴纸业，时年开立排行二十代。延衍三百余年来后裔代，尽依序遵照至今。人丁大发数万众，实可称中华民族百家姓内之精明也。今视先祖开立二十代排行减毕，堂堂石氏一族人财济济，岂能让后背无长次

① 这个字辈表（科学开惠良登超呈安祥榜前思贤宜泽仁尚远昌）字字蕴意吉祥，但除了前两个字，其他都没有实际意义。

之称而辱先贤之圣德乎。故本族中许多人是及全体民
众抱存祖先遗授纸艺之益善於尔之心，同心共鸣议续
排行事，上可报答先祖之训，下彰昭后世人伦，万众一
心於壬申二月开始筹备，得到各村有关人士鼎力支持。
广大群众踊跃捐资计上万元。开山凿石挖土填基，平
坐刻字等项，历二年之时，於今日竣工落成。凡我石氏
各众应对此尊之，敬之而护之。
后二十代科学开惠良登超呈安祥榜前思贤宜泽仁尚远昌
　　　　公元一九九三年农历癸酉孟月　重立

　　这篇碑文文白相间、文风混杂，前半段用的是古文体，充满
了诸如"先贤之圣德""忠、孝、礼、义之典范"等古语，后半段却
一改风格，呈现的是社会主义国家的官方腔，诸如"各村有关人
士鼎力支持""广大群众"等语汇。碑文的主要执笔人是石定亮
和石定升。他们说，碑文的第一部分源自绵竹铺早期的一段碑
文。不过笔者后来发现，绵竹铺碑文上说的开基祖到达绵竹铺
的时间是洪武年间（1369—1398），而不是万历年间（1572—
1620），且未提及石姓三兄弟移居夹江的事。石定亮坦言道，
开基祖到达绵竹铺的确切时间确实不为人知，但他们的改动使
行文更加连贯，更加真实可信。况且，碑文要弘扬的也是中华
民族文明的一部分，辈分在中华文明中向来有之，它不仅用来
分清长幼，也有利于社会稳定，与新中国的政治体系是相辅相
成的。如果说辈分体系在新中国成立后失去了部分影响力，那
也是贫穷引起的，而不是因为中国共产党的反对。现在生活水
平已经提高了，人们不用担心温饱问题，是时候提高一下精神
水平了。石定亮强调："碑文中没有一个字是关于政治的"，石

氏家族反对"封建"习俗,比如,违反族规不会受到体罚,家族也不是靠族长来管理等。事实上,他们所获的支持都来自正当渠道,这再次证明了他们没有什么见不得人的政治意图。此外,石家的做法并没有针对特定的任何人。邻近的其他亲族对石家的做法颇感兴趣,石定亮认为,有些人说不定会效仿他们的做法。[①] 村里其他人(包括一些不是姓石的村民)没有那么反感,而且他们也认为,这关乎道德和传统,和政治没关系。村庄更团结文明了,石家及其邻居就都能从中获益。

毋庸置疑,石家做法并非个例。公社化时代结束后,中国多数农村人口重建宗祠,编纂族谱,编写辈分谱系。[②] 对于这些行为的解释通常是:他们试图填补公社化解体后乡村权力的真空,但石堰村的情况似乎不属于上述情况。总体来说,石堰村管理良好,村民委员会牢牢握着权力,没有迹象表明碑文意在挑衅乡镇领导,或要重建权力中心。在这件事上,石堰村村干部一直躲在幕后,说到底,立碑不过是个别宗族的民间行为,哪怕这个宗族占到全村总人口的80%。村党支部书记和村主任代表着政党、国家和整个村庄,他们当然不能在这件事上牵头,但就个人而言,他们是非常支持的。

那么,石家立碑图什么? 一方面,立石碑就像定宪章,所有石氏家族都通过捐款来明确支持。况且一旦捐款并刻名碑上,就等于同意了立碑行为。碑一旦立起,石家就正式再次成为一个整体。从此这一家族整体成员明确,内部结构清晰,拥有共同的家族起源和历史。另一方面,石碑的建立虽然有利于石家人

① 对石定升的访谈,1995年11月17日;对石定亮的访谈,1998年9月26日。
② 参见王沪宁:《当代中国村落家族文化》,上海:上海人民出版社,1991,第81—85页;Pieke(2003:101-5);Jing Jun(1996)。

加强身份认同，但这不代表他们组成了一个有执行力的团体。不像其他亲族，石家并没有成立家族委员会或是其他任何机构来施加影响力，或是对外统一发声。确立字辈是为了凝聚接下来的二十代子孙，当然事情能不能如预期发展，就不是他们的控制范围了。

虽然碑文作者称无任何政治诉求，但在笔者看来，他们确有政治期望，只不过表达含蓄而已。数十年前，国家颁布政策，石家人从造纸者变成了农民，此后贫困如影随形。立碑时，石家人刚摆脱贫困，并从造纸业的复兴中获得巨大收益。这些虽然没有明说，但把名刻在石碑上，表明了父系亲缘和技艺的紧密相合。如碑文所说，石家现在取得的成就都要归功于"先贤之圣德"；为了报答祖先，必须将"先祖之训"传给后代。这些训示包括最重要的"忠、孝、礼、义"，也包括"造纸技艺"，后者正是石家发家致富、势大财雄的基础。碑文虽未限定石家人要世世代代做槽户，但造纸技艺明显也是祖先遗产，理应得到珍视和尊重。[1]在石堰村，家族传承和职业选择仍有明显而紧密的联系。当被问到为什么不去工厂做工或到城里生活时，石姓人都说造纸技艺是祖传的，"我们石氏家族历来抄过纸"，或是"我们家祖祖辈辈抄过纸"。事实上，石堰村村民并不全姓石，也不是所有姓石的人都从事造纸行业，但亲族和职业选择是有关联的，邻村的马姓、杨姓、张姓、熊姓都是如此。

碑文也将石家置于一个与众不同的时间框架中，与新中国

---

[1] Andrew Kipnis(1997:173-74)指出，中文里"传统"的定义比英文里更灵活，它暗含的责任既包括"养育子孙，继承香火"，也包括"传承技术、知识和实践，缔结真正的继嗣群体"。这里用的词不是"传统"，而是"遗授"，两个词的内涵是一样的。

成立后占主导地位的关于"进步"的官方话语大相径庭。用新中国成立后的官方话语来衡量,石家无疑是落后的:首先,作为手工艺人,他们的生产方式是落后的;其次,作为农民,相较于更先进的城里人和工人,他们是落后的。碑文当然没有公开指出这种论调的荒谬之处,但它暗暗地将石家的发展设置了一个更为广阔的时间背景。新旧两个字辈表将会见证 40 代人,即 1 000多年的历史变迁:旧字辈表始于 1666 年,新字辈表将终于 26 至27 世纪。碑文用年号("康熙五年")和干支纪年("癸酉年"),行古文体,用"社稷"代替新词"国家"。种种努力都是为了将石家从现代文本中剥离,因为当代的进步发展论略去了石氏家族的文化特质和社会特质。只有将自己放在中华文明这样一个更为宏观的背景下,石家才能找到自身存在的意义。

碑文另一个主题是将"先祖之训"作为共同的家族遗产传承下去。碑文完成不久,石家人就一起丰富和拓展了在毛泽东时代被遗忘的技艺常识,他们无偿把技艺教给邻居,同其他乡镇展开合作。但在 90 年代,曾经对邻居开放的作坊立起了一道道高墙,既是象征意义的,也是实际意义上的。早分家、不愿意跨代际合作等都扰乱了社会秩序;夫妻小槽户的兴起对造纸业的长期生存提出了挑战。事实上,太多的石家人涌入造纸业,结果就是石家自己人展开竞争,造成了内部冲突,这种情况在之前是没有的。所以,碑文还有另一层意思,就是号召石家人公平公正地分享祖先传下来的遗产。碑文的重点不是"这是我的财富",而是"这是我们共同的财富":祖传的技艺是所有子孙后代共享的,不应该被少数富人操控。

对亲戚讲辈分

1988 年，去绵竹铺的途中，我有幸听到石定亮给他的远房表亲讲辈分关系。石定亮之前积极投身土地改革，曾担任过公社党委书记，也是此篇碑文执笔人之一。碑文起草时，石定亮屡次到访绵竹铺，查访汪姓、冯姓、石姓祖籍。之前，这三家在绵竹铺有一个共同的宗祠，但"文化大革命"时被毁了，只留下了一小块石碑，上面记录的是三家早期的历史渊源。重访绵竹铺时，我们确实发现了那块石碑，自石定亮上次离开后，石碑就用来盖粪坑，在氨气的侵蚀下，上面有些字迹已经模糊。把石碑上可辨认的字迹抄下后，我们开始走访村里的年长者，希望他们能告诉我们多一些绵竹铺在取名方面的事情。因为绵竹铺方言和夹江方言差异较大，交谈主要由石定亮负责。走访村庄时，石定亮介绍自己是马村乡来的宗亲，称我是对石家历史感兴趣的朋友。虽然绵竹铺靠近旅游景点乐山（乐山大佛所在地），但村里很少见到外国人，村民看到一个外国人讲着中国话时，都一脸迷惑。当问到我是不是石家人或石家亲戚时，石定亮都说我是外省人，不说我是外国人。

后来，我们开始找前几次石定亮来时提供信息的村民。渐渐地，一小群人聚集了起来，陪着我们走访村庄。很快我们就发现，汪姓、冯姓、石姓都还住在绵竹铺，后来也有其他姓氏的人搬入。绵竹铺最多的是冯家人，有 200 至 300 户；其次是汪家人，约 100 户；石姓只有不到 15 户。新中国成立前，三家都曾经排过字辈，新中国成立后，字辈表（三家都不一样，和石堰村的字辈表也不一样）就不用了。冯姓排辈持续时间最久，他们大都还记得以前的"二十字字辈表"。相反,石家排辈时间最短,字辈表早就不用了,有的从来没用过。有些人用的是五字字辈表,用完了就又重头开始。

我们花了约摸一个小时才厘清情况,我的好奇心得到了满足,但石定亮可不同,对于堂亲这种不尊重字辈顺序的行为,他感到非常生气。身为前公社党委书记,石定亮知道如何吸引群众的注意,跟在他身后的那一小群人也随走访过程越变越多。我们走访的家庭大多非常贫困,连我们都惊呆了。绵竹铺坐落在成都乐山沿途的平原地带,土壤肥沃,四周散落着城镇和村办工厂。但是,绵竹铺内没有任何工厂,完全靠天吃饭。泥土墙壁,茅草盖的屋顶,这种房子在石堰村已经看不见了,在当时的绵竹铺仍然非常普遍,有些人家甚至家徒四壁,就摆着一张床和一些竹子做的器具。这与石堰村形成了鲜明的对比,石堰村几乎家家户户都有电视机、录音机,家具一应俱全。石定亮认为,两村之所以差别这么大,是因为绵竹铺辈分不明,而石堰父系亲缘凝聚力强大,兴旺也随之而来。尽管富足繁荣似乎是家族团结的由头,而非其结果,但绵竹铺村民还是觉得石定亮说得有道理。

石定亮对新聚集来的人介绍自己是"夹江来的石家人";他接着说道,"我们汪家、冯家和石家都是兄弟";最后谦虚地说道,"我们石家是三家里最小的"。[①] 接着,他开始讲述夹江的石家如何把字辈快排完了,又是如何决定重立字辈表,他建议汪家和冯

---

① 有几个姓石的人解释到,开基祖在绵竹铺定居后,为三个儿子取了三个不同的姓,分别为汪,冯和石。"汪"的偏旁是三点水,"冯"的偏旁是两点水,"石"字的右偏旁本来有一点水(正确读音应该是 dan)。当然,石姓人认为自己是最年长的,不是最年幼的。

家也这么做。我们走访的第一户人家姓石，是贫困户，接下来走访的都是汪姓和冯姓人家。石定亮指出了绵竹铺石家人的贫苦和弱势，借此强调自己的观点。汪家和冯家还好，都能记住以前的字辈表，但石家很早之前就不用字辈表了。由于各户各自取名，绵竹铺石家的父系亲缘凝聚力早就不在了。更糟的是，字辈表每五辈一轮，把辈分都搞乱了："一个把你孩子变成你祖先的字辈表能有什么好？"石定亮说："辈分搞乱了是要出问题的，我说的不是穷这事。辈分一乱，会落得绵竹铺石家一样的下场，你看看石万福就知道了。"石万福属于赤贫人口，家中儿子在一次事故中失去了一条腿。虽然他的身体缺陷不是娘胎里带的，也不属于精神毛病，但石定亮坚称，代际顺序和后裔的健康有科学上的联系："如果近亲结婚，后代脑壳会出毛病。这可不是我乱说，这都是有科学根据的。"石定亮进一步解释道，这也是当初重立字辈表的一个考虑，避免男系亲族无法辨认自己同辈人，从而导致近亲结婚。中国婚姻法禁止三代以内的旁系血亲结婚，石定亮说，这只是最低要求。石定亮为首的石家人都坚持同姓不通婚原则，这是对婚姻法的改良而不是抵触。

　　石定亮援引了官方关于优生和人口素质的文章来佐证自己的观点。中国是世界上唯——个积极致力于优化本国人口基因构成的大国，特别是优化农村人口的基因构成。人们普遍认为农民生育缺乏计划，近亲结婚，遗传品质低劣。[1] 优生学是计划生育的核心组成部分，其目的不仅在于确保少生，还要晚生而且优生。大部分农村人口都知道近亲结婚会导致后代患上先天疾

---

[1] 请参见 Dikötter（1998：第四章）；Anagnost（1997：第五章）；Greenhalgh & Winckler（2005：117，125，171）。

病,但对于孟德尔遗传学和什么样的近亲关系会导致后代先天残疾并不清楚。得益于此,石定亮对优生学文章的引用也更加顺手,他成功地将文章的重点从近亲不婚转到了同姓不婚。从遗传学角度来说,石定亮是完全没有道理的:辈分只是单纯地确定同姓之间的长幼顺序,和近亲结婚并无关系。人们也不严格遵守汪冯石三家间不婚配的规定,虽然这样的婚配还是比较少见。石定亮还特别提到了同姓婚配,这样的婚配也从没出现过:绵竹铺的汪家人不娶姓汪的,冯家人不娶姓冯的,石家人不娶姓石的。所以说,如果后代有先天疾病,那一定是交表婚或姨表婚引起的。[①] 无论是交表婚还是姨表婚,夫妻双方姓氏不同,属不同的亲族,按石定亮的观点,他们的结合是没有问题的,甚至还是值得提倡的。1980 年前,这种婚姻都是合法的,在夹江的石家也非常普遍。

中国婚姻法中的禁婚条例表面看来是以现代科学为根据的,和其他国家的规定大同小异,并未向传统的父系观念让步。但是,中国的某些现代观念,如种族、优生学、性保健则源自早期维持父系亲族秩序的需要,至少在公众看来,辈分和遗传经常混淆。辈分有序,家族才能繁荣兴旺;长幼不分,家族会衰破落败。按清朝惯例,跨代结合是要受罚的,哪怕他们没有任何血缘关系,比如说儿子和小妈(父亲的妾)的结合。这一规定,直到 1930 年才被废除。当时大众的主流情感是反跨代结合的,"所以师生恋,老少恋都是受谴责的"[②]。同样的,无嗣男子可以从下一辈中"借"一个来养,这种情况也确实常见。要是借养的不是自己的

---

① Hsu(1945:84 - 86);Cooper(1993:778 - 779)。

② Feng Han-Yi (1937:167)。

下一辈子嗣,会遭重竹鞭打 60 下。以上种种统归为"乱伦"(扰乱人伦关系)。今天的"乱伦"一词更多的是指近亲通婚,之前多指跨越代际边界的行为。在诸如严复、梁启超这样的晚清知识分子看来,亲族就是民族的范本。正是这种"家族自身对于族系传承的担忧使得交配和生育都进入了与国力相关的公共领域"①。从大量关于生殖健康和胎教的文字材料上可以看出来,后代健康一直是晚清和民国精英分子关心的问题,在后毛泽东时代,仍是如此。这些著作都有一个共同的主题:秩序与和谐有助于提升后代人口质量;反之,社会、道德、审美上的混乱则会导致后代生理缺陷。石定亮能在辈分论述和官方话语之间切换自如,这也表明在这一点上官民是一致的。

石定亮反复强调,清晰的辈分顺序和家族兴旺之间是有联系的。他并未直接点明二者是因果联系,而是举出了以下事实:石堰村的石家人当初是从绵竹铺迁过去的,尽管石堰村地处偏僻,山穷水恶,他们还是成功在那里扎根繁衍,且人丁比地处平原的石家更加兴旺。他指出,他们之所以能取得成功,是因为他们用字辈表厘清了家家户户的长幼关系。但绵竹铺的石家人就不同了,他们用的字辈表变幼为长,把父系亲缘的辈分都打乱了,由此带来的后果他们自己也看到了。直观上,清晰的辈分确实和家族兴旺有联系:经验告诉人们,家族兴旺与长幼有序经常相伴相随。当然,肯定会有人指出,家族兴旺带来了长幼有序,而不是反过来。围观的人群中有人说:字辈表是个好东西,但他们人少势弱,字辈表是行不通的。

---

① Dikötter(1998:59)。

中国改革开放后的亲族关系、职业和身份认同

走访时,石定亮被一大群汪姓、冯姓村民围着,这时他开始讲起了开基祖三兄弟从湖北孝感迁到四川的故事。随后他停顿了一下,一个老妇人发出了一声叹息:"唉,孝感!"孝感乡是三兄弟的祖籍(许多四川人的祖籍都在孝感),孝感的字面意思就是"孝顺的感情"。石定亮认为清晰的辈分关系是幸福生活的前提,这一点在老人中特别能引起共鸣。老人们抱怨说,自从改革开放后"当老人就是当佣人,媳妇儿当老板"①。

虽然石定亮宣扬的理念并不"反动",但说到底,它也不是主流文化。这样的价值观在政府官员和城里人看来是没有多少合理性的。② 它要对抗的不仅有个体家庭理念,还有日益强大的个人主义思潮。个体家庭理念在国家的支持下,宣扬核心家庭应该独立创新、融入市场经济;而个人主义思潮则崇尚利己主义,个人应该积极进取,勤奋工作,投身经济活动。③ 我在前几章中提及过,个人主义思潮在改革开放之后的夹江非常盛行,其势之凶猛迫使人们抵抗任何形式的经济合作,虽然合作在经济学上多少有些意义。但是,哪怕个人主义再来势凶猛,它也只对那些最年轻、最强势、最成功的经济参与者有吸引力,甚至对他们来说也不是必要的。

官方的意识形态能提供让农村人可以认同的东西并不太多。中国的民族主义在将其着重点放在"赶超"西方国家和战胜

---

① 对石海波的访谈,1996 年 4 月 11 日。

② 参见 Kipnis(1995)。

③ 参见 Yan Yunxiang(2003)。

中国的落后时，是隐晦地忽略农村的。[1] 在民族主义之外，农民能借助的只有毛泽东的话语了。毛泽东将农民说成革命的中流砥柱，但现实中他们与城里人之间的鸿沟变得更深了，而在城市人看来，农村人的这种怀旧正是农民落后的一种证明。很少有中间层的群体或者机构能让农村人有正面的认同感。县、区、省都主要是行政管理单元，少有感情上的内容；而基于共同的生活方式和消费品味而形成的认同感，是保留给富裕而受过良好教育的城里人的。在这样的大背景下，农民只能靠血缘和地缘来寻找归属感。很难说靠血亲和地缘缔结的归属感能否延续：绵竹铺冯家和汪家很是佩服石定亮的行为，他们排字辈，凝集宗亲。但佩服归佩服，要实际操作还是不太可能的。石堰村的石家在接下来的两三代中能否继续排字辈都是未知数，更不用说接下来的二三十代人了。但眼下，宗祠一座接一座地建，族谱一册接一册地续，说明血缘抱团在农村中仍有吸引力。[2] 这样的共同体并非一定要有特别的目的，这一领域里有日益增加的情感浓度，在这一群体里所进行的各种来往要比"在社会上"容易许多。至于这种恢复依辈分起名的做法，是否能检验被阎云翔称之为"无公德的个人主义"趋势，我们尚需拭目以待。[3]

---

[1] 中国民族主义的论述，详见 Fitzgerald(1995)。

[2] 参见 Pieke(2003)；Jing Jun(1996)；王沪宁(1991)：《当代中国村落家族文化》，第81—85 页。

[3] 参见 Yan Yunxiang(2003：225 - 26)。

结　语

　　　　小农人数众多,他们的生活条件相同,但是彼
　　此间并没有发生多式多样的关系。他们的生产方式不
　　是使他们互相交往,而是使他们互相隔离……一小块
　　土地,一个农民和一个家庭;旁边是另一小块土地,另
　　一个农民和另一个家庭。一批这样的单位就形成一个
　　村子;一批这样的村子就形成一个省。这样,法国国民
　　的广大群众,便是由一些同名数相加形成的,好像一袋
　　马铃薯是由袋中的一个个马铃薯所集成的那样。

上面这段出自马克思的《路易·波拿马的雾月十八日》,总
结了 19 世纪欧洲人对农民的看法:农民生活在没有社会分工的
世界里,因而他们也在公民社会之外。马克思认为,"乡村生活
的愚鲁"以及"一成不变的生活条件"使得农民成了"文明当中的
野蛮人"。这些看法并非绝无仅有,马克思和恩格斯对农民的评
价都算不上特别苛刻。① 直到 19 世纪末,受过良好教育的法国
人还将农民形容为"内心充满了仇恨和怀疑""几乎没有受过文

---

① Marx(1978:608);Marx & Engles(1978:477);Engles(1975:519)。有关马克思、
　　恩格斯对农民的看法,请参见 Draper(1977 - 1990:vol. 2,317,337 - 339,344 -
　　348)。

明的熏陶",属于"另一个种族",尽管事实是这样的:在法国大革
命之后,法国农民的经济状况和享有各种权利的状况,比欧洲大
多数地区的农民都要好得多。[1] 将农民转变成民族国家的公民
大抵是现代现象,驱动这一转变的是资本主义发展(需要正规的
自由劳动力)和创建国家(以公民权利来换取赋税增加和实行兵
役制)的双重逻辑。

　　大多数公民权理论都描绘了一个逐渐扩展的进程:在 18 世
纪的大革命中,城市市民阶层首先赢得了个人自由(最突出的是
个人的财产权),而后才一步一步地扩展到那些没有特权的阶
层。随着获得公民资格的渠道日益拓宽,公民权也深化为不仅
包括民事权益、政治权益,同时也包括社会权益。[2] 玛格丽特•
萨默斯(Margaret Somers)在她的近作中指出,在看待英国公民
权形成这个原型性个案时,应该少一些线性的、目的论式的解
读。她对洛克式传统提出反诘——洛克式传统认为一切自由植
根于财产权,而财产权是由自主的劳动者经由一种古老的、部分
已被消磨掉的"关系型"权利("relational" rights)传统而形成的,
这种"关系型权利"取决于一个人在某个自我规范、自我延续的
社区、群体或者网络当中的成员身份。在中世纪的行会、"自由"
(非庄园性质)村、农业或者原工业社区当中,个人首先不是独有
的个人权利拥有者,而是可以向其他成员提出诉求的成员。[3] 这
类共同体的成员身份让人获得实在权利(positive rights)以及再
分配上的公正,其形式为有序的就业,受到保障的生计,"互助,

---

① Weber(1976:3-7)。

② Marshall(1950)。

③ Somers(1994:105)。关于法国中古时期持有类似观点的讨论,见 Sewell(1980)。

宗教生活，社会组织，实际上是一个从摇篮到坟墓全包的文化"①。成员身份也是人们赖以获得司法保护和政治代言的主要手段。在行会和原工业村落（它们经常发展出如行会一般的结构），成员身份是通过学徒来获得的，学徒的过程便是将初入行者引导进该技艺的玄妙当中——在 mistery 这个词汇所具有的双重含义上。其中的一个含义是技术技能上的（比如织布）的"玄妙"；另外一层含义是，在中世纪这个词指的是行会或者与行会相类的机构。② 在萨默斯的表述中，"技能财富"首要的是一种社会成员身份，是个体被容括进某一特殊群体和机构中的先决条件，个体经由这一机构（或者群体）而进入更大范围的共同体当中。尽管萨默斯没有对此进行深究，但是从她的论述中我们可以清楚地看到，这样的共同体在本质上是实践共同体。这也意味着：成员们从事共同的生计，共享对物质资源和非物质资源的利用，这些实践将共同体联结在一起。

当然，在中国找不到与"公民权"相对应的本土词汇，但是形成地方性行会、村落理事会、宗教组织以及其他群体的做法却有悠久的传统。这些群体进行自我规范，并且在面对国家代理人以及其他群体时为自己的成员代言。卜正民（Timothy Brook）将这类群体的形成称为"自组织"，这一进程"自从国家的出现就已经在中国社会当中进行着，经常超出国家的视野，但是有时候也与国家在地方层面上的干涉协同合作"③。在传统中国，虽然国家没有提供任何正式的公民权利，但在行会、村落和亲属群体

---

① Somers(1994:105)。

② Somers(1994:105 - 106)。

③ Brook(1997:22)。关于中国自我管理上的传统形式，也可以参见 Gamble(1933/1963)；Feuchtwang(2003)。

中的身份却带来了重要的权利，既包括有权获取社区资源，也包括在更宽广的共同体和文化中获得权益位置。这与欧洲的情况有所不同。在欧洲，很长时间以来"公民"（citizen）意指的"无非是城镇居民，与那些隶属于封建王公的依附农形成鲜明的对比"，而在中国的城镇和乡村之间，很少有司法上和行政管理上的壁垒。① 虽然也有很多迹象表明，城市居民认为农村人是无知的"乡巴佬"，但是科大卫（David Faure）和刘陶陶（Tao Tao Liu）的判断可能是正确的："在明清时代，城乡区分在一个人的身份认同当中并非举足轻重的部分。直到 20 世纪初年，当政治改革将城市和乡村分别作为社会变迁的主体时，将乡村低看为落后之源的意识形态才得以出现。"②农村居民被整合进政体（经由家户、保甲制度、帝国官僚体系）、社会（经由亲属、邻居、行会、宗教团体）和经济（经由覆盖城乡的市场网络）当中的方式与城里人一样。城市与乡村之间类似的制度安排也造成了二者经济上的互相渗透。城市和乡村成为多元整体中的一部分，是在功能上有所不同、互相依存的不同地方，有着各自的文化、产品和经济上的专门领域。

在中国工业化的早期阶段，地域性源起与经济专门化之间的关联一直都很重要。中国工厂雇用的不光是一般的无产者，而是有专门职业技能的外来人——广东的造船人、杭州的丝织工、苏北的粗工，他们将自己的工作经验和作坊文化带到如今栖身的城市里。③ 这些文化和经验造就了工人们对事情的看法：作为工人意味着什么，"公平劳作，公平薪酬"的内涵是什么，他们

① Nisbet(1994:8)。
② Faure & Liu (2002:1)；也参见 Feuerwerker(1998)；Han(2005)。
③ Bell(1999)；Honig(1986)；Hershatter(1986)；Perry(1993)。

自身之于其他工人以及雇主的权利和责任。正如裴宜理
(Elizabeth Perry)指出的那样,中国的劳工政治在很大程度上是
"位置的政治"(politics of place)。"位置"(place)一词具有双重
的含义,是地域上的来源地,也是社会地位、成员身份和归属。
地域上的来源地是中国工人身份认同的核心,因为工人们对自
身的定义更多的是用地理上的来源地而不是阶级。在成员身
份、归属意义上的"位置"塑造了劳工阶级政治,因为工人们有着
地方性的特殊"归依文化"——每个人都被绑缚在一个复杂的权
利与义务的矩阵当中,都力图在新的工作地形成类似形式的互
惠。① 裴宜理非常有说服力地论述到,社会主义中国核心制度之
一的城市工作单位——有着永久性的成员身份以及从摇篮到坟
墓的全套福利供给——就是源于一种手工业者文化,其特征是
行会监管,在福利、生计和就业方面有举足轻重的权力,强调互
惠原则和相互间的责任。②

　　尽管"位置"(place)这一言简意赅的词汇用起来顺手,然而
支撑这类"归依文化"的绝非仅为祖籍或者居住地而已。像夹江
造纸人这样的群体,是由多重的、松散地重叠在一起的范畴所界
定的:居住地、职业、技能、血缘、正式成立的行会或者宗教团体
的成员身份。所有这些都是重要的,但是我认为这类群体最好
被理解为"实践共同体",将他们联结在一起的是共同致力的业
务活动(往往已经持续若干代),对共有资源,包括共有的技能、
经验和知识的联合使用及管理。正是在这一基础上——作为一
个有内在结构的同业群体,因为致力于一个共同的业务而彼此

---

① Perry(1996);关于"归依文化",请参见 Somers(1994:105)。
② Perry(1997)。

有关联并与其他群体有别——夹江造纸人被整合进晚期帝制中国的经济、政体、社会和文化当中。正如在萨默斯所讨论的那些行会以及原工业社区中那样，特定的地方性成员身份和归依并不妨碍这些人融入更大的范围。相反，这是他们唯一有效的加入更大型整体的方式。只有当实行国家现代化的政府坚持直接地、不留任何余地地对民众进行整合时，"特殊主义"（particularism）才会变成问题。正如在大革命之后的法国，"多样性变成了不完美、不公正、错误，需要得到注意和疗救"[①]；在革命之后的中国，为了民族和人民的更大融合，特殊的身份认同和归依受到压制。与此同时，那些在过去没有被标记出来的特殊差异，如今被看作是自然而然的、必要的，并因此被夸大、被一刀切地强制实行。人变成了农村人和城里人，变成了农民和工人，经由阶级地位、户口、所属的农村集体或者城里的工作单位，人被绑定在其中的一个范围，与另外的范围具有排他性。在这些分类范畴中，一些是创举，并不反应此前现存的真实。另外，先前有些并非固化的区分变得坚固，成为固化的边界线。具有讽刺意味的是，其结果是让夹江的槽户如今经历了马克思所形容的农民生活的情形——"一成不变的生活条件"，这在他们此前的生活中则是没有的。

共产党的政策在意识形态上并不是"反农民的"。相反，中国共产党从来没有像马克思和列宁那样对"落后的"农民持蔑视态度，而是盛赞农民在道德上的卓越性。但是，一些政策却否认农民能成为独立的、自觉的历史主体。正如斯科特（James Scott）让我们看到的那样，有着不同意识形态取向的现代主义政

----

① Weber(1976:9)。

府在这一点上却同气相求:对历史发展而来的那些复杂,因而是暧昧不明的社会结构充满疑虑,它们的目标是以一个整齐划一的、透明的秩序来取而代之。在中国的国家规划者眼里,现代性在于理性地将经济划分为分割的、有等级序列的各部门,以一种特定的方式来排布它们并让部门间形成关联,以便能让站在体系顶端的人追踪并指导资源流向来穿越整个体系。无论是经济的还是社会的"自组织"——尤其是那些行之有效的——都会受到怀疑,因为已有结构的成功会威胁到预设中的高度规划理性。

国家的视角,市场的嗅觉

科罗尼尔(Fernando Coronil)曾撰写过一篇敏锐而又妙趣横生的书评,这一书评针对的是詹姆斯·斯科特的《国家的视角》(*Seeing Like a State*),在这篇书评中他指出,我们不光要关注到"国家怎样看",也要关注到"市场如何闻"。"闻"是在双重含义上的——要能闻出臭与香,还要能"嗅出"成功的产品、机会或者消费者的需求。[①] 科罗尼尔断言,斯科特聚焦于威权性国家从而忽略了资本主义市场作为高度现代主义设计之代理人的角色,以及历史上的和正在发生的资本主义市场与现代化进程中的国家之间的共谋。斯科特本人也强调说:"大规模的资本主义在推动同质化、单一化、网点化和强力简单化方面,与国家是一样的。有所不同的是,对资本家来说,简单化必须支付费用。"科罗尼尔完全同意斯科特的观点,但是他指责斯科特对"真实存在的市场"之批评如此单薄而抽象,最后竟至于去为新自由主义模

---

① Coronil(2001:119-120)。

式站台。斯科特不光指出了国家里的同质化和客观化趋势,他也将国家与不大可能的世界——由拥有小额资产的工匠和农民不受制度性制约的世界——相比照。于是,斯科特提出了一种二元论观点:社会,扩展一下便是市场,"是个人性和常识的所在地,而国家是威权性实践和不切实设计的领地"①。

　　和斯科特一样,我也聚焦国家的设想及其后果。像斯科特的阐述中的那些处于现代化进程中的国家一样,毛泽东时代的中国也倾向于将历史上发展而来的结构夷为平地(用毛泽东的说法,变成"一张白纸")。夹江的乡村手工业被看作是一种工业的散漫生长,需要被铲除,被更接近设想中的理性经济形式代替。令人震撼的是,当时的政府在夹江推行政策的导向是渴求对称与秩序,各部门之间有整齐的分工,便于管理者能一目了然并掌控,而不是去考虑生产率、盈利性和效率。这种对纯粹形式的渴望以及与之相伴的对混乱的恐惧,导致了去工业化以及夹江山区的饥荒,数不清的人因此丧生,人们的生活水平大幅下降,那些把槽户同国家和社会连接起来的社会组织及文化组织遭到了摧毁。相比之下,市场并非夹江造纸人的威胁。只要能从市场上买到粮食,只要能进入纸张市场,造纸生产就繁荣;一旦因为粮食短缺、战争或者国家监管等使他们进入市场的通道被切断,他们就遭受痛苦。不过,我提出这样的论点并无意去表明市场总是良性的。其他农村专业生产者所经历的情况,与我在夹江看到的情况正好相反。比如,穆尔克(Erik Mueggler)描写了在云南的一个边远地区的彝族社区,在整个集体化时期里都保留了以种麻和手工纺织为基础的生活方式。到了 20 世纪

---

① Coronil(2001:126 - 127)。

80 年代,国有商贸机构解体或者从市场中撤出,曾经作为当地经济支柱的麻袋如今为尼龙袋所取代。在这一个案中,当地人所经历的后毛泽东时代是一个"野鬼时代",其特征是当地人失去了已经习惯的生活方式,生活水平下降,感觉到敌意和隔绝。可以说,这与夹江的造纸人在集体化时代所经历的情形是一样的。① 这样的案例在改革开放时代肯定是司空见惯的,塑料、尼龙、乙烯基、混凝土、批量生产的纺织品取代了手工竹纸品、草席、麻绳、木制家具、手工砌砖、陶瓷和手工织品,人们曾经有的生活和工作方式受到了冲击。

我们该如何去比较这两种不同的均质化? 一种是由强有力的国家以自上而下的方式来推进的,以便实现理性与现代性的简约设想;另外一种同质化则是非个人化的、匿名的市场力量带来的结果。我们该如何去构想在社会主义和资本主义之下的去技能化、去工业化,以及其他形式的"知识褫夺"呢? 一个明显的差异是,用斯科特的话来说,"对资本家来说,简单化必须付费"。尽管人们会不时地认为,作为个体的资本家以及(全球)资本主义作为一个体系有追逐权力的愿望,但是资本家所看重的是利润,而不是权力。从历史上看,一旦技术上有可行性,尤其是一旦有利可图,资本家们就会力图打破工人对生产流程的掌控;如果做不到这样(经常做不到——控制工人会非常昂贵,一个自我激励、自我规范的劳动力可能比一个没有技能的劳动力更为廉价和有效率),他们就避免这么做。② 资本主义下的去技能化有两个不同的发展轨迹。首先,控制是加之于劳动过程的,通过将

---

① Mueggler(2001:chap. 6);Mueggler(1998:984 - 991)。

② 一个正好相反的观点(我认为没有说服力),参见 Marglin(1974);Marglin(1991)。
   对 Marglin 观点的批评,参见 Landes(1986);也见 Berg(1991);Thompson(1983)。

管理和设计与单纯的执行分离开来，通过将复杂的、有技能的操作片段变成简单的、没有技能的；其次，技能之所以丢失，是因为整个行业因技术上的陈旧而消失了：这种命运，是穆尔克笔下的那些种麻人以及中国和全世界其他数以千百万计的小规模手工生产者所共有的命运。以更高的合理化程度之名义来覆盖式地对全部人口的去技能化，作为资本主义的一个策略这毫无意义。事实上，尽管有明确的证据表明在资本主义下去技能化正在进行，但是却少有证据表明整体上的技能水平在下降。[①] 正式而言，当越来越多的工作岗位要求文字能力、计算能力和高级技术培训时，世界上大多数地区的技能水平的确在增加。是否真的能做到技能化，这取决于这些正式的证书是否能转化为更高的自主性以及对工作的掌控。不难想象，要求高资质的工作（比如在大银行或者软件公司）是在非常严苛的管理控制下进行的，这些人实际上所经历的是去技能化。

资本主义下的去技能化虽然广度不足，但是深度有余。矛盾的是，非计划的、非协调的市场力量对人们的工作、生活的穿透之深，甚至超过最为雄心勃勃的、威权性质的国家。社会主义国家以及其他当仁不让的现代化者——自由主义、军国主义或者法西斯主义取向的"后起国家"，殖民地管理机构、后殖民地政权——试图通过禁止农民和小手工业者或者强制他们转变"落后的"实践活动来使其国民经济发展提速。[②] 斯科特以大量的案例表明，它们都严重地削弱了现存的社会结构，但是很少能成功地完成持久性的转型。这其中的一部分原因在于，甚至最为激

---

① Sabel（1997）；Wood（1982）。
② Scott（1998）；Mitchell（2002）；Marglin & Marglin（1990）；Stone（2007）。

进的转型国家也很难在生产结点上改变社会关系和技术关系。甚至在社会主义国家也是如此,尽管它们在意识形态上持有的观点是,社会关系最终取决于价值是如何在工作场所被创造和被提取的。由于国家并不直接考虑利润,因而没有理由去做那些工业资本家常规性的、必须的事情:直接干涉生产过程中的具体细节。布洛维曾经指出这种区分:国家可能会在意<u>生产关系</u>(经由这些关系,产品和服务的获取及分配),但是国家很少真去关注<u>生产中的关系</u>(这些关系描写了那些产品和服务的生产)。①

在四川,国家曾经两次涉入生产中的关系,一次是在抗日战争时期,另一次是在 20 世纪 50 年代。彼时,整个国家的用纸需求都非常之大,在可行的时间内发展机械造纸也是不可能的,这种情况导致政府转向手工造纸,并试图去理解生产技术,以控制造纸业的生产过程。民国政府从来没能做到有那么一点点成功的迹象,因为夹江山区的造纸人憎恨并且抵抗国家试图将技术控制从他们手中夺走的做法。相比之下,社会主义的政府成功地绘制和描写了生产过程,其成功程度之高令人惊叹。然而,当需要将这些知识放置到实践中时,共产党的干部也是近乎失败的。夹江轻工局的技术人员和管理人员总体上意图良好而且工作能力很强,开发了一些适合当地情形的简单而有用的技术,事实上这些技术也受到了槽户的热烈欢迎,只不过延迟了将近 30 年的时间,并且是在集体经济体系解体以后。

集体经济在改造生产技术方面的失败是注定会发生的。国家一心推行"以粮为纲"的政策(在"大跃进"之后这变成真实的、紧迫的需要),囿于意识形态上的限制而反对任何不能直接服务

---

① Burawoy & Krotov(1992)。

农业的工业化形式,缺少盈利动机,生产队的领头人得增加工作岗位,哪怕这会降低劳动生产率:这些因素中的任何一个都足以解释,为什么在集体经济下造纸生产在技术上处于停滞状态。另外一个也许不那么明显的因素也值得完全的关注:国家代理人(作为机构性主体,尽管未必是个人)没有能力来领会这些具有在体性(即存在于身体动作之中的)、社会嵌入性技能的本质。在这一等级序列的所有层面上,管理模式是针对由无生命的机械构成的工厂或者车间式的,由单一的人自上而下来管理。尽管轻工局不时地呼吁对技术工人给予更高的报酬,或者保护稀缺技术(通常都来得太晚,总是有这样的案例,老匠人含恨将自己的技术秘密带进棺材里);但是,官方没有真正地承认技能作为一种重要的资源能够也应该得到培育。历史上形成的生产结构作为才智分配的形式,作为有用的知识、态度和倾向的储藏地,国家对此给予的认可就更少。最为矛盾的是,政府强调劳动群众的智慧和创造力,一切正确的知识都源于具体的实践(其理想类型是通过生产性工作来让事物转化);但是,一个实践群体不光能再现旧知识和技能,也能创造新知识,而这一点却根本没有得到任何认可。欧洲和日本的历史学家发现,技术创造性和"机构丛"是连在一起的,这些"机构丛"包括小型家庭企业,中间调停组织(行会、地方理事会、亲属网络),本地的非正规合作传统,互助,知识共享,这些经常都存在于强有力的手工业传统领域内。[①] 所有这些因素在那些国家规划者的眼中都是不存在的,他们倾向于将造纸人简单地看成是劳动力,他们似乎没有能力

---

① Mokyr(2002); Sabel & Zeitlin(1997); Piore & Sabel(1984); Berg(1994)。也可参见 Morris-Suzuki(1994)。

看到,地方性知识储备也和造纸用的软水或者丰富的纤维植物原料一样,是一种地方优势。

国家官员对技能工作的细节不予理睬,这意味着实际上的工作过程仍然没有被转化。在50年代尝试将有用的知识从槽户那里提取出来,将它们变成书面形式并使之流通以后,国家机构几乎完全从造纸人的作坊中撤出来。对于造纸业的国家政策取决于不同行政管理部门之间——造纸业的保护者(尤其是轻工局/手工业局/轻工业管理部门)与那些担心"非正当"粮食消费的部门——的拉锯战,其结果是对造纸人的粮食供应时紧时松,纸价忽高忽低。国家干部除操纵投入和产出以外(这对槽户的生活和工作经验有着突出性的后果),很少介入造纸业。同样的情况似乎也存在于很多中国农村,在50年代和60年代没有被淘汰的手工业基本上没有改变地存活到改革开放时代。相似的手工业有着不相似的命运,这取决于运气、行政倾斜和粮食供应,这导致了形成不均衡技术的局面。技术的不均衡性也许让那些能够存留下来的乡村工业中的工人得以赋权,他们比那些行政要员们更知道如何生产产品。

农村的去技能化一直是不完全的,因为不少技能型生产在乡村存留下来,并产生了新技能,有些是得益于国家政策而出现,尽管更多的是冲破国家政策的藩篱而求存成功。石堰村附近的碧山村直到大多数生产队宣布(被强称为)"粮食自给"才可以生产纸张。在70年代的某些时候,当地人开始用当地粘土生产砖和瓦。在另外一些生产队,妇女开始养蚕。在另外一个从前的造纸村——金华村,人们用种植和加工茶叶带来的收入弥补造纸业上的损失。在夹江县的其他地方,人们开始生产宗教仪式上用的纸钱、制假货卷烟、加工中草药以及开山挖石。有些副业是得到国家鼓励的，但是大多数都是背着当局悄悄进行的。所有这些行业都要求有相当的技能。

尽管中国的许多地方都有高度的技术水准，但是这一事实没有得到认可。农村人自己在被人说到技能高超时，他们做出的反应是："哦，还是不行，我只是个农民。"①国家的媒体和公共话语将农村人描绘成"素质"不足，这个词汇以非常奇怪的循环论证方式被定义为正面的文化成就，认为"素质"是中国的农民所缺少的。严海蓉（Yan Hairong）在一篇讨论"素质"和民工形象的文章中让我们看到，改革开放时代的资本是如何有赖于对农村外来人口的贡献进行刮取而积累的。农民工建造了城市，让城市变得富裕并保持繁荣，他们的劳动支撑着城市中产阶级的生活方式，然而他们却被认为是有缺陷的：这些被一概而论的农民群体，因为其人数巨大而拖了中国的后腿。这种定型化的描述让那些从对农村劳动力的剥削中受益的人，可以将剥削解释为"发展的礼物"，农民工是净价值的受益者，而不是生产者。②管理者和雇主们将农村工人当成"粗手粗脚"的农民来对待，说他们在操作精密仪器时就如同要去耕田犁地一样。③ 真实的情况是，这些人经常都是心灵手巧、尽心投入的工人，他们将技能密集的生产活动视为生活中的一部分。因此，这些乡下工人是有技能的（skillful）（著名的说法"巧手"，这也是由同样的管理者发明出来的说法，用来斥责工人们"又红又懒"），同时也是无技能的（unskilled），不能将实际上的技术技能转化为社会地位和

---

① 这在一定程度上是一个语义上的问题：涉及"技能"（skill）时最常用的词汇是"技术"，这一词汇让人想到的是城市领域中有技能的工作，比如"技术工人"。

② Yan(2003)。

③ Pun(2005:115－116)。

物质回报。正是这种断裂使得来自农村的中国劳动力有产出能力而且廉价，这在很大程度上支撑了中国近年的经济增长。

坚壁起来的公用资源

本书中所描写的这种生活方式是建立在一种组合性的基础之上的，既能强力介入市场，又有可资利用的"公用资源"——成员们都可以依仗的共同知识。这种组合推翻了西方人的既有概念，即认为互惠以及对资源的共同体公用只会发生在简单的、前资本主义社会，无涉复杂而有效的市场。然而，这二者（市场与公用资源）之间并无内在的矛盾，二者的组合对夹江的造纸人大有好处。我们没有必要将夹江的社区纽带理想化。事实是，由于绝大多数社区纽带都基于血缘亲属关系，这意味着女性有着最低的成员身份权利。女性被有意识地排除在外，不是将她们排除在某些生产过程的知识之外（这没有可操作性），而是不认为她们的知识是可以随愿传递给别人的个人财产。技能再生产依靠性别和代际之间的等级序列，这给了年长男性以权力来规训和惩戒年轻人。与此同时，讲究辈分以及互惠与互助的形式也会让阶级差异的出现变缓，让其效果得到缓冲。在石堰村以及河东的其他村落里（尽管这里的环境条件不像河西那么严酷），甚至穷人也可以向亲属和邻居提出获得造纸技能的要求，在造纸作坊里找到工作，使用暂时闲置的设备，或者找一个襄助人来以他的名义出售自己的产品。在一套技术上的共同投入，仪式性地表达为是对祖先的共同责任，并经由常规交往在日常基础上予以加强，这使得造纸区里的绝大多数人都有相对安全的保障。

这一互相负责的体系有着相当大的弹性。它在集体化时代以重叠的形式保留下来，在 20 世纪 80 年代帮助造纸业得以快速恢复。在 20 世纪的大部分时间里，它都在国家的视野之外。宗族掌事人以及长辈的"封建性"权威在 50 年代初期被打破，不过其结果只是强化了亲属体系中的横向因素。在石堰村，没有发生过宗族冲突，在整个集体化年头村干部都是稳定的，在那里，政治斗争留下的伤痕要比在中国很多地方都少，互惠的纽带直到 90 年代都相对没有受到冲击，加档桥的石碑力图去崇奉这种集体美德。不过，加档桥的石碑内容也可以被解读为一种标记，表明古老的理所当然之事正变得淡薄。在立碑之时，技术变迁以及国家主导的小型家庭企业的话语已经导致出现了小型的、几乎少有可持续性的作坊，它们越来越不依赖互相帮助，而是依赖专门化的服务提供者。在那之后不久，第一个机械化造纸厂出现在村子里，这种技术变迁促使家庭作坊修建起围墙，首先只是机械化作坊被环绕起来，而后其他大作坊也有了围墙。在村庄的历史上第一次出现这样的情形：曾经让造纸业得以传承下来的公用资源如今被坚壁起来了。

附录一

部分造纸专业术语

关于纸的种类、工具设备、原材料和其他各种术语按首字母排列，生产工艺按工序先后顺序排列。

纸的种类

报纸	新闻用纸
川连	四川连史，小张书写用纸
大纸	优质大幅面书画用纸张
对方	中等质量书写用纸
仿古	仿古做旧的纸
工笔	工笔画用纸
贡川	小张书写用纸
贡纸	专用于清朝科举考场
国画纸	书法、国画用纸
黄表	产于四川东部，仪式上的焚化用纸
夹宣	四川省夹江县出产的书画纸
精料	高级国画用纸
连史	大幅面优质书写用纸

冥纸	神祇用纸
迷信纸	神祇用纸
平松	小纸，染色神祇用纸
生宣	劣质国画用纸
土连	主要产自河西，焚化用
土纸	靠手工制成的纸
文化纸	书画用纸，如报纸和对方纸（参见备注）
小纸	质量较差，主要用作纸钱和其他神祇用途
宣纸	产自安徽泾县，原料为稻草和树皮
洋小青	小纸，染成蓝色的神祇用纸

生产工具与设施

池子，池窖	堆沤竹料
碓窝	脚踏式春打竹料的春器
篁锅	蒸煮竹料的传统工具，圆桶形，木竹制
帘床	承受帘子的木制支架
木榨	木制压榨脱水工具
水篦子	制作帘子的竹片子
蒸锅	钢筋水泥制、现代高压锅
纸刷子	将湿纸粘到纸壁上的刷子
纸壁	晾干湿纸的墙壁
纸槽	长方形，打槽，抄纸用
纸帘	令纸浆成形的帘子

原材料

白甲竹	竹子的一种
边纸	碎纸，用作造纸原材料
草碱	钾碱、碳酸钾（K_2CO_3）
纯碱	纯碱、碳酸钠（Na_2CO_3）

换头	竹子从开花、枯萎、从地下茎长出新竹的过程
滑水	一种防止纸浆中的纤维互相粘连的植物粘液
料子	经水沤杀青,蒸煮变软但尚未制浆的竹料
马根	竹子的地下茎
漂白粉	氯漂白剂、次氯酸钠溶液($NaClO$)
烧碱	烧碱、氢氧化钠($NaOH$)
水竹	竹子的一种
苏打/曹打	小苏打,碳酸氢钠($NaHCO_3$)
蓑草,龙须草	现为夹江县造纸主要原材料
纸浆	纸浆
竹麻	没有嫩竹时,就用竹麻代替作为造纸的原材料,先砍竹化篾,水沤杀青,最后晒干备用

其他术语

抄纸匠	熟练的抄纸工人
大户	有雇用劳工,全年运营的大纸坊
配方	造纸秘方
刷纸浆	熟练的刷纸工人
下槽	料子下纸槽,和预货一样
现货	出售成品纸或原料,现金结算(和预货相反)
小户	只有少量或没有雇用工人,季节性运营
预货	"预定货物":槽户产前从纸商手里拿一笔钱或一批原材料,季末再交付成品纸
水沤	在窖池里浸泡修剪化篾完成的竹麻
蒸头锅	头蒸:竹麻在窖池里浆石灰沤制数天后进行蒸煮,共蒸煮 6 至 7 昼夜
打竹麻	头蒸之后第二天,待蒸温稍降,用木制舂杆捣竹麻
洗料	到池塘或溪流里洗涤竹料
蒸二锅	二蒸:竹料放入篁锅,从上往下倾泼草碱、纯碱,或烧

碱,蒸煮 5 个昼夜,取出在水中多次洗涤,直至无杂质或余碱

| 打饼 | 打堆发酵:将洗好的熟料紧紧堆置在一起,放置 20 至 30 天发酵 |

制料

打浆	料子放入石碓锅中,用脚踏动与木杵相连的石臼头,反复舂打
淘料	打浆后的纸料在清水中多次洗涤,去除杂色
漂白	在纸槽中放入漂白粉,浸泡 24 小时,再多次洗涤

抄纸

打槽	纸料漂白后,往纸槽中注水,用力搅拌
抄纸	用纸帘抄捞纸浆,纸纤维在竹帘上形成一层纸膜,再覆盖在纸板上
压水	工作日结束后,湿纸堆放在纸榨上,压榨脱水

刷纸

打叠	将去水后的纸从纸榨上取出,用夹子将纸掀开,十张为一叠
刷纸	用棕刷将半干的纸刷在纸壁上,十张一吊
揭开纸张	纸干后(夏季半日,冬季时间较长),一吊一吊取下分张
整纸	纸干燥后依次叠放,用纸刀切割整齐,捆好等待贩运

附录二

20 世纪纸张的主要种类及其市场

种类	规格（cm）	用途	主要产区	主要市场
晚清至明国初期（到 1920 年前后）				
"大纸"：包括书画用纸（连史，贡川）和大幅面染色纸				
连史	122×68	优质纸	河东	成都和四川其他城市
贡川	60×25	优质书写和水墨画用纸	河东	成都、重庆、云南
川连	49×22	书画用纸	河东	成都、云南
水纸	73×45	书画用纸	河东	四川全省
厚、薄蓝梅	110×53，95×51	染成红色的半成品纸，祭拜家神用纸	河东	四川全省
对料	133×30	染成红色的半成品纸，对联用纸	河东	四川全省
"小纸"：40 至 50 种，可用于做名片，壁纸等；大都是常见品种				
印制	33×18	迷信用纸	河西	四川全省
黄、白中连	32×23	迷信用纸	河西	四川全省
黄土连	40×30	迷信用纸	河西	四川全省
1920 年后引进的纸张种类*				
未漂白对方	88×50	书写，包装，制作扇子、雨伞、爆竹用纸	从河东传至河西	四川全省

种类	规格（cm）	用途	主要产区	主要市场
漂白对方	88×50	书写，木版印刷	从河东传至河西	成都、重庆
报纸	77×53	机器印刷	从河东传至河西	成都、重庆
仿宣	133×66，166×83	书法，毛笔画	河东大纸坊	成都、昆明
1950 年后主要纸张种类				
连史，贡川	尺度和用途见前面，20 世纪 50 年代逐步淘汰。			
对方	尺度和用途见前面。对方纸成为夹江造纸业的支柱，在集体主义时期出口外国。**			全中国
国画***	100×53，138×69，153×84	书法，毛笔画，装饰	河东	全中国、出口
1980 年后主要纸张种类				
对方	20 世纪 80 年代，河东地区的对方纸被国画纸取代，河西地区的对方纸生产则继续小规模进行，一直持续到 1997 年前后。			
国画纸生宣	100×53，138×69，153×84	书法，装饰，礼盒包装	河东	全中国、出口
精料	180×97，248×129	书法，毛笔画	河东	全中国、出口

备注：＊在现代，"报纸"（新闻用纸）和"对方纸"都用于印刷和书写，故统称为"文化纸"，区别于小幅面的"迷信纸"。1920 年后，"文化纸"的分法逐渐取代了以前"大书写纸"的（连史，贡川）分法。到了 20 世纪 30 年代，河西地区生产"小纸"的槽户开始转向生产未漂白的对方纸和新闻用纸。

＊＊对方纸在集体主义时期成为夹江造纸业的支柱。本来有一种中等质量的纸张用于书写，包装和其他用途，但自从许多"小纸"被禁后，对方纸逐渐开辟一个新市场。到了 20 世纪 80 年代，对方纸已经用于祭祀，爆竹制作和吸墨纸等领域。

＊＊＊技术上来讲，国画纸也是生宣纸的一种，因为国画纸也没有经过加工（生），纸品和安徽宣纸相近（宣）。规格和安徽宣纸一样：从 3 尺到 8 尺；4 尺（138×69 cm）是最常见的规格。1941 年，石国梁和张大千在连史纸的基础上，创造出了规格上和 4 尺宣纸一致的国画纸。1957 年，"国画纸"一词正式被官方采用。到了 20 世纪 80 年代，生产优质纸的槽户用"精料"一词区别于劣质纸"生宣"。"精料"纸的原材料只有竹麻和草纤维，而"生宣"纸的原材料则包含大量的废纸。

来源：梁彬文（1937：21—24）；宿师良（1923：7—9）；钟崇敏、朱守仁、李权（1943：25—28）。

文献资料

四川省的期刊

SCJJJK 1944[1:3].《一年来川省米价变动之回顾》,刊于《四川经济季刊》
1944 年第 1 卷第 3 期,第 276—286 页。

SCJJJK 1945[2:2].《四川经济统计》,刊于《四川经济季刊》1945 年第 2 卷
第 2 期,第 332—361 页。

SCJJJK 1946[3:3].《四川省各县市户量、性比例和人口密度》,刊于《四川
经济季刊》1946 年第 3 卷第 3 期,第 119—122 页。

SCJJYK 1935[3:1].《夹江改良纸业》,刊于《四川经济月刊》1935 年第 3
卷第 1 期,第 187—188 页。

SCJJYK 1935[3:2].《夹江纸业调查》,刊于《四川经济月刊》1935 年第 3
卷第 2 期,第 89—90 页。

SCJJYK 1935[3:3].《凉山纸业概况》,刊于《四川经济月刊》1935 年第 3
卷第 3 期,第 119—121 页。

SCJJYK 1935[3:4-5].《建厅实施纸质工业四年计划》,刊于《四川经济月
刊》1935 年第 3 卷第 4—5 期,第 145—148 页。

SCJJYK 1935[3:4-5].《凉、达建设机器造纸厂》,刊于《四川经济月刊》
1935 年第 3 卷第 4—5 期,第 148—150 页。

SCJJYK 1935[4:2].《凉山造纸业改良产品》,刊于《四川经济月刊》1935
年第 4 卷第 2 期,第 119 页。

SCJJYK 1936[5:2-3].《夹江概况》,刊于《四川经济月刊》1936 年第 5 卷
第 2 期,第 112—114 页。

SCJJYK 1936[5:4].《嘉定纸业现况》,刊于《四川经济月刊》1936 年第 5
卷第 4 期,第 19—21 页。

SCJJYK 1936[6:6].《纸业近讯》,刊于《四川经济月刊》1936 年第 6 卷第 6 期,第 41—43 页。

SCYB 1932[1:1].《制造业》,刊于《四川月报》1932 年第 1 卷第 1 期,第 19—21 页。

SCYB 1932[1:2].《凉山黄表纸业》,刊于《四川月报》1932 年第 1 卷第 2 期,第 29 页。

SCYB 1932[1:3].《各地造纸业概况》,刊于《四川月报》1932 年第 1 卷第 3 期,第 58—60 页。

SCYB 1932[1:4].《21 军辅助凉、达纸业》,刊于《四川月报》1932 年第 1 卷第 4 期,第 60—61 页。

SCYB 1933[2:2].《广安县之造纸工业》,刊于《四川月报》1933 年第 2 卷第 2 期,第 49—50 页。

SCYB 1933[2:4].《全川纸产概况》,刊于《四川月报》1933 年第 2 卷第 4 期,第 149—150 页。

SCYB 1933[3:2].《四川之纸业》,刊于《四川月报》1933 年第 3 卷第 3 期,第 1—20 页。

SCYB 1934[4:2].《乐山嘉乐纸厂扩充计划》,刊于《四川月报》1934 年第 4 卷第 2 期,第 97—98 页。

SCYB 1934[4:2].《铜梁改良纸厂及瓷厂》,刊于《四川月报》1934 年第 4 卷第 2 期,第 98 页。

SCYB 1934[4:3].《四川造纸原料调查》,刊于《四川月报》1934 年第 4 卷第 3 期,第 112—117 页。

SCYB 1934[4:5].《广安之造纸工业》,刊于《四川月报》1934 年第 4 卷第 5 期,第 100—104 页。

SCYB 1934[4:5].《乐山嘉乐纸厂概况》,刊于《四川月报》1934 年第 4 卷第 5 期,第 104—109 页。

SCYB 1934[5:1].《四川产纸区域概况》,刊于《四川月报》1934 年第 5 卷第 1 期,第 130—131 页。

SCYB 1934[5:6].《夹江制纸工业概况》,刊于《四川月报》1934 年第 5 卷第 6 期,第 155—161 页。

SCYB 1935[6:1].《夹江请免征 24 年粮税》,刊于《四川月报》1935 年第 6 卷第 1 期,第 17 页。

SCYB 1935[6:2].《夹江纸业调查》,刊于《四川月报》1935 年第 6 卷第 2 期,第 77—79 页。

SCYB 1935[6:2].《凉山大竹组织联合制纸厂》,刊于《四川月报》1935 年第

6 卷第 2 期,第 141 页。

SCYB 1935[6:3].《省府实行振兴川省造纸工业计划》,刊于《四川月报》
1935 年第 6 卷第 3 期,第 159—160 页。

SCYB 1935[7:3].《凉山筹办改良纸厂》,刊于《四川月报》1935 年第 7 卷第
3 期,第 151—152 页。

SCYB 1935[7:3].《省府命改良嘉乐纸》,刊于《四川月报》1935 年第 7 卷第
3 期,第 150—151 页。

SCYB 1935[7:5].《大竹筹办民生造纸厂》,刊于《四川月报》1935 年第 7 卷
第 5 期,第 136—138 页。

SCYB 1936[8:6].《夹江纸业破产》,刊于《四川月报》1936 年第 8 卷第 6
期,第 101—102 页。

SCYB 1936[9:1].《建厅调查夹、洪、峨三县纸业近况》,刊于《四川月报》
1936 年第 9 卷第 1 期,第 121—123 页。

SCYB 1936[9:1].《四川省之工业》,刊于《四川月报》1936 年第 9 卷第 1
期,第 242—251 页。

SCYB 1937[10:2].《广安筹设大纸厂》,刊于《四川月报》1937 年第 10 卷第
2 期,第 184 页。

SCYB 1937[10:3].《铜梁特产调查》,刊于《四川月报》1937 年第 10 卷第 3
期,第 178—188 页。

SCYB 1937[10:5].《4 区专属拟在夹江筹设纸厂》,刊于《四川月报》1937
年第 10 卷第 5 期,第 217—218 页。

SP 1925.《四川夹江县之纸业》,刊于《蜀评》1925 年第 4 卷第 3 期,第 35—
40 页。

Sichuan sheng zheng fu gongbao 1 四川省政府公报 936.《为令饬该县查复
每年造纸种类、数量、成本费及售价一案仰遵照由》,刊于《四川省政府公
报》第 50 卷(1936 年 7 月),第 21—22 页。

四川档案馆文献

工业厅 1951[13].川西区造纸工业的基本情况及存在问题。

工业厅 1951[19:1].川西区工业厅西南第二届造纸会议总结。

工业厅 1951[19:2].川西区造纸工业原料调查总结报告。

工业厅 1951[19:3].川西区首届纸业会议总结。

工业厅 1951[19:4a].川西区首届纸业会议资料。

工业厅 1951[19:4b].西南第二届造纸会议总结。

工业厅 1951[19:5]. 川西区第一届造纸会议筹备提纲。

工业厅 1951[93:1]. 第二届西南区造纸工业会议关于辅导组织手工纸业的决议。

工业厅 1951[93:2]. 西南区手工造纸业辅导委员会组织规程——修正草案。

工业厅 1951[93:3]. 西南区手工造纸业辅导委员会组织辅导实施办法。

工业厅 1951[93:6]. 第二届西南区手工造纸业督导委员会。

工业厅 1951[146:1]. 川西区各区纸产销统计。

工业厅 1951[171:1]. 夹江纸业调查报告。

工业厅 1951[171:2]. 川西工业厅手工业资料：绵竹县手工造纸业调查报告（包括什邡三合乡、茂县庆坪乡）。

工业厅 1951[171:3]. 川西工业厅手工业资料：崇庆县的造纸业。

工业厅 1951[171:4]. 川西工业厅手工业资料：大邑县的造纸业。

工业厅 1951[171:5]. 川西工业厅手工业资料：川西区造纸工业原料调查报告。

工业厅 1952[146:2]. 夹江师范纸厂概况。

工业厅 1952[146:3]. 川西夹江师范纸厂亏本的原因及厂中情况。

工业厅 1952[106]. 川西区轻工业重点行业 1951 年年终总结。

建川 1960[80-3111]. 四川省轻工业厅报送造纸工业上半年总结和下半年工作安排意见。

建川 1963[074-17]. 四川省政府中共四川省为批转苗凤书同志在省手工业工作会议上的报告。

建川 1963[074-99b]. 关于召开省手工业工作会议的情况报告。

建川 1963[074-99e]. 四川省手工业局四川省手工业调整工作进展情况简报。

建设厅 1936[1353a:1]. 建设厅令调查省销售夹江、洪雅、峨嵋三县纸张概况。

建设厅 1936[1353a:2]. 夹江县出产纸张种类数量及成本销价总数一览表。

建设厅 1936[1353a:3]. 夹江县县长杜鳌的来信。

建设厅 1936[1353a:4]. 峨眉县每年出产纸张概况。

建设厅 1936[1353a:5]. 洪雅县纸张种类数量及成本销价总数一览表。

建设厅 1937[1353a:6]. 黄永海. 呈为土纸破产，恳请迅予救济以维农民副产而复兴农村事。

建设厅 1937[1353a:7]. 令四川省府：据夹江纸业公会黄永海等呈为土纸破产，恳请迅予救济以为农民副产而复兴农村等情。

建设厅 1937[1353a:8,9,10,11].四川省建设厅签条。

建设厅 1937[1353a:12].四川省政府训令本府。

建设厅 1937[1353a:13].为据本市纸张印刷业同业公会呈报纸张缺乏情形。

建设厅 1938[9337:1].事由:呈报执行县行政会议决案请派员改良纸业。

建设厅 1938[9337:2].绵竹事由:为此县纸业急应改良,拟请钧府令派技术专家。

建设厅 1939[4042:1].成都快报、华西日报、新新新闻:呈为纸商碱商操从居奇请于统制以维社会文化事。

建设厅 1939[4042:2].事由:城府遵办解救本市新闻纸荒情形请于检核事遵由。

建设厅 1939[9337:5a].遵令呈报改进纸业办法,暨取缔去替米信用纸情形。

建设厅 1939[9337:5b].尊敬呈报改进纸。

建设厅 1941[1353b:2].令铜梁、杜安、大竹、梁山。

建设厅 1942[1353b:1].四川省府令永川、铜梁。

建设厅 1942[1353b:3].夹江纸说明表。

建设厅 1942[9338:1].王运明事由:为全县为造纸工业区,山多田少。

建设厅 1942[9338:2].事由:准函属核办夹江县张王运明请减微免购一案。

建设厅 1942[9338:3].为拟具纸业改进计划请转农民银行贷款。

建设厅 1942[9338:4].夹江县纸业改进计划书。

建设厅 1943[9338:5].案据本部日用必需品管理处。

建设厅 1945[5117:1].保证责任夹江纸业生产运销合作社概况报告。

建设厅 1945[5117:2].保证责任夹江纸业生产运销合作社第一年度业务计划。

建设厅 1945[9338:6].据本部日用必需品管理处呈关于取缔迷信用纸。

建设厅 1948[1307].为遵令填报地方经济概况调查表及经济事业。

夹江木城 1947.夹江县木城乡人口调节有关资料。

四川银行夹江县分行 1944.营业概况表。

夹江县税政财政处 1947.布告。

夹江县税政财政处 1949.38 年下半年每月营业税摊柯。

四川合作金库 1941.夹江合作金库 30 年度业务报告书。

四川合作金库 1943.夹江县合作金库 32 年度业务报告书。

中文参考文献

夹江"古佛寺碑"碑文，作者抄录。

夹江县马村乡石堰村"加档桥石碑"碑文，作者抄录。

"一碗水"石碑碑文，1855 年。由夹江县文化局提供的碑文复制件，原碑已经不复存在。

曹树基：《1958—1961 年四川人口死亡》，《中国人口学刊》2004 年第 1 期，第 57—67 页。

曹天生：《中国宣纸》，北京：中国轻工业出版社，1992。

杜时化：《手工竹浆的制造及其改进方法》，《造纸工业》1957 年第 7 期，第 25—29 页。

段之一：《四川手工造纸业的技术改良》，《中国工业》第 12 卷（1943 年 10 月出版），第 37—40 页。

幹慈森：《最近 45 年来四川省进出口贸易统计》，重庆：民生事业公司经济研究所，1936。

幹端生：《夹江乡土志略》，夹江：义铜书局，1948。

国家统计局：《中国农村统计年鉴，1996》，北京：中国统计出版社，1997。

华有年：《夹江的纸业与金融》，《四川经济季刊》1944 年第 1 卷第 3 期，第 415—419 页。

黄福原：《竹麻号子》，夹江：复印手稿。

《夹江土壤》，夹江：夹江县农业局，1984。

《夹江县乡土志》，夹江：出版时间不详，大约在清末。

《夹江县 1994 年农业生产、农村经济情况》，夹江：复印文稿，1995。

《夹江县乡镇概况》，夹江：夹江县地方志办公室，1991。

蒋汇策：《四川西南地区经济建设建议》，《四川经济季刊》第 2 卷第 3 期（1945 年 7 月），第 68—97 页。

《纸乡带头人——记省劳模石福礼》，《乐山日报》，1995 年 10 月 9 日，第 3 版。

李伯重：《江南的早期工业化》，北京：社会科学文献出版社，2000。

李季伟：《改良夹江造纸业之我见》，《四川善后督办公报》第 1 卷第 1 期（1934 年 9 月），第 17—20 页。

李留根：《发展特色经济，配置支柱产业》，《夹江年鉴 1999》，第 138—139 页。

李世平：《四川人口史》，成都：四川大学出版社，1987。

黎玉冰：《夹江产纸应始于何时?》，夹江：复印文稿，1986。

黎玉冰、雷应澜：《纸业巨商谢荣昌简历》，《夹江文史资料》，第30—37页，夹江：政协委员会，1986。

梁彬文：《四川纸业调查报告》，《建设通讯》1937年第1卷第10期，第15—30页。

林耀华：《义序的宗族研究》，北京：生活·读书·新知三联书店，2000。

刘洪康：《中国人口四川分册》，北京：中国财政经济出版社，1988。

刘敏：《四川社会经济之历史性格与工业建设》，《四川经济季刊》第2卷第1期（1945年1月），第99—108页。

刘少奇：《关于手工业合作社问题》，载于中华全国手工业合作总社主编《中国手工业合作社和城镇集体工业的发展》，第104—109页，北京：党史出版社，1992。

刘少奇：《关于新中国的经济建设方针》，载于中华全国手工业合作总社主编《中国手工业合作社和城镇集体工业的发展》，第26—30页，北京：党史出版社，1992。

刘少全：《夹江的纸业与国际交流》，成都：四川大学出版社，1992。

刘自东：《(民国)三十三年夹江经济动态》，《四川经济季刊》1945年第2卷第2期，第199—202页。

刘作铭：《夹江县志》，1935年，重印本，夹江：夹江县地方志办公室，1985。

陆德恒：《变手工纸生产周期100天为3天》，《造纸工业》1958年第10期，第19—20页。

陆德恒：《手工纸生产中的技术革新》，《造纸工业》1958年第6期，第12—13页。

鲁子健：《清代四川财政史料》，两卷本，成都：四川省社会科学院，1988。

吕平登：《四川农村经济》，上海：商务印书馆，1936。

马明章：《落实权属，林农换位，生态补偿》，未刊会议论文，1995。

马友梅：《夹江五破五立，抓机遇，全县工业产值财政收入稳步增长》，《夹江年鉴2000》，第153—154页。

马友梅：《强基固本，完善服务，夹江着力塑造"北大门"形象》，《夹江年鉴2000》，第152—153页。

《马村乡第十保调查谱》，日期未详。

潘吉星：《中国造纸技术史稿》，北京：文物出版社，1979。

彭泽一：《中国近代手工业史资料》，四卷本，北京：三联书店，1957。

邱先：《振兴造纸工业与手工造纸之改良》，《西南事业通讯》第3卷第1期（1942年1月），第19—20页。

全汉升：《中国行会制度史》，上海：食货出版社，1935。

任治钧：《夹江手工纸的产销概况》，《夹江文史资料》，第 1—9 页，夹江：政协委员会，1986。

任治钧：《忆述夹江纸以造纸为中心的经济史略》，夹江：复制手稿，日期不详。

盛义、袁定基：《夹江造纸》，《汉声》1995 年第 77 期，第 1—43 页。

吴美云：《夹江造纸》，台北：《汉声》杂志社，1995。

四川省夹江县编史修志委员会编写：《夹江县年鉴》，1987—2006。

四川省手工纸生产技术经验交流会：《手工纸生产中使用代用原料和改进生产工具的经验》，《造纸工业》1958 年第 4 期，第 14—15 页。

四川省政府建设厅：《四川省峨夹乐三县茶叶调查报告》，成都：建设丛书，1939。

四川新闻出版局史志编纂委员会：《四川新闻出版史料》，成都：四川人民出版社，1976。

宿师良：《夹江纸业之概况》，《农业杂志》1923 年第 1 卷第 1 期，调查部分，第 7—19 页。

王迪：《清代四川人口、耕地及粮食问题》（上下两部分），《四川大学学报》1989 年第 3 期，第 90—105 页；第 4 期，第 73—87 页。

王纲：《清代四川的造纸与出版印刷》，载于王纲主编《清代四川史》，第 688—707 页，成都：四川人民出版社，1991。

王海波：《新中国工业经济史》，北京：经济管理出版社，1994。

王沪宁：《当代中国村落家族文化》，上海：上海人民出版社，1991。

王立显：《四川公路交通史》，成都：四川人民出版社，1989。

王绍荃：《四川内河航运史》，成都：四川人民出版社，1989。

王树功：《夹江县志》，成都：四川人民出版社。

谢长富：《夹江县华头乡志》，夹江：复印手稿，1988。

杨炳文：《著名大槽户石子青简历》，《夹江文史资料》，第 26—27 页，夹江：政协委员会，1986。

佚名：《夹江纸史》，复印手稿，日期未详。

翟士元：《我所知道的夹江纸在昆明销售的概况》，夹江：手稿复制件，日期不详。

张柠：《土地的黄昏》，北京：东方出版社，2005。

张万枢：《关于振兴夹江造纸的建议》，《委员之声》1991 年第 3 期，第 1—7 页。

张万枢：《清代夹江造纸初探》，载于王戎笙、王纲主编《清代的边疆开发》，成都:西南示范大学出版社,1994。

张文华:《夹江县马村乡志》,夹江,复制手稿,1990。

张肖梅:《四川经济参考资料》,中国国民经济研究所,1935。

张学君、张莉红:《四川近代工业史》,成都:四川人民出版社,1990。

钟崇敏、朱守仁、李权:《四川手工纸业调查报告》,重庆:中国农民银行经济研究所,1943。

《中共中央关于城乡手工业若干政策问题的规定——试行草案》,载于《中国手工业合作化和城镇集体工业的发展》第 2 卷,第 245—255 页,北京:中央党史出版社,1992。

《中共中央关于迅速恢复和进一步发展手工业生产的指示》,1959 年 8 月,载于《中国手工业合作化和城镇集体工业的发展》第 2 卷,第 184—194 页,北京:中央党史出版社,1992。

中国人民银行夹江支行:《夹江纸业生产经营的调查报告》,《调研与信息》第 39 期,夹江:复制手稿,1998 年 8 月 28 日。

中华全国手工业合作总社:《全国手工业合作总社关于整顿、巩固、提高手工合作社的指示》,载于《中国手工业合作化和城镇集体工业的发展》第 2 卷,第 291—296 页,北京:中央党史出版社,1994。

中华全国手工业合作总社、中共中央党史研究室主编:《中国手工业合作化和城镇集体工业的发展》,三卷本,北京:中央党史出版社,1992—1997。

中央人民政府:《中华人民共和国土地改革法》,载于《土地改革重要文献汇集》,第 2—10 页,北京:人民出版社,1950。

中央人民政府:《中央人民政府政务院划分农村阶级成份的决定》,载于《土地改革重要文献汇集》,第 33—59 页,北京:人民出版社,1950。

中央手工业管理总局、全国手工业合作总社:《关于 1963 年进一步开展整社和增产节约运动的指示》,载于《中国手工业合作化和城镇集体工业的发展》第 2 卷,第 307—311 页,北京:中央党史出版社,1994。

周开庆:《四川经济志》,台北:台湾商务出版社,1972。

朱德:《把手工业组织起来,走社会主义道路》,载于《中国手工业合作化和城镇集体工业的发展》第 1 卷,第 100—103 页,北京:中央党史出版社,1992。

西文参考文献

Alitto，Guy. 1979. *The Last Confucian : Liang Shu-ming and the Chinese*

Dilemma of Modernity. Berkeley: University of California Press.

American Rural Small-Scale Industry Delegation. 1977. *Rural Small-Scale Industry in the People's Republic of China*. Berkeley: University of California Press.

Anagnost, Ann. 2004. "The Corporeal Politics of Quality (*Suzhi*)." *Public Culture* 16, no. 2 (Spring 2004): 189 – 208.

Anagnost, Ann. 1997. *National Past-Times: Narrative, Representation, and Power in Modern China*. Durham, NC: Duke University Press.

Anagnost, Ann. 1992. "Socialist Ethics and the Legal System." In *Popular Protest and Political Culture in Modern China: Learning from 1989*, ed. Jeffrey Wasserstrom & Elizabeth J. Perry. Boulder: Westview, 1992, 177 – 205.

Appadurai, Arjun. 1986. "Introduction: Commodities and the Politics of Value." In *The Social Life of Things: Commodities in Cultural Perspective*, ed. idem. Cambridge: Cambridge University Press, 1986, 6 – 63.

Aristotle. 1995. *Politics: Books I and II*. New York: Clarendon.

Averill, Stephen C. 1983. "The Shed People and the Opening of the Yangzi Highlands." *Modern China* 9, no. 1 (Jan. 1983): 84 – 126.

Bailes, Kendall E. 1977. "Alexei Gastev and the Soviet Controversy over Taylorism, 1918 – 1924." *Soviet Studies* 29, no. 3 (July 1977): 373 – 94.

Bailey, Paul. 1998. *Strengthen the Country and Enrich the People: The Reform Writings of Ma Jianzhong*. Richmond, Eng.: Curzon.

Baker, Hugh D. R. 1979. *Chinese Family and Kinship*. New York: Columbia University Press.

Banister, Judith. 1987. *China's Changing Population*. Stanford: Stanford University Press.

Bell, Lynda S. 1999. *One Industry, Two Chinas: Silk Filatures and Peasant-Family Production in Wuxi County, 1865 – 1937*. Stanford: Stanford University Press.

Berg, Maxine. 1994. "Factories, Workshops, and Industrial Organisation." In *The Economic History of Britain Since 1700*, ed. Roderick Floud and Deirdre McCloskey. Cambridge: Cambridge University Press, 1994, 123 – 50.

Berg, Maxine. 1991. "On the Origin of Capitalist Hierarchy." In *Power and Economic Institutions*, ed. Bo Gustafsson. Aldershot: Elgar, 1991,

173 – 94.

Bian, Morris L. 2005. *The Making of the State Enterprise System in Modern China : The Dynamics of Institutional Reform*. Cambridge: Harvard University Press.

Billeter, Jean-François. 1985. "The System of 'Class Status. ' " In *The Scope of State Power in China*, ed. Stuart R. Schram. London: School of Oriental and African Studies, 1985, 127 – 69.

Bourdieu, Pierre. 1977. *Algérie 60—structures économiques et structures temporelles*. Paris: Minuit.

Bourdieu, Pierre. 1980. *The Logic of Practice*. Stanford: Stanford University Press.

Bourdieu, Pierre. 1977. *Outline of a Theory of Practice*. Cambridge: Cambridge University Press.

Bramall, Chris. 1993. *In Praise of Maoist Economic Planning : Living Standards and Economic Development in Sichuan Since 1931*. Oxford: Clarendon Press.

Braverman, Harry. 1974. *Labor and Monopoly Capital : The Degradation of Work in the Twentieth Century*. New York: Monthly Review Press.

Bray, Francesca. 1997. *Technology and Gender : Fabrics of Power in Late Imperial China*. Berkeley: University of California Press.

Brewer, John & Roy Porter, eds. 1993. *Consumption and the World of Goods*. London: Routledge.

Brokaw, Cynthia J. 2006. *Commerce in Culture : The Sibao Book Trade in the Qing and Republican Periods*. Cambridge: Harvard University Asia Center.

Brook, Timothy. 1997. "Auto-Organization in Chinese Society. " In *Civil Society in China*, ed. idem and B. Michael Frolic. Armonk, NY: M. E. Sharpe, 1997, 19 – 45.

Brown, Jeremy. 2008. "From Resisting Communists to Resisting America: Civil War and Korean War in Southwest China, 1950 – 51. " In *Dilemmas of Victory : The Early Years of the People's Republic of China*, ed. idem and Paul G. Pickowicz. Cambridge: Harvard University Press, 2008, 105 – 29.

Burawoy, Michael. 1979. *Manufacturing Consent : Changes in the Labor Process Under Monopoly Capitalism*. Chicago: University of Chicago Press.

Burawoy, Michael & Pavel Krotov. 1992. "The Soviet Transition from

Socialism to Capitalism: Worker Control and Economic Bargaining in the
Wood Economy. " *American Sociological Review* 57 (Feb. 1992):
16 - 38.

Burawoy, Michael &. János Lukász. 1992. *The Radiant Past : Ideology
and Reality in Hungary's Road to Capitalism.* Chicago: Chicago
University Press.

Burgess, John Stuart. 1928. *The Guilds of Peking.* Taipei: Chengwen.

Cartier, Carolyn. 2002. "Origins and Evolution of a Geographical Idea: The
Macroregion in China. " *Modern China*, 28, no. 1 (Jan. 2002): 79
- 142.

Chan, Anita &. Jonathan Unger. 1982. "Grey and Black: The Hidden
Economy of Rural China. " *Pacific Affairs* 55, no. 3 (Fall 1982): 452 -
71.

Chan, Anita &. Richard Madsen &. Jonathan Unger. 1992. *Chen Village :
The Recent History of a Peasant Community in Mao's China.* Berkeley:
University of California Press.

Chan, Anita &. Richard Madsen &. Jonathan Unger. 1992. *Chen Village
Under Mao and Deng.* Berkeley: University of California Press.

Chan, Kam-Wing. 1994. *Cities with Invisible Walls.* New York and
Oxford: Oxford University Press.

Chan, Kam-Wing &. Will Buckingham. 2008. "Is China Abolishing the
Hukou System?" *China Quarterly*, no. 195 (2008): 582 - 606.

Chao, Kang. 1977. *The Development of Cotton Textile Production in
China.* Cambridge: East Asian Research Center, Harvard University.

Chao, Kang. 1975. "The Growth of a Modern Cotton Textile Industry and
the Competition with Handicrafts. " In *China's Modern Economy in
Historical Perspective*, ed. Dwight H. Perkins. Stanford: Stanford
University Press, 1975, 167 - 202.

Chao, Yuan Ren. 1956. "Chinese Terms of Address. " *Language* 32, no. 1
(1956): 217 - 241.

Chayanov, Aleksandr N. 1966. *The Theory of Peasant Economy.*
Homewood, IL: R. D. Irwin.

Ch'en, Jerome C. 1992. *The Highlanders of Central China : A History,
1895 - 1937.* Armonk, NY: M. E. Sharpe.

Chen, Zhongping. 2001. "The Origins of Chinese Chambers of Commerce
in the Lower Yangzi Region. " *Modern China* 27, no. 2 (April 2001):
155 - 201.

Cheng, Tiejun, & Mark Selden. 1994. "The Origins and Social Consequences of China's *Hukou* System." *China Quarterly*, no. 139 (1994): 644 – 68.

Chun, Allen. 1996. "The Lineage-Village Complex in Southeastern China: A Long Footnote in the Anthropology of Kinship." *Current Anthropology* 37, no. 3 (June 1996): 429 – 50.

Clark, Andy. 1999. *Being There: Putting Brain, Body, and World Together Again*. Cambridge: MIT Press.

Cockburn, Cynthia. 1991. *Brothers: Male Dominance and Technological Change*. London: Pluto.

Cohen, Myron L. 1993. "Cultural and Political Inventions in Modern China: The Case of the Chinese 'Peasant.'" *Daedalus* 122, no. 2 (Spring 1993): 151 – 70.

Cohen, Myron L. 1976. *House United, House Divided: The Chinese Family in Taiwan*. New York: Columbia University Press.

Cohen, Myron L. 2005. *Kinship, Contract, Community, and State: Anthropological Perspectives on China*. Stanford: Stanford University Press.

Cohen, Myron L. 1990. "Lineage Organization in North China." *Journal of Asian Studies* 49, no. 3 (1990): 509 – 34.

Cooper, Eugene. 1993. "Cousin Marriage in Rural China: More and Less than Generalized Exchange." *American Ethnologist* 20, no. 4 (Nov. 1993): 758 – 80.

Cooper, Eugene, with Jiang Yinhuo. 1998. *The Artisans and Entrepreneurs of Dongyang County: Economic Reform and Flexible Production in China*. Armonk, NY: M. E. Sharpe.

Coronil, Fernando. 2001. "Smelling Like a Market." *American Historical Review* 106, no. 1 (Feb. 2001): 119 – 29.

Davis, Richard L. 1986. "Political Success and the Growth of Descent Groups: The Shih of Ming-Chou During the Song." In *Kinship Organization in Late Imperial China, 1000 – 1940*, ed. Patricia Ebrey and James L. Watson. Berkeley: University of California Press, 62 – 94.

Dikötter, Frank. 1998. *Imperfect Conceptions: Medical Knowledge, Birth Defects and Eugenics in China*. London: Hurst.

Domenach, Jean-Luc. 1995. *The Origins of the Great Leap Forward: The Case of One Chinese Province*. Boulder, CO: Westview.

Donham, Donald L. 1999. *Marxist Modern: An Ethnographic History of the Ethiopian Revolution.* Berkeley: University of California Press.

Donnithorne, Audrey. 1984. "Sichuan's Agriculture: Depression and Revival." *Australian Journal of Chinese Affairs*, no. 12 (July 1984): 59 - 86.

Douglas, Mary, & Baron Isherwood. 1979. *The World of Goods: Towards an Anthropology of Consumption.* London: Lane.

Draper, Hal. 1977 - 1990. *Karl Marx's Theory of Revolution.* 4 vols. New York: Monthly Review Press, 1977 - 90.

Dreyfus, Hubert L. 1991. *Being-in-the-World: A Commentary of Heidegger's Being and Time*, *Division* 1. Cambridge: MIT Press.

Duara, Prasenjit. 1988. *Culture, Power, and the State: Rural North China, 1900 - 1942.* Stanford: Stanford University Press.

Durkheim, Emile. 1984. *The Division of Labor in Society.* New York: Free Press.

Eastman, Lloyd. 1988. *Fields, Families, and Ancestors: Constancy and Change in China's Social and Economic History, 1550 - 1945.* Oxford: Oxford University Press.

Eastman, Lloyd. 1984. *Seeds of Destruction.* Stanford: Stanford University Press.

Ebrey, Patricia. 1986. "Early Stages of Descent Group Organization." In *Kinship Organization in Late Imperial China, 1000 - 1940*, ed. idem and James L. Watson. Berkeley: University of California Press, 1986, 16 - 61.

Ebrey, Patricia & James L. Watson, "Introduction." In *Kinship Organization in Late Imperial China, 1000 - 1940*, ed. idem. Berkeley: University of California Press, 1 - 15.

Edwards, Richard. 1979. *Contested Terrain: The Transformation of the Workplace in the Twentieth Century.* London: Heinemann.

Emerson, John Philip. 1965. *Non-Agricultural Employment in Mainland China, 1949 - 1958.* Washington, DC: U. S. Bureau of the Census.

Endicott, Stephen. 1988. *Red Earth.* London: Tauris.

Engels, Frederick. 1975. "From Paris to Berne." In *Karl Marx and Frederick Engels: Collected Works.* New York: International Publishers, 1975, 7: 511 - 29.

Entenmann, Robert. 1980. "Sichuan and Qing Migration Policy." *Qingshi wenti* 4, no. 4 (1980): 35 - 54.

Entwistle, Barbara & Gail Henderson, eds. 2000. *Re-drawing*

Boundaries : Work, Household, and Gender in China. Berkeley: University of California Press.

Eyferth, Jacob. 2003. "De-industrialization in the Chinese Countryside: Handicrafts and Development in Jiajiang (Sichuan), 1935 – 1978. " *China Quarterly*, no. 173 (March 2003): 53 – 72.

Eyferth, Jacob. 2006. "Introduction. " In *How China Works : Perspectives on the Twentieth-Century Workplace*, ed. idem. Milton Park, Eng. : Routledge, 1 – 24.

Faure, David. 1986. *The Structure of Chinese Rural Society : Lineage and Village in the Eastern New Territories, Hong Kong*. Hong Kong: Oxford University Press.

Faure, David & Tao Tao Liu. 2002. "Introduction. " In *Town and Country in China : Identity and Perception*, ed. idem. New York: Palgrave, 1 – 16.

Fei, Hsiao-t'ung [Fei Xiaotong]. 1939. *Peasant Life in China : A Field Study of Country Life in the Yangtze Valley*. New York: E. P. Dutton.

Fei, Hsiao-t'ung [Fei Xiaotong] & Chang Chih-i [Zhang Zhiyi]. 1945. *Earthbound China : A Study of Rural Economy in Yunnan*. Chicago: University of Chicage Press.

Feng, Han-Yi. 1937. "The Chinese Kinship System. " *Harvard Journal of Asiatic Studies*, 2, no. 2 (July 1937): 141 – 275.

Feuchtwang, Stephan. 2003. "Peasants, Democracy and Anthropology: Questions of Local Loyalty. " *Critique of Anthropology* 23, no. 1 (2003): 93 – 120.

Feuerwerker, Albert. 1983. "Economic Trends, 1912 – 1949. " In *The Cambridge History of China*, vol. 12, part 1, ed. John K. Fairbank. Cambridge, Eng. : Cambridge University Press, 28 – 127.

Feuerwerker, Yi-tsi Mei. 1998. *Ideology, Power, Text: Self-Representation and the Peasant "Other" in Modern Chinese Literature*. Stanford: Stanford University Press.

Fewsmith, Joseph. 1983. " From Guild to Interest Group: The Transformation of Public and Private in Late Qing China. " *Comparative Studies in Society and History* 25, no. 4 (Oct. 1983): 617 – 40.

Fitzgerald, John. 1995. "The Nationless State: The Search for a Nation in Modern Chinese Nationalism. " *Australian Journal of Chinese Affairs*, no. 33 (Jan. 1995): 75 – 104.

Fitzgerald, John. 1997. "Warlords, Bullies, and State Building in Nationalist China: The Guangdong Cooperative Movement, 1932 – 1936. " *Modern China* 23, no. 4 (Oct. 1997): 420 – 58.

Flower, John. 2002. "Peasant Consciousness. " In *Post-Socialist Peasants? Rural and Urban Constructions of Identity in Eastern Europe, East Asia, and the Former Soviet Union*, ed. Pamela Leonard and Deema Kaneff. Houndsmill, Basingstoke: Palgrave, 44 – 72.

Frazier, Mark. 2002. *The Making of the Chinese Industrial Workplace : State, Revolution, and Labor Management.* Cambridge, Eng. : Cambridge University Press.

Freedman, Maurice. 1996. *Chinese Lineage and Society : Fukien and Kwangtung.* London: Athlone Press.

Freedman, Maurice. 1958. *Lineage Organization in Southeastern China.* London: Athlone Press.

Fried, Morton. 1956. *The Fabric of Chinese Society : A Study of the Social Life of a Chinese County Seat.* London: Atlantic Press.

Friedman, Andrew. 1977. *Industry and Labor : Class Struggle at Work and Monopoly Capitalism.* London: Macmillan.

Friedman, Edward, Paul Pickowicz & Mark Selden. 1991. *Chinese Village, SocialistState.* New Haven: Yale University Press.

Friedman, Edward, Paul Pickowicz & Mark Selden. 2005. *Revolution, Resistance and Reform in Village China.* New Haven: Yale University Press.

Gamble, Sydney. 1963. *North China Villages : Social, Political, and Economic Activities Before 1933 .* Berkeley: University of California Press.

Gamble, Sydney. 1954. *Ting Hsien : A North China Rural Community.* New York: Institute of Pacific Relations.

Gerth, Karl. 2003. *China Made : Consumer Culture and the Creation of the Nation.* Cambridge: Harvard University Asia Center.

Giersch, C. Pat. 2001. "A Motley Throng: Social Change on Southwest China's Early Modern Frontier, 1700 – 1880. " *Journal of Asian Studies* 60, no. 10 (Feb. 2001): 67 – 94.

Graham, David Crockett. 1961. *Folk Religion in Southwest China.* Washington, DC: Smithsonian Institution.

Greenhalgh, Susan, & Edwin A. Winckler. 2005. *Governing China's Population : From Leninist to Neoliberal Biopolitics.* Stanford: Stanford

University Press.

Hafter, Daryl M. 1995. "Women Who Wove in the Eighteenth-Century Silk Industry of Lyon. " In *European Women and Preindustrial Craft*, ed. idem. Bloomington: Indiana University Press, 1995, 42 – 64.

Han, Xiaorong. 2005. *Chinese Discourses on the Peasant*, *1900 – 1949* . Albany: State University of New York Press.

Harrison, Henrietta. 2005. *A Man Awakened from Dreams : One's Man Life in a North China Village*, *1857 – 1942* . Stanford: Stanford University Press.

Harrison, Henrietta. 2006. "Village Industries and the Making of Rural-Urban Difference in Early Twentieth-Century Shanxi. " In *How China Works : Perspectives on the Twentieth-Century Workplace*, ed. Jacob Eyferth. Milton Park, Eng. : Routledge, 25 – 40.

Hayford, Charles. 1990. *To the People : James Yen and Village China*. New York: Columbia University Press.

Henderson, Gail E. ; Barbara Entwisle; Li Ying; Yang Mingliang; Xu Siyuan; & Zhai Fengying. 2000. "Re-drawing the Boundaries of Work: Views on the Meaning of Work (Gongzuo). " In *Re-drawing Boundaries : Work*, *Household*, *and Gender in China*, ed. Barbara Entwistle and Gail Henderson. Berkeley: University of California Press, 33 – 50.

Hershatter, Gail. 1986. *The Workers of Tianjin*, *1900 – 1949* . Stanford: Stanford University Press.

Herzfeld, Michael. 2004. *The Body Impolitic : Artisans and Artifice in the Global Hierarchy of Value*. Chicago: University of Chicago Press.

Hinton, William. 1966. *Fanshen: A Documentary of Revolution in a Chinese Village*. New York: Vintage.

Honeyman, Katrina & Jordan Goodman. 1998. "Women's Work, Gender Conflict, and Labour Markets in Europe, 1500 – 1900. " In *Gender and History in Western Europe*, ed. Robert Shoemaker and Mary Vincent. London: Arnold, 353 – 76.

Honig, Emily. 1986. *Sisters and Strangers : Women in the Shanghai Cotton Mills*, *1919 – 1949* . Stanford: Stanford University Press.

Hosie, Alexander. 1922. *Szechwan: Its Products*, *Industries*, *and Resources*. Shanghai: Kelly and Walsh.

Hsiang, C. Y. 1941. "Mountain Economy in Sichuan. " *Pacific Affairs* 14, no. 4 (Dec. 1941): 448 – 62.

Hsu, Francis L. K. 1945. "Observations on Cross-Cousin Marriage in

China. " *American Anthropologist* 47 (Jan. -Mar. 1945): 83 – 103.

Hu, Hsien-Chin. 1948. *The Common Descent Group in China and Its Functions*. New York: Wenner-Gren Foundation.

Huang, Philip C. C. 1985. *The Peasant Economy and Social Change in North China*. Stanford: Stanford University Press.

Huang, Philip C. C. 1990. *The Peasant Family and Rural Development in the Yangzi Delta , 1350 – 1988* . Stanford: Stanford University Press.

Hung, Chang-Tai. 1994. *War and Popular Culture : Resistance in Modern China , 1937 – 1945* . Berkeley: University of California Press.

Hutchins, Edwin. 1993. "Learning to Navigate." In *Understanding Practice : Perspectives on Activity and Context*, ed. Seth Chaiklin and Jean Lave. Cambridge: Cambridge University Press, 35 – 63.

Ingold, Tim. 2000. *The Perception of the Environment : Essays on Livelihood , Dwelling, and Skill*. London: Routledge.

Jing, Jun. 1996. *The Temple of Memories : History, Power, and Morality in a Chinese Village*. Stanford: Stanford University Press.

Judd, Ellen. 1994. *Gender and Power in Rural North China*. Stanford: Stanford University Press.

Kane, Penny. 1988. *Famine in China , 1958 – 1961: Demographic and Social Implications*. Basingstoke, Eng. : Macmillan.

Kapp, Robert A. 1974. "Chungking as a Center of Warlord Power, 1926 – 1937. " In *The Chinese City Between Two Worlds*, ed. Mark Elvin and G. William Skinner. Stanford: Stanford University Press, 143 – 70.

Kapp, Robert A. 1973. *Sichuan and the Chinese Republic , 1911 – 1938* . New Haven: Yale University Press.

Kipnis, Andrew B. 1997. *Producing Guanxi : Sentiment, Self, and Subculture in a North China Village*. Durham, NC: Duke University Press.

Kipnis, Andrew B. 1995. "Within and Against Peasantness: Backwardness and Filiality in Rural China. " *Comparative Studies in Society and History*, no. 37 (1995): 110 – 35.

Kirby, William C. 2000. "Engineering China: Birth of the Developmental State, 1928 – 1937. " In *Becoming Chinese : Passages to Modernity and Beyond* , ed. Wen-Hsin Yeh. Berkeley: University of California Press, 137 – 60.

Kirby, William C. 1984. *Germany and Republican China*. Stanford: Stanford University Press.

Knight, John & Lina Song. 2000. *The Rural-Urban Divide : Economic Disparities and Interactions in China*. Oxford: Oxford University Press.

Koepp, Cynthia J. 1986. "The Alphabetical Order: Work in Diderot's *Encyclopédie.*" In *Work in France: Representations, Meaning, Organization, and Practice*, ed. Steven L. Kaplan and Cynthia J. Koepp. Ithaca: Cornell University Press, 229 – 57.

Kotkin, Stephen. 1995. *Magnetic Mountain : Stalinism as a Civilization*. Berkeley: University of California Press.

Kraus, Richard Curt. 1991. *Brushes with Power : Modern Politics and the Chinese Art of Calligraphy*. Berkeley: University of California Press.

Kuhn, Philip. 1984. "Chinese Views of Social Stratification." In *Class and Social Stratification in Post-Revolutionary China*, ed. James L. Watson. Cambridge: Cambridge University Press, 16 – 28.

Landes, David S. 1986. "What Do Bosses Really Do?" *Journal of Economic History* 46, no. 3 (Sept. 1986): 585 – 623.

Lardy, Nicholas. 1983. *Agriculture in China's Modern Economic Development*. Cambridge: Cambridge University Press.

Lave, Jean & Etienne Wenger. 1991. *Situated Learning : Legitimate Peripheral Participation*. Cambridge: University of Cambridge Press.

Leach, Edmund. 1961. *Pul Eliya : A Village in Ceylon*. Cambridge: Cambridge University Press.

Lean, Eugenia. "One Part Cow Fat, Two Parts Soda: Recipes for a New Urban Identity and the Gender of Science in 1910s China." Unpublished manuscript.

Little, Archibald John. 1901. *Mount Omi and Beyond : A Record of Travels on the Tibetan Border*. London: Heinemann.

Liu, Hui-chen Wang. 1959. *The Traditional Chinese Clan Rules*. New York: J. J. Augustin.

Liu, Lydia H. 1995. *Translingual Practice. Literature, National Culture, and Translated Modernity: China, 1900 – 1937*. Stanford: Stanford University Press.

Liu, Ta-Chung & Kung-Chia Yeh. 1965. *The Economy of the Chinese Mainland : National Income and Economic Development, 1933 – 1959*. Princeton: Princeton University Press.

Liu, Tessa. 1994. *The Weaver's Knot : The Contradictions of Class Struggle and Family Solidarity in Western France, 1750 – 1914*.

Ithaca, NY: Cornell University Press.

Lüdtke, Alf. 1995. "What Happened to the 'Fiery Red Glow'? Workers' Experiences and German Fascism." In *History of Everyday Life: Reconstructing Historical Experiences and Ways of Life*, ed. idem. Princeton: Princeton University Press, 198 – 251.

MacGowan, D. J. 1886. "Chinese Guilds or Chambers of Commerce and Trade Unions." *Journal of the North China Branch of the Royal Asiatic Society*, no. 28 (1886): 133 – 92.

Maier, Charles S. 1970. "Between Taylorism and Technocracy: European Ideologiesand the Vision of Industrial Productivity in the 1920s." *Journal of Contemporary History* 5, no. 2 (1970): 27 – 61.

Mann, Susan L. 1992. "Household Handicrafts and State Policy in Qing Times." In *To Achieve Security and Wealth: The Qing Imperial State and the Economy, 1644 – 1911*, ed. Jane Kate Leonard & John R. Watt. Ithaca: Cornell University Press, 75 – 95.

Mann, Susan L. 1997. *Precious Records: Women in China's Long Eighteenth Century*. Stanford: Stanford University Press.

John R. Watt. 1997. *Precious Records: Women in China's Long Eighteenth Century*. Stanford: Stanford University Press.

Mao, Dun. 1979. *Spring Silkworms and Other Stories*. Beijing: Foreign Languages Press.

Mao, Zedong. 1933. "How to Differentiate the Classes in the Rural Areas." Oct. 1933. In *Selected Works of Mao Tse-tung*. Beijing: Foreign Languages Press, 1: 137 – 39.

Mao, Zedong. 1990. *Report from Xunwu*. Trans. and ed. Roger R. Thompson. Stanford: Stanford University Press.

Mao, Zedong. 1956. "Speed up the Socialist Transformation of Handicrafts." Mar. 5, 1956. In *Selected Works of Mao Tse-tung*. Beijing: Foreign Languages Press, 5: 281 – 83.

Marglin, Frédérique Apffel & Stephen A. Marglin. 1990. *Dominating Knowledge: Development, Culture, and Resistance*. Oxford: Clarendon Press.

Marglin, Stephen A. 1991. "Understanding Capitalism: Control Versus Efficiency." In *Power and Economic Institutions: Reinterpretations in Economic History*, ed. B. Gustafsson. Brookfield, VT: Elgar.

Marglin, Stephen A. 1974. "What Do Bosses Do?" In *The Division of Labour: The Labour Process and Class-Struggle in Modern Capitalism*, ed. André Gorz. Brighton, Eng. : Harvester Press, 13 – 54.

Marshall, Thomas Humphrey. 1950. *Citizenship and Social Class, and Other Essays*. Cambridge: Cambridge University Press.

Martin, Michael. 1992. "Defining China's Rural Population." *China Quarterly*, no. 130 (1992): 392 – 401.

Marx, Karl. 1930. *Capital*, vol. 1. London: Dent.

Marx, Karl. 1978. "The Eighteenth Brumaire of Louis Bonaparte." In *The Marx-Engels Reader*, ed. Robert C. Tucker. New York: Norton, 594 – 617.

Marx, Karl & Frederick Engels. 1978. "Manifesto of the Communist Party." In *The Marx-Engels Reader*, ed. Robert C. Tucker. New York: Norton, 469 – 500.

Masini, Federico. 1993. *The Formation of Modern Chinese Lexicon and Its Evolution Toward a National Language : The Period from 1840 to 1849*. Journal of Chinese Linguistics Monograph Series, 6. Berkeley: Project on Linguistic Analysis, University of California.

Mazumdar, Sucheta. 1998. *Sugar and Society in China : Peasants, Technology, and the World Market*. Cambridge: Harvard University Asia Center.

Medick, Hans. 1984. "Village Spinning Bees: Sexual Culture and Free Time Among Rural Youth in Early Modern Germany." In *Interest and Emotion : Essays on the Study of Family and Kinship*, ed. idem and David Warren Sabean. Cambridge: Cambridge University Press; Paris: Editions de la Maison des Sciences de l'homme, 317 – 39.

Mendels, Franklin. 1972. "Proto-Industrialization: The First Phase of the Industrialization Process." *Journal of Economic History* 32, no. 1 (1972): 241 – 61.

Meskill, Johanna. 1979. *A Chinese Pioneer Family : The Lins of Wufeng, Taiwan, 1729 – 1895*. Princeton: Princeton University Press.

Mitchell, Timothy. 2002. *Rule of Experts : Egypt, Techno-Politics, Modernity*. Berkeley: University of California Press.

Mokyr, Joel. 2002. *The Gifts of Athena : Historical Origins of the Knowledge Economy*. Princeton: Princeton University Press.

More, Charles. 1980. *Skill and the English Working Class, 1870 – 1914*. London: Croom Helm.

Morgan, Stephen L. 2003. "Scientific Management in China, 1910 – 1930s." [University of Melbourne] Department of Management Working

Paper Series, Working Paper 2003/10012, http://www. management. unimelb. edu. au/staff/paper/Morgan%20manuscript. pdf, accessed Feb. 4, 2007.

Morris-Suzuki, Tessa. 1994. *The Technological Transformation of Japan : From the Seventeenth to the Twenty-First Century.* Cambridge: Cambridge University Press.

Mueggler, Erik. 2001. *The Age of Wild Ghosts : Memory, Violence, and Place in Southwest China.* Berkeley: University of California Press.

Mueggler, Erik. 1998. "The Poetics of Grief and the Price of Hemp in Southwest China. " *Journal of Asian Studies* 57, no. 4 (Nov. 1998): 979 - 1008.

Naquin, Susan. 2001. *Peking : Temples and City Life, 1400 - 1900 .* Berkeley: University of California Press.

Nisbet, Robert. 1994. "Citizenship: Two Traditions. " In *Citizenship : Critical Concepts*, ed. Bryan S. Turner and Peter Hamilton. London: Routledge, 1: 7 - 23.

Oi, Jean C. 1989. *State and Peasant in Contemporary China : The Political Economy of Village Government.* Berkeley: University of California Press.

Pasternak, Burton. 1972. *Kinship and Community in Two Chinese Villages.* Stanford: Stanford University Press.

Peng, Xizhe. 1991. *Demographic Transition in China : Fertility Trends Since 1954 .* Oxford: Clarendon Press.

Perry, Elizabeth J. 1997. "From Native Place to Workplace: Labor Origins and Outcomes of China's *Danwei* System. " In *Danwei : The Changing ChineseWorkplace in Historical and Comparative Perspective*, ed. idem and Lü Xiaobo. Armonk, New York: M. E. Sharpe, 42 - 59.

Perry, Elizabeth J. 1996. "Introduction: Putting Class in Its Place: Bases of Worker Identity in East Asia. " In *Putting Class in Its Place : Worker Identity in East Asia*, ed. idem. Berkeley: University of California Press, 1 - 10.

Perry, Elizabeth J. 1993. *Shanghai on Strike : The Politics of Chinese Labor.* Stanford: Stanford University Press.

Pieke, Frank N. 2003. "The Genealogical Mentality in Modern China. " *Journal of Asian Studies* 62, no. 1 (Jan. 2003): 101 - 28.

Piore, Michael J. & Charles Sabel. *The Second Industrial Divide : Possibilities for Prosperity.* New York: Basic Books.

Pomeranz, Kenneth. 2000. *The Great Divergence : Europe, China, and the Making of the Modern World Economy*. Princeton: Princeton University Press.

Pomeranz, Kenneth. 2003. "Women's Work, Family, and Economic Development in Europe and East Asia." In *The Resurgence of East Asia : 500, 150 and 50 Year Perspectives*, ed. Giovanni Arrighi, Takeshi Hamashita, and Mark Selden. London: Routledge, 124 - 72.

Portelli, Alessandro. 1991. *The Death of Luigi Trastulli and Other Stories : Form and Meaning in Oral History*. Albany: State University of New York Press.

Potter, Sulamith Heins. 1983. "The Position of Peasants in Modern China's Social Order. " *Modern China* 9, no. 4 (Oct. 1983): 465 - 99.

Potter, Sulamith Heins &- Jack M. Potter. 1990. *China's Peasants : The Anthropology of a Revolution*. Cambridge: Cambridge University Press.

Pun, Ngai. 1999. "Becoming *Dagongmei* (Working Girls): The Politics of Identity and Difference in Reform China. " *China Journal* 42 (July 1999): 1 - 18.

Pun, Ngai. 2005. *Made in China : Subject, Power, and Resistance in a Global Workplace*. Durham, NC: Duke University Press.

Rabinbach, Anson. 1992. *The Human Motor : Energy, Fatigue, and the Origins of Modernity*. Berkeley: University of California Press.

Rawski, Evelyn S. 1975. "Agricultural Development in the Han River Highlands. "*Ch'ing-shih wen-t'i* 3, no. 4 (1975): 63 - 81.

Riskin, Carl. 1978. "China's Rural Industries: Self-reliant Systems or Independent Kingdoms?" *China Quarterly*, no. 73 (1978): 77 - 98.

Riskin, Carl. 1971. "Small Industry and the Chinese Model of Development. " *China Quarterly*, no. 46 (1971): 245 - 73.

Rofel, Lisa. 1999. *Other Modernities : Gendered Yearnings in China After Socialism*. Berkeley: University of California Press.

Rogger, Hans. 1981. "Amerikanizm and the Economic Development of Russia. " *Comparative Studies in Society and History* 23, no. 3 (July 1981): 382 - 420.

Rowe, William T. 2007. *Crimson Rain : Seven Centuries of Violence in a Chinese County*. Stanford: Stanford University Press.

Rowe, William T. 1989. *Hankow : Conflict and Community in a Chinese City, 1769 - 1895* . Stanford: Stanford University Press.

Rowe, William T. 2001. *Saving the World : Chen Hongmou and Elite Consciousness in Eighteenth-Century China*. Stanford: Stanford University Press.

Ruf, Gregory A. 1998. *Cadres and Kin : Making a Socialist Village in West China , 1921 - 1991* . Stanford: Stanford University Press.

Rule, John. 1987. "The Property of Skill in the Period of Manufacture. " In *The Historical Meaning of Work* , ed. Patrick Joyce. Cambridge: Cambridge University Press, 98 - 118.

Sabel, Charles. 1982. *Work and Politics : The Division of Labor in Industry*. Cambridge: Cambridge University Press.

Sabel, Charles F. & Jonathan Zeitlin. 1985. "Historical Alternatives to Mass Production: Politics, Markets, and Technology in Nineteenth-Century Industrialization. " *Past and Present* 108 (Aug. 1985): 133 - 76.

Sabel, Charles F. & Jonathan Zeitlin, eds. 1997. *Worlds of Possibilities : Flexibility and Mass Production in Western Industrialization*. Cambridge: Cambridge University Press; Paris: Musée de l'homme.

Santos, Gonçalo Duro dos. 2006. "The Anthropology of Chinese Kinship: A Critical Overview. " *European Journal of East Asian Studies* 5 , no. 2 (2006): 275 - 333.

Schran, Peter. 1964. "Handicrafts in Communist China. " *China Quarterly* , no. 17 (Jan. - Mar. 1964): 151 - 73.

Schwartz, Benjamin. 1964. *In Search of Wealth and Power : Yen Fu and the West*. Cambridge: Harvard University Press, Belknap Press.

Scott, James C. 1998. *Seeing Like a State*. New Haven: Yale University Press.

Scott, Joan W. 1999. "L'ouvrière: mot impie et sordide. " In Joan W. Scott, *Gender and the Politics of History*. New York: Columbia University Press, 113 - 63.

Selden, Mark. 1980. *The People's Republic of China : A Documentary History of Revolutionary Change*. New York: Monthly Review Press.

Selden, Mark. 1993. *The Political Economy of Chinese Development*. Armonk, NY: M. E. Sharpe.

Sewell, William H. 1980. *Work and Revolution in France : The Language of Labor from the Old Regime to 1848* . Cambridge: Cambridge University Press.

Shiga, Shuzo. 1978. "Family Property and the Law of Inheritance in

Traditional China. " In *Chinese Family Land and Social Change in Historical and Comparative Perspective*, ed. David C. Buxbaum. Seattle: University of Washington Press, 109 – 50.

Siegelbaum, Lewis & Ronald G. Suny, ed. 1994. *Making Workers Soviet*. Ithaca, NY: Cornell University Press.

Sigaut, François. 1994. "Technology. " In *Companion Encyclopedia of Anthropology: Humanity, Culture, and Social Life*, ed. Tim Ingold. London: Routledge, 420 – 59.

Sigurdson, Jon. 1977. *Rural Industrialization in China*. Cambridge: Council on East Asian Studies, Harvard University.

Skinner, G. William. 1951. "Aftermath of Communist Liberation in the Chengdu Plain. " *Pacific Affairs* 24, no. 1 (1951): 61 – 76.

Skinner, G. William. 1977. "Cities and the Hierarchy of Local Systems. " In *The City in Late Imperial China*, ed. idem. Stanford: Stanford University Press, 275 – 351.

Skinner, G. William. 1964. "Marketing and Social Structure in Rural China. " 3 pts. *Journal of Asian Studies* 24, no. 1 (1964): 5 – 43; 24, no. 2 (1964): 195 – 228; 25, no. 1 (1965): 363 – 99.

Skinner, G. William. 1977. "Regional Urbanization in Nineteenth-Century China. " In *The City in Late Imperial China*, ed. idem. Stanford: Stanford University Press, 211 – 49.

Skinner, G. William. 1987. "Sichuan's Population in the Nineteenth Century: Lessons from Disaggregated Data. " *Late Imperial China* 8, no. 1 (1987): 1 – 79.

Solinger, Dorothy J. 1999. *Contesting Citizenship in Urban China: Peasant Migrants, the State, and the Logic of the Market*. Berkeley: University of California Press.

Solinger, Dorothy J. 1977. *Regional Government and Political Integration in Southwest China, 1949 – 1954*. Berkeley: University of California Press.

Somers, Margaret R. 1996. "The 'Misteries' of Property: Relationality, Rural Industrialization, and Community in Chartist Narratives of Political Rights. " In *Early Modern Conceptions of Property*, ed. John Brewer and Susan Staves. London: Routledge, 63 – 92.

Somers, Margaret R. 1994. "Rights, Relationality, and Membership: Rethinking the Making and Meaning of Citizenship. " *Law and Social Inquiry* 19, no. 1 (Winter 1994): 63 – 112.

Sonenscher, Michael. 1987. *The Hatters of Eighteenth-Century France.* Berkeley: University of California Press.

Stapleton, Kristin. 1996. "Urban Politics in an Age of 'Secret Societies': The Cases of Shanghai and Chengdu." *Republican China* 22, no. 1 (1996): 23 - 64.

Stone, Glenn Davis. 2007. "Agricultural Deskilling and the Spread of Genetically Modified Cotton in Warangal." *Current Anthropology* 48, no. 1 (Feb. 2007): 67 - 103.

Thompson, Paul. 1983. *The Nature of Work : An Introduction to Debates on the Labour Process.* London: Macmillan.

Ts'ien, Tsuen-hsuin. 1985. *Paper and Printing.* Vol. 5, pt. 1, of *Science and Civilisation in China*, ed. Joseph Needham. Cambridge: Cambridge University Press.

Veilleux, Louis. 1978. *The Paper Industry in China from 1949 to the Cultural Revolution.* Toronto: University of Toronto.

Vermeer, E. B. 1991. "The Mountain Frontier in Late Imperial China: Economic and Social Developments in the Dabashan." *T'oung Pao* 77, no. 4 - 5(1991): 301 - 35.

Walker, Kenneth R. 1984. *Food Grain Procurement and Consumption in China.* Cambridge: Cambridge University Press.

Wang, Fei-ling. 2004. "Reformed Migration Control and New Targeted People: China's Hukou Sytem in the 2000s." *China Quarterly*, no. , 177 (2004):115 - 32.

Wang, Shaoguang. 1995. "The Politics of Private Time: Changing Leisure Patterns in Urban China." In *Urban Spaces in Contemporary China : The Potential for Autonomy and Community in Post-Mao China*, ed. Deborah Davis, Richard Kraus, Barry Naughton, & Elizabeth Perry. Washington, DC: Woodrow Wilson Center Press and Cambridge University Press, 149 - 72.

Wang, Xiaoqiang & Bai Nanfeng. 1991. *The Poverty of Plenty.* Basingstoke, Eng. : Macmillan.

Watson, James L. 1982. "Chinese Kinship Reconsidered: Anthropological Perspectives on Historical Research." *China Quarterly*, no. 92 (Dec. 1982): 589 - 622.

Watson, Rubie S. 1985. *Inequality Between Brothers : Class and Kinship in South China.* Cambridge: Cambridge University Press.

Watson, Rubie S. 1986. "The Named and the Nameless: Gender and

Person in Chinese Society." *American Ethnologist* 13, no. 4 (1986):
619 – 31.

Weber, Eugen. 1976. *Peasants into Frenchmen : The Modernization of Rural France, 1870 – 1914* . Stanford: Stanford University Press.

Weber, Max. 1968. *The Religion of China : Confucianism and Taoism.* New York: Free Press.

Willis, Paul. 1977. *Learning to Labour : How Working Class Kids Get Working Class Jobs.* Aldershot, Eng. : Gower.

Wolf, Arthur P. &. Chieh-shan Huang. 1980. *Marriage and Adoption in China, 1845 – 1945* . Stanford: Stanford University Press.

Wong, Christine P. W. 1991. "Central-Local Relations in an Era of Fiscal Decline: The Paradox of Fiscal Decentralization in Post-Mao China." *China Quarterly*, no. 128 (1991): 691 – 715.

Wong, R. Bin. 1997. *China Transformed : Historical Change and the Limits of European Experience.* Ithaca, NY: Cornell University Press.

Wood, Stephen, ed. 1982. *The Degradation of Work : Skill, Deskilling, and the Labour Process.* London: Hutchinson.

Wright, Tim. 2000. "Distant Thunder: The Regional Economies of Southwest China and the Impact of the Great Depression." *Modern Asian Studies* 34, no. 3 (July 2000): 697 – 738.

Wright, Tim. 1988. "The Spiritual Heritage of Chinese Capitalism: Recent Trends in the Historiography of Chinese Enterprise Management." *Australian Journal of Chinese Affairs*, no. 19/20 (1988): 185 – 214.

Yan, Hairong. 2003. "Neoliberal Govermentality and Neohumanism: Organizing *Suzhi*/Value Flow Through Labor Recruitment Networks." *Cultural Anthropology* 18, no. 4 (2003): 493 – 523.

Yan, Yunxiang. 2003. *Private Life Under Socialism : Love, Intimacy, and Family Change in a Chinese Village, 1949 – 1999* . Stanford: Stanford University Press.

Yang, Dali. 1996. *Calamity and Reform in China : State, Rural Society, and Institutional Change Since the Great Leap Famine.* Stanford: Stanford University Press.

Yang, Martin. 1945. *A Chinese Village : Taitou, Shandong Province.* New York: Columbia University Press.

Yang, Minchuan. 1994. "Reshaping Peasant Culture and Community: Rural Industrialization in a Chinese Village." *Modern China* 20, no. 2 (1994): 157 – 79.

Yuan, Peng. 1994. "Capital Formation in Rural Enterprises." In *Rural Enterprises in China*, ed. Christopher Findlay, Andrew Watson, and Harry X. Wu. New York: St. Martin's Press, 93 – 116.

Zanasi, Margherita. 2007. "Exporting Development: The League of Nations and Republican China." *Comparative Studies in Society and History* 49, no. 1 (2007): 143 – 69.

Zanasi, Margherita. 2006. *Saving the Nation: Economic Modernity in Republican China*. Chicago: University of Chicago Press.

Zelin, Madeleine. 2005. *The Merchants of Zigong: Industrial Entrepreneurship in Early Modern China*. New York: Columbia University Press.

Zhang, L. & Simon X. B. Zhao. 1998. "Re-examining China's 'Urban' Concept and the Level of Urbanization." *China Quarterly*, no. 154 (1998): 330 – 81.

Zhang, Li. 2001. *Strangers in the City: Reconfigurations of Space, Power, and Social Networks Within China's Floating Population*. Stanford: Stanford University Press.

译校后记

如果缺少作者的积极"共谋",完成这本书的中译本几乎是不可想象的。这部关于一个村落的 20 世纪社会史,时间跨度长达 80 年,所涉及的材料包括不同年代的地方志、地方档案、抄录的当地碑文、口述或者笔录的当事人回忆录,这些都是译校者在图书馆中很难或者说根本不可能找到的。为此,作者艾约博花费了大量的时间和精力,重新翻检十多年前使用过的成堆原始资料,在众多的复印件、笔记和抄本中找到我们需要的原文。当时他正全身心地投入到一部新书稿——关于陕西农村女性织布活动的社会史——的杀青阶段,我们却"粗暴"地强迫他去做资料"回访":从陕西回到四川,从织布回到造纸。因此,这本书才能将一些珍稀的第一手资料的中文原文呈现给读者。这些资料,对很多中国学者来说也是弥足珍贵的。为此,我们对作者艾约博致以最诚挚的感谢。此外,作者也亲自审读了《导论》和《结语》两章。

译者韩巍的导师——清华大学社会学系的郭于华教授一直关注着这本书的翻译进程。她帮助我们拟定书名,指点韩巍做到读书、译书两不误并相得益彰。感谢郭老师一如既往的支持和帮助。

本书涉及的历史时段,有多种意识形态的重叠交汇;对大历史事件及其背景的表述，也需要有不同的可行话语策略。在我们为此感到茫然无措之时，主编刘东和项目总负责人王保顶两位老师伸出援助之手，帮助我们斟酌用词和表述。这让我们感到醍醐灌顶，受益殊甚。谨致谢忱！

尽管有来自各方的大力合作和帮助，译文中错漏误讹之处仍在所难免，对此我们诚恳担责，并期待读者给予善意的批评和指正。

译校者